推动气候模拟的
美国国家战略

推动气候模拟国家战略委员会　著

周天军　邹立维 等　译

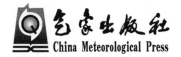

气象出版社

China Meteorological Press

图书在版编目(CIP)数据

推动气候模拟的美国国家战略/周天军译. —北京：
气象出版社，2014.9
书名原文：A national strategy for advancing climate modeling
ISBN 978-7-5029-6006-3

Ⅰ.①推⋯　Ⅱ.①周⋯　Ⅲ.①气候变化-气候模拟-国家战略-研究-美国　Ⅳ.①P468.712

中国版本图书馆 CIP 数据核字(2014)第 219864 号
北京市版权局著作权合同登记：图字 01-2014-1862 号

出版发行：气象出版社
地　　　址：北京市海淀区中关村南大街 46 号　　　邮政编码：100081
总　编　室：010-68407112　　　　　　　　　发　行　部：010-68409198
网　　　址：http://www.qxcbs.com　　　　　E-mail：qxcbs@cma.gov.cn
责任编辑：王萃萃　　　　　　　　　　　　终　　审：章澄昌
封面设计：博雅思企划　　　　　　　　　　责任技编：吴庭芳
印　　刷：北京京科印刷有限公司　　　　　印　张：20.75
开　　本：710 mm×1000 mm　1/16　　　彩　插：6
字　　数：254 千字　　　　　　　　　　　印　数：1—3000
版　　次：2014 年 12 月第 1 版　　　　　印　次：2014 年 12 月第 1 次印刷
定　　价：80.00 元

本书如存在文字不清、漏印以及缺页、倒页、脱页等，请与本社发行部联系调换

美国国家科学院
国家层面的科学、工程和医学领域顾问

美国国家科学院是一个民间的、非盈利的、自治组织。它由从事科学和工程领域研究的杰出学者组成,致力于促进科学和技术进步,并应用于公共福利。自 1863 年由美国国会批准建立以来,国家科学院的使命之一是为联邦政府就科学技术事项提供咨询。美国国家科学院的现任主席是 Ralph J. Cicerone 博士。

美国国家工程院创立于 1964 年。根据美国国家科学院的章程,是一个由杰出工程师组成的并行机构。在管理和成员的选拔上拥有自主权,与国家科学院共同承担为联邦政府提供咨询的责任。美国国家工程学院也会发起那些旨在满足国家需求的工程项目,鼓励教育和研究,并表彰工程师的突出成就。美国国家工程学院的现任主席是 Harvey V. Fineberg 博士。

美国医学研究所由美国国家科学院于 1970 年创立,以确保行业内杰出专家能够审查关注公众健康的有关政策。在国会赋予美国国家科学院的职责范围之内活动,包括为联邦政府提供建议,以及依照自己的职权,鉴别医疗保健、研究和教育中的相关问题。美国医学研究所的现任主席是 Harvey V. Fineberg 博士。

美国国家研究理事会由美国国家科学院于 1916 年组织成立,以联系广泛的科学和技术团体,服务于科学院目标——增进知识及为联邦政府提供咨询。理事会按国家科学院确立的总方针行使职责,已经成为美国国家科学院和美国国家工程学院的主要执行机构,为政府、公众以及科学和工程领域的群体提供服务。理事会由两院和医学研究所联合管理。美国国家科学研究委员会的现任主席和副主席分别是 Ralph J. Cicerone 博士和 Charles M. Vest 博士。

www.national-academies.org

"推动气候模拟国家战略"全体委员会成员

CHRIS BRETHERTON（主席），华盛顿大学，西雅图

V. BALAJI，普林斯顿大学，新泽西

THOMAS DELWORTH，地球流体力学实验室，普林斯顿，新泽西

ROBERT E. DICKINSON，德克萨斯大学，奥斯丁

JAMES A. EDMONDS，西北太平洋国家实验室，帕克学院，马里兰

JAMES S. FAMIGLIETTI，加利福尼亚大学欧文分校

INEZ FUNG，加利福尼亚大学伯克利分校

JAMES J. HACK，橡树岭国家实验室，田纳西

JAMES W. HURRELL，美国国家大气研究中心，博尔德，科罗拉多

DANIEL J. JACOB，哈佛大学，剑桥，马萨诸塞

JAMES L. KINTER III，海洋－陆面－大气研究中心，卡尔佛顿，马里兰

LAI-YUNG RUBY LEUNG，太平洋西北国家实验室，里奇兰，华盛顿

SHAWN MARSHALL，卡尔加里大学，艾伯塔，加拿大

WIESLAW MASLOWSKI，美国海军研究生院，蒙特雷，加利福尼亚

LINDA O. MEARNS，美国国家大气研究中心，博尔德，科罗拉多

RICHARD B. ROOD，密歇根大学，安阿伯

LARRY L. SMARR，加利福尼亚大学圣地亚哥分校

美国国家科学研究委员会职员：

EDWARD DUNLEA，高级项目主管

KATIE THOMAS，项目副主管

ROB GREENWAY,项目副官
RITA GASKINS,管理协调人
APRIL MELVIN,Christine Mirzayan 科学和政策成员,2011
ALEXANDRA JAHN,Christine Mirzayan 科学和政策成员,2012

大气科学和气候委员会

JOHN T. SNOW,俄克拉何马大学,诺曼
CLAUDIA TEBALDI,气候中心,普林斯顿,新泽西
XUBIN ZENG,亚利桑那大学,图森

美国国家科学研究委员会职员:
CHRIS ELFRING,总监
EDWARD DUNLEA,高级项目主管
LAURIE GELLER,高级项目主管
MAGGIE WALSER,项目主管
KATIE THOMAS,项目副主管
LAUBEN BROWN,研究副手
RITA GASKINS,管理协调人
DANIEL MUTH,博士后成员
ROB GREENWAY,项目副官
SHELLY FREELAND,高级项目助手
RICARDO PAYNE,高级项目助手
AMANDA PURCELL,高级项目助手
ELIZABETH FINKLEMAN,项目助手
GRAIG MANSFIELD,财务副官

中译本序一

气候信息与社会经济发展息息相关。从社会公众到各级决策者,对短至季节尺度的气候预测、长至百年尺度的气候预估,都有着迫切的信息需求。随着我国综合国力的不断增强,人民生活水平不断提高,社会公众对气候预测等信息的需求日益增长。气候变化直接影响到海平面升高、冰川消融、生态系统变化、极端天气和气候事件的发生等,社会各界应对和适应上述变化,需要提供准确的气候变化预估信息。气候系统模式是理解气候演变规律、预测短期异常、预估未来变化的重要工具。发展气候系统模式,具有迫切的国家需求。

气候模式是人类发展的最为复杂的模拟工具之一。气候系统由大气圈、水圈、岩石圈、冰雪圈和生物圈五大圈层组成,圈层间的相互作用影响着地球气候的演变。当前的气候系统模式,已经能够正确反映各圈层之间相互作用的关键过程。但是,气候系统模式涉及数量多到令人难以置信的相互联系的过程,我们目前对部分环节的认知水平依然有限。因此,不确定性是气候模拟的重要方面。当前,气候系统模式正朝着同时考虑物理过程、生物地球化学过程、人类活动影响等复杂过程的地球系统模式的方向发展。随着模式范畴的扩展,模式的复杂性随之提高,影响模拟结果不确定性的因素亦相应增多。完整地理解地球气候系统,改进气候模式、减少不确定性将是一项长期的任务。

气候模式发展是气候科学中最富有挑战性的任务,涉及气候物理学、生物地球化学、数值分析、超级计算环境等综合知识,以及高效的团队合作能力。我国的气候模式发展和模拟研究工作具有很好的基础,但是研究队伍的总体规模和水平较之发达国家尚有差距。近年来,随着我国对气候变化问题的高度重视和研发经费投入的增加,开始有更多的研究机构投身于气候模式研究领域,这有助于提升我国的气候模拟水平、更好地服务于国家需求。气候模式的发展是一项难度大、投入高、周期长的工作,随着我国气候模式研发队伍的迅速扩大,如何从国家层次进行协调,确保模式发展的可持续性,已经成为当前摆在研发经费管理部门决策者面前的、亟待解决的重要问题,事关能否在不久的未来,从局地到全球尺度、从季节到年代际乃至百年时间尺度上,切实提升我国对当前和未来气候的模拟能力,对内满足国家需求,对外主导国际话语权。由美国国家海洋大气局(NOAA)、国家航空和航天局(NASA)、能源部(DOE)、国家科学基金会(NSF)等部门委托美国国家研究理事会(NRC)负责组织制定的《推动气候模拟的国家战略》,是指导美国气候模拟事业未来 10～20 年发展的战略框架。尽管中美两国国情不同,但该报告从科学、工程、组织管理等角度所提出的国家战略,对于我们依然具有重要参考价值。希望《推动气候模拟的国家战略》中文版的出版,将为我国气候模拟事业的可持续发展提供有益参考。

秦大河[*]

2014 年 6 月

---

[*] 秦大河,中国科学院院士,曾任中国气象局局长。

中译本序二

气候模式是理解和预测气候变化的基础,是支撑气候相关决策的重要工具。气候模拟是过去 30 年间地学领域发展最快的方向之一,这部分得益于"世界气候研究计划"(WCRP)的推动作用。WCRP 相继组织的"大气模式比较计划"、"耦合模式比较计划"(CMIP),极大地促进了气候模式研发和模拟领域的国际合作和数据共享。CMIP 计划是迄今为止地学领域组织得最为成功的国际计划之一。利用 CMIP 的气候模拟和预估结果所发表的大量学术成果,构成了"政府间气候变化专门委员会"(IPCC)历次科学评估报告的重要组成部分。气候预估只是气候模式众多应用领域之一。基于气候系统模式的短期气候预测业务,已经在世界上许多国家开展,并在一些关键气候指标上显示出较高的预报能力。

气候模式的发展是地学和环境领域国际竞争的前沿。气候模式水平的高低,是衡量一个国家地球气候系统研究综合水平的重要标志。1997 年参与 CMIP1 的国际模式有 10 个,2001 年参与 CMIP2 的国际模式有 18 个,2007 年参加 CMIP3 的国际模式有 23 个,到 2013 年参与 CMIP5 的国际模式有 42 个,从中可见世界各国对发展气候模式的高度重视。模式数量的增多只是一个方面,更为重要的进步还体现在模式所考虑的物理和地球生物化学过程的逐渐完善。在 CMIP3 之前,我国参与 CMIP 计划的只有中国科学院大气物理研究所的模式,到了 CMIP5,来自我国的气候模式已经达到 5 个,这是一个重要的进步,意味着我们的气候模式研发队伍在迅速壮大,这是我们参与国际竞争的人才基础。据不完全统计,我国目前研发中的耦合气候系统模式已经接近 10 个。

当模式研发队伍发展到一定规模的时候,如何组织协调就成为摆在研发基金管理部门面前的、所必须考虑的一个问题。在这方面,发达国家的成功经验值得我们借鉴。《推动气候模拟的美国国家战略》就是这样一份具有较高参考价值的战略报告。美国国家研究理事会制定该报告的目的,就是为了能够在从局地到全球尺度、从十年到百年时间尺度上提升美国对当前和未来气候的模拟能力,指导美国气候模拟事业在未来10~20年的发展。该报告所涉及的美国当前气候模拟领域存在的问题、需优先解决的科学前沿问题、支撑模式发展的气候观测问题、模拟结果的不确定性问题、气候模式发展的人力问题、美国气候模拟研究与国际、国内的联系,以及气候预测业务和数据分发中存在的问题等,其中的许多方面也是我国目前面临的亟待解决的值得我们借鉴的问题。因此,这份报告中文版的出版时机,可谓恰到好处。

《推动气候模拟的美国国家战略》的重要价值,还在于针对当前美国气候模拟存在的问题,给出了"推动未来二十年气候模拟事业的美国国家战略",这表达了美国在这个领域继续占领科技创新和引领发展潮流制高点的企望,全文包括四方面举措和五方面支撑系统建设。对于我国的气候模式研发组织管理机构决策者来说,这些举措无疑具有重要的参考价值。

最后,本书的翻译人员是工作在第一线的从事气候模式研发和模拟研究工作的青年学者,他们在繁忙的科研工作之余,能够抽出大量时间和精力来组织翻译这样一本战略报告实属不易,由于他们都是在这个领域工作和研究的专业人员,能够正确表达引文著作的原意,翻译的质量是高的,值得有兴趣的读者一读,这个译本也是他们对我国气候模式乃至地学发展战略研究的一个重要贡献,我要对他们的辛苦努力表示感谢。

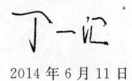

2014 年 6 月 11 日

---

* 丁一汇,中国工程院院士。

译者前言

气候模式,简言之就是封装了大量物理定律的计算机程序,是对地球系统中物理、化学和生态过程的数学表达。气候模式是迄今为止人类发展的最为复杂的计算机模拟工具之一,是理解、预测气候及其变化的基础,是支撑气候变化相关决策的重要工具。过去几十年来,气候模拟取得了巨大的成就,已经能够提供有效的气候预测和预估信息。但是,随着气候变化及其影响的加剧,减缓和适应气候变化的信息需求日益增加,世界各国的民众和决策者,对提供更为准确的全球和区域气候预测信息提出了更高的要求。为了能够从全球到区域空间尺度、从季节到未来百年时间尺度,全面提升美国的气候模拟和预测预估能力,按照美国国家海洋大气局(NO-AA)、国家航空和航天局(NASA)、能源部(DOE)、国家科学基金会(NSF)和国家情报部门的联合部署,美国国家研究理事会(NRC)组织编制了《推动气候模拟的国家战略》(以下称作《推动气候模拟的美国国家战略》),它是指导美国气候模拟事业未来 10~20 年发展的战略框架,其目标是保证在未来二十年,美国的气候模拟事业能够快速发展,既适应国家需求,又确保国际竞争力。

《推动气候模拟的美国国家战略》报告出台的背景,是总结以往美国国家级气候战略报告实施的教训,以务实的态度,超越具体的模拟工作,超越各种模式类型,超越关注不同时空尺度的各个模拟研究群体,超越模式研发人员和模式产品用户,促进分散的美国气候模式事业走向联合和统一,这是适应未来二十年气候模拟领域美国国家需求和国际竞争所应采取的举措。在组织翻译这份战略报告的一年多时间里,仔细体会美国气候模式的发展历程和国家级的战略统筹,我深感中美两国在气候模式研发历程上的相似性,这更增强了这份美国国家战略报告对于我国的参考和借鉴价值。国家级的战略统筹与协调,需建立在充足的人力和物力基础之上。以气候模拟领域国际竞争的一个主要舞台——"世界气候研究计划"(WCRP)组织的"耦合模式比较计划"(CMIP)及其气候模拟数据被"政府间气候变化专门委员会"(IPCC)科学评估报告的引用为例,从 1997 年的 CMIP1、2001 年的 CMIP2,到 2007 年的 CMIP3,来自我国的模式只有中国科学院大气物理研究所的模式;在 CMIP 计划启动之前,1992 年发布的 IPCC 第一次科学评估报告及其补充报告,全世界只有 11 个模式参加,中国科学院大气物理研究所的模式不仅是国内唯一的模式,也是唯一来自发展中国家的模式。在这个阶段,我国的气候模拟事业尚处于从无到有的创业阶段,研究队伍薄弱、经费投入有限,气候模拟研究属于典型的"小众群体"的前沿研究行为,国家统筹与协调的必要性都不大。近年来,随着我国综合国力的增强,国家研发经费投入增多,气候模式研发队伍不断壮大,到了 2013 年的 CMIP5,已经有 5 个来自我国的气候模式参与,我国的气候模拟研究步入蓬勃发展的壮大时期;而目前在研中的我国气候系统模式或者地球系统模式更有 10 个之多。在此背景下,国家级统筹与协调的必要性和紧迫性就日益凸显。

统筹协调是一个国际性难题。《推动气候模拟的美国国家战略》报告指出,在美国,即使在普遍呼吁加强统筹协调、促进国家目标实现这一积极氛围之下,任何涉及研究机构优化的举措都会造成"明显紧张气氛",原因在于"涉及从事气候模拟研究的各种机构及其管理部门的利益"。笔者作为从事气候模拟研究的青年学者,鲜有参与高级别战略研讨的机会和阅历,故没资格在这方面费笔墨,这里想着重谈一下这次的访德经历。

当我在旅馆打开电脑,开始起草这份《译者前言》的时候,时间

是德国汉堡时间 2014 年 10 月 1 日晚上 10 点。借赴德参加 WCRP
"耦合模拟工作组"(WGCM)第 18 届年会的机会,我顺访了位于汉
堡的德国马普学会旗下著名的马普气象研究所(MPI-M),这是一家
享有国际盛誉的、从事大气、海洋、陆面及其耦合过程模拟研究的机
构。当天下午在 MPI-M,我做完题为"East Asian Summer Mon-
soon in a Warming World:Forcing from GHG,Aerosol and Natu-
ral Variability"的学术演讲之后,如约先后拜会了 MPI-M 的两位所
长 Bjorn Stevens 和 Jochem Marotzke 博士(MPI-M 实行三位所长
并行的管理体制)。Bjorn Stevens 博士是 WGCM 委员、CMIP6 计
划(2015—2020 年)的组织者,他是位性格开朗的典型的美国人,在
一小时的时间里,他以连珠炮似的语言,热情奔放地向我推销他所
倡导的气候模式研发过程的两个核心环节:一是历史传承与坚持不
懈,这从他主导设计的 CMIP6 核心试验 DECK(CMIP Diagnosis,
Evaluation,and Characterization of Klima)中可以看到,未来 15 年
从 CMIP6 到 CMIP8,DECK 的四组核心科学试验,将贯穿于世界上
所有模式研发机构的所有新旧模式版本,目的是采用统一的指标、
有效追踪模式发展进程中的成与败、得与失;涉及模式研发的组织,
他强调要坚持长期努力,不能奢求短时间内的回报,要有在努力多
年、大量投入后得不到回报,甚至模式性能出现倒退的心理准备;二
是气候观测与模式物理过程改进的结合,在这方面,Bjorn 重点介绍
了他主持的一项德国联邦教育和研究部(BMBF)项目"推动气候预
测的高分辨率云和降水过程"(High Definition Clouds and Precipi-
tation for advancing Climate Prediction),其目标是通过协同观测,
解决 100 m 分辨率的超高分辨率气候模式中的云和降水物理过程
的处理方案。在这个领域,我国当前存在研究空白。

　　MPI-M 的另一位所长 Jochem Marotzke 博士是 WCRP 联合科
学委员会(JSC)委员,IPCC WG1 AR5《模式评估》一章的主要作者

召集人。他是一位典型的德国人,说起话来语速很慢、慢条斯理、字斟句酌。先是从书柜拿出刚出版的厚厚一本 IPCC AR5 报告,翻到《模式评估》一章,对照其中的表格,仔细询问我来自中国的几个模式的技术细节;期间还不无赞赏地告诉我,这一章中有哪几幅图来自李红梅博士的手笔(她是我以前联合培养的博士,目前在 MPI-M 从事博士后研究,作为 Jochem 的助手,高质量地完成了该章所用的海量模式数据的处理及其图形制作)。在讨论了我学术演讲中所涉及的 MPI-M 模式性能之后,他主动和我谈起了气候模式研发中的国家层组织协调问题。他告诉我,德国是一个小国,主要的气候模式研发机构是 MPI-M,此外还有两家规模较小,自己不独立研发模式但采用 MPI-M 的大气模式和其他海洋模式构建耦合系统,用于相关科学问题研究的单位;为避免资源的浪费,德国政府规定 CMIP 和 IPCC 只能由 MPI-M 模式参加。他说,美国是一个大国,目前参与 CMIP 国际计划的主要是 NOAA 地球流体力学实验室 GFDL 和国家大气研究中心 NCAR-DOE 的两个模式,NASA 的模式部分参与了但是研发投入不大,NOAA 环境预报中心 NCEP 的模式只做短期气候业务、而不参与 CMIP 和 IPCC。中国作为一个大国,经济实力允许现在同时研发多个模式,从培养队伍的角度看这也是好事,他也很高兴看到中国正在研究的 10 个气候系统模式中有 3 个是用 MPI-M 研发的大气环流模式 ECHAM 作为大气分量,尽管版本有些陈旧。不过从长远地看,中国的气候模拟界更应注意体现模式特色,着力解决国际前沿科学问题和国家需求问题。

最后,我要感谢完成本书翻译的团队。本书由多位专家翻译、校对,他们都是来自中国科学院大气物理研究所 LASG 国家重点实验室的从事气候模式研发和模拟研究的青年学者,感谢他们在繁忙的科研工作之余,付出劳动和时间来翻译这一战略报告。各章翻译和校对的责任专家是:总结,周天军;第 1 章,引言,吴波;第 2 章,来自以前的气候模拟报告的教训,周天军;第 3 章,发展气候模式的战略:模式层级、分辨率和复杂性,周天军;第 4 章,科学前沿,邹立维;第 5 章,综合气候观测系统和地球系统分析,满文敏;第 6 章,描述、量化、传达的不确定性,邹立维;第 7 章,气候模式发展的人力资源,吴波;第 8 章,美国气候模拟界和其他国际国内工作的关系,张丽霞;第 9 章,业务气候模拟和数据分发战略,张丽霞;第 10 章,计算平台——挑战和机遇,郭准;第 11 章,天气和气候模拟间的协作,邹立维;第 12 章,与用户和教育界的联系,满文敏;第 13 章,优化美国研究机构设置的策略,吴波;第 14 章,推动气候模拟的国家战略,周天军;附录,郭准。几位在读的博士研究生孙咏、宋丰飞、陈晓龙等协助翻译了本书的前言和致谢部分。邹立维博士对全书译文进行了统一校对,负责联系本书出版的各个环节,以及最终排版的检查校对;在此期间,他曾因健康原因而住院手术,但仍带病坚持高质量地完成了各项工作。在此,我对他的敬业和奉献精神要表示特别的感谢!

中国工程院丁一汇院士曾任政府间气候变化专门委员会(IPCC)第三次评估报告第一工作组共同主席。中国科学院秦大河院士连续两届担任 IPCC 第四次和第五次评估报告的第一工作组共同主席。他们一直关注中国的气候模式在 IPCC 科学评估报告中的国际话语权,也一直鼓励我们青年学者要有国际视野,在做好本职研究工作的同时,要从战略高度上关注本领域的国际动态。两位三届 IPCC 第一工作组共同主席为本书作序,既彰显他们对气候模拟国家战略研究的高度重视,也是对承担本书翻译工作的青年学者所付出努力的肯定和鞭策,在此对秦大河院士和丁一汇院士表示深深的感谢!美国西北太平洋国家实验室(PNNL)大气科学和全球变化部副主任钱云博士、资深科学家 Ruby Leung 博士帮助我们联系美国科学院出版社的 Ann G. Merchant 博士获得了本书中文版的版权授权,在此一并表示诚挚的谢意。

　　本书的出版得到了以下项目的资助:国家杰出青年科学基金(项目编号:41125017),国家公益性行业科研专项(海洋)项目(项目编号:201105019-3),优秀国家重点实验室研究专项基金(项目编号:41023002)。

周天军

2014 年 10 月 1 日夜于德国汉堡

前言

　　全球变暖是 21 世纪非常重要的环境和社会问题。由于全球变暖持续时间长、成因多样及其与全球能源生产基础设施的直接联系,使得人类应对全球变暖作出有效反应的能力面临挑战。此外,地球—人类系统的复杂性使得这一挑战更加严峻。尽管基于温室气体引起的气候变化所开展的基础研究简单而引人注目,然而与之相关的一些真正重要的物理过程(例如,云、生态系统和极地的响应)还存在不确定性。因此,我们需要发展基于科学的策略帮助社会应对气候变化。

　　在过去的 50 年,与其他很多科学和工程领域类似,数值模拟已成为开展气候科学研究不可或缺的工具。通过开展数值模拟试验并将模拟结果与观测事实进行比较,可以丰富我们对相关物理过程的认识。总体而言,这种数值模拟试验与为新飞机设计而开展的风洞试验不无不同。提升气候模拟能力需要模式采用更精细化的网格,包含更多的地球系统的相互作用过程。这需要借助高性能的大型计算机来完成。有效使用大型计算机和处理大批量的数据需要软件设计和硬件平台的支撑,这构成了本书的主线。

　　气候模拟始于美国。美国一直致力于区域和全球气候模拟的研究,并成为生机勃勃的国际气候模拟界的重要一员。气候模式的用户群体快速扩展,包括为政府决策提供科学依据,为其他的模型提供输入场,都需要更精细、更可靠的气候信息。这些用户需求、及对基本科学问题的探索欲,推动了美国和国际气候模式事业的发展。

　　随着模式、计算需要和用户需求变得更加复杂,美国气候模拟研发团队内部,与用户之间都要进行更紧密地合作。秉承多机构联合资助、鼓励多样性和创新性等国家传统,我们的战略远景强调培养当前气候模拟领域各种力量的自治结构,同时兼顾投资尖端的计算设施,使整个气候模拟事业都能从中获益。

我们感谢大量从事气候模拟的研发人员,他们为本报告的相关研究投入了大量的时间和精力。同时我们要特别感谢所有的发言人、工作组参与者、受访者、评论者。最后我们要感谢国家研究理事会的工作人员(Katie Thomas,Rob Greenway,Rita Gaskins,April Melvin,Alexandra Jahn,Edward Dunlea)对本工作给予的支持。

主席:Chris Bretherton
推动气候模拟的国家战略委员会

致谢

本报告的草稿依据国家研究理事会报告评阅委员会批准的程序，由不同视角和不同技术专长的专家进行了审阅。这次独立评阅的目的是提供公正和批评性的意见，这将有助于研究机构出版尽可能可靠的报告，并且确保报告满足客观、实证和值得学术研究的机构标准。评阅意见和报告草稿是保密的以便保护审阅过程的完整性。我们感谢为本报告审阅的以下专家：

Eric Barron，佛罗里达州立大学，塔拉哈西

Amy Braverman，美国国家航空和航天局喷气推进实验室，洛杉矶，加利福尼亚

Antonio Busalacchi，马里兰大学帕克分校

Jack Dongarra，田纳西大学，诺克斯维尔

Lisa Goddard，气候与社会国际研究所，帕利塞兹，纽约

Isaac M. Held，美国国家海洋大气局，普林斯顿，新泽西

Wayne Higgins，美国国家环境预报中心/美国国家海洋大气局，斯普林斯，马里兰

Anthony Leonard，加州理工学院，帕萨迪纳

John Michalakes，国家可再生能源实验室，博尔德，科罗拉多

John Mitchell，英国气象局，埃克塞特，英国

Gavin Schmidt，美国国家航空和航天局，纽约，纽约

Andrew Weaver，维多利亚大学，不列颠哥伦比亚，加拿大

Richard N. Wright，可持续基础设施的实践、教育和研究联盟，华盛顿（特区）

虽然以上评阅人提供了建设性的建议和意见，但他们并不要求为本委员会的观点负责，他们也没有看过本报告出版前的最后版本。本报告的评阅由国家研究理事会报告评阅委员会任命哈佛大

学的 Robert Frosch 博士监管。Robert Frosch 博士负责确保本报告的这次独立审查是依照学术程序进行的，并且所有的评阅意见都被认真考虑了。作者和项目委员会为本报告的最终内容负全责。

目 录 Contents

总　结

气候信息①每天都用于决策。从农民决定下个季节该种植什么作物,到大城市的市长决定如何应对未来的热浪,从保险公司评估未来的洪涝风险,到国家安全部门规划者评估干旱可能造成的未来冲突危险,气候信息的用户涵盖从公共部门到个人的庞大群体。这些群体对气候资料的需求不同,对资料的时间范围要求(见知识窗S.1)、对资料不确定性的忍受能力都不同。

知识窗 S.1　来自气候模式的信息

气候模式能够准确地再现一些重要的从全球到大陆尺度的当前气候的特征,这包括季节平均表层气温(相对观测的偏差不超过3℃[IPCC,2007c],作为比较,一些地区的温度年循环可以超过50℃)、季节平均降水(在1000千米或者更大的区域尺度上,模式可以很好地刻画这种尺度,模拟偏差等于或少于50%[Pincus等,2008]),主要的气候现象例如类似湾流这样的主要的海洋环流系统(IPCC,2007c),或者伴随着厄尔尼诺现象出现的太平洋海表温度、风场和降水的摆动(Achuta-Rao和Sperber,2006;Neale等,2008)。气候模式能够对一些现象(例如春季洪涝风险)提前一个月到几个季节进行有效的预报(图S.1[彩])。

---

① 传统上气候被定义为盛行于某一地区的天气(例如温度、降水和其他气象条件)的长期的统计特征。

图 S.1（彩） 气候模式能够对一些现象提前一个月到几个季节进行有效的预报，例如 NOAA 国家气象局提供的 2011 年春季洪涝风险预报。细节见正文。资料来源：http://www.noaa.gov/extreme2011/missis-sippi_flood.html（查阅于 2012 年 10 月 11 日）

　　然而，在上述成就基础上，气候模拟界渴望能够在气候预估的质量上取得更大的进步，特别是在区域空间尺度和年代际时间尺度上，以面向用户提供他们所需要的分辨率足够高、足够精准的气候预估产品。例如，图 S.2（彩）给出了预估的 21 世纪后期的径流的变化。

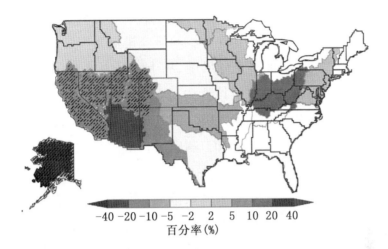

-40 -20 -10 -5 -2　2　5　10 20 40
百分率(%)

图 S.2(彩)　更长时间尺度的气候预估有助于开展长期规划。本图给出了预估的 21 世纪中期年平均径流的变化。细节见第 1 章。资料来源：USGCRP,2009

在未来几十年,气候变化及其各种影响将进一步呈现并且有可能加速,这使得对气候信息的需求将增加。社会需要应对和适应类似海平面升高、季节性的北冰洋海冰消失和大尺度的生态系统变化等的影响。历史记录不再可能是未来变化的可靠预报因子;极端天气和气候事件能够造成巨大经济和人员损失,在过去几十年它们造成的总损失达数千亿美元[①],而气候变化将影响极端天气和气候事件发生的可能性和严重性。

用于模拟气候的计算机模式是提供气候信息过程的重要组成部分,特别是在未来气候变化方面。总的说来,在过去几十年气候

---

　①　据估计 1980—2009 年因天气和气候相关灾害造成的损失超过 7000 亿美元。近 2011 年一年来自 14 个天气和气候相关灾害所造成的损失就超过 500 亿美元。见 http://www.noaa.gov/extreme2011(查阅于 2012 年 10 月 11 日)。

模拟取得了巨大的进展,但是要适应用户日益增长的信息需求,在未来几十年气候模拟需要有进一步的研究进展。

为了能够在从局地到全球尺度、从十年到百年时间尺度上提升美国对当前和未来气候的模拟能力,国家海洋大气局(NOAA)、国家航空和航天局(NASA)、能源部(DOE)、国家科学基金会和情报部门要求国家研究理事会(NRC)制定一份战略框架,用于指导美国国家的气候模拟事业在未来 10~20 年的发展。针对这一要求,NRC 成立了"推动气候模拟的国家战略"委员会,任务是组织关键利益相关者一起讨论美国气候模拟的现状以及未来十年及更长期的发展;总结国内和国际上气候模拟工作的现有格局;在更为广泛的意义上,研讨当前和未来气候模拟工作对观测、基础和应用研究、平台建设等的要求;最终为制定一份全面的、综合的"未来十年和长期气候模拟国家战略"提供研讨结论和/或者建议(关于本工作的目的见附录 A,委员会活动纪要见知识窗 S.2)。

知识窗 S.2 委员会报告的流程

委员会在一年内主持了五次信息收集会议,包括一次大型的业内研讨会,与来自政府实验室、联邦机构、学术研究所、国际组织及广泛用户群体的众多利益相关者进行了沟通交流。委员会审视了美国此前关于如何改进气候模拟的报告,并采访了核心的官员和科学家(见附录 B 的完整列表),得出了此前报告的经验教训。委员会的任务是关注年代际到百年时间尺度,但由于年代际和季节内到年际(ISI)时间尺度之间,有些问题是重叠的,并且在更短的时间尺度上检验模式也有潜在的好处,因此委员会相信,将本报告的关注点扩展到更短些的时间尺度(包括 ISI 时间尺度)是重要的。

推动气候模拟的国家战略

美国气候模拟领域机构众多,包括几个大的从事全球模拟的中心和许多运行区域气候模式的小的研究组。作为迈向更为快速、高效和协调发展这一目标的关键一步,委员会预见美国的气候模拟体制,将逐渐从独立发展多个模式,过渡到协同发展一个模式。协同的方法并不是说只能有一个模拟中心,而是强调在一个通用的模拟框架之下,软件、资料标准和工具,乃至模式分量在全国范围内所有主要的模拟研究组之间共享,不同的模式研发单位围绕着经过科学论证的内容,针对其中的某一个侧面或者方法开展研究。委员会的中心目标,是促进分散的美国气候模式事业走向联合统一,这种联合统一将是跨越模拟工作、跨越各种模式类型、跨越关注不同时空尺度的各个模拟群体、跨越模式研发人员和模式产品用户的。

委员会所建议的"推动未来二十年气候模拟事业国家战略",包括四个主要的、新的组成部分及五个支撑要素。这五个支撑要素尽管并非全新,但同等重要(图 S.3)。国家应该:

1. 推动发展一个通用的、国家级的软件平台,用于支持一系列围绕不同目的研制的、各种层级上的模式,该软件平台能够支持在超大规模的计算平台上改进气候模式;

2. 组织年度气候模拟论坛,推动对美国的区域和全球模式更为紧密、协调和更为连续的评估,同时推动模式研发和用户间的联系;

3. 培育统一的天气—气候模式,更好地利用天气预报、资料同化和气候模拟之间的协同优势;

4. 开发培训、委派和继续教育"气候释用人员",使其成为连接模式研究和各种用户的双向界面。与此同时,国家应该培育

和加强：

5. 维持把国家最先进的计算机系统提供给气候模拟使用；

6. 继续支持强大的国际气候观测系统，以全面描述长期的气候趋势和气候变率；

7. 发展培训和奖励体系，吸引最为优秀的计算机和气候科学家从事气候模式发展工作；

8. 加强国家和国际的信息技术(IT)平台建设，更好地支撑气候模拟数据共享和分发；

9. 追求气候科学和不确定性研究方面的进步。

驱动因子　　　　　　下一代气候模式的目标　　　　　　国家战略

五个要素：
1. 发展通用的软件平台
2. 召集气候模拟论坛
3. 培育统一的天气—气候模式
4. 开展针对气候模式释用人员的项目
支撑步骤/需求：
• 维持最先进的计算条件
• 维护并坚持气候观测系统
• 发展针对气候模式开发人员的奖励体系
• 加强针对气候数据的国家工厂基础设施
• 追求科学和不确定性研究方面的进步

决策者对气候信息的要求

向完全新的计算硬件移植

增进对地球系统的理解

• 多层级模式
• 高分辨率模拟
• 地球系统的全面描述
• 气候观测系统
• 更加容易地获取数据/数据存档/数据综合

图 S.3　当前对气候信息的需求日益高涨，受此驱动，委员会期待新一代的气候模式能够解决不同层次的气候信息需求。为实现这个目标，并做好向完全新的计算硬件过渡的准备，委员会推荐了一个国家战略，它包括了四个关键的组成部分和许多其他建议

上述战略的组成要素在下文有细致描述。一旦组织实施，这一

战略将为确保美国的下一代气候模式能够为国家提供最好的气候信息提供一条途径。

推动气候模拟国家战略的组成部分

推动发展一个共享的软件平台

气候模拟工作都是计算密集型的。在过去十五年中,主要的气候模拟研究团体都被迫投入更多的精力来应对软件工程。触发因素之一是 1990 年代后期从向量计算向并行超级计算的颠覆性硬件转变。对于这种转变,人们一度惶恐,但是气候模拟界最终很好地适应了这种技术转变,这部分地是由于在类似数据插值、分量模式间的耦合等这种基本的操作中开始使用通用的软件平台。

众多迹象表明,未来十年的计算性能提高将不再是因为更快的芯片,而将通过更多芯片间的连接,这要求有新的方法来针对大规模并行计算进行优化、对特定计算机的设计进行定制。要成功地完成这一转换、同时避免出现阻碍整体进展的大量重复劳动,美国的气候和天气模拟界需要达成革新的、积极的承诺,采用创新设计的通用软件平台。

通用软件平台这一理念既非新观点也不存在争议。十多年以前,类似地球系统模拟框架(Earth System Modeling Framework)这些方法都是为实现这一目的的超前尝试,并且已经产生影响并得到相当广泛的应用,但是迄今为止,尚没有一种方法被定为国家标准。

现在是时候来积极地推动建立一种被全美国主要的气候模拟机构采用的、新的通用软件平台了。这样一种平台将是促进形成一个更完整的美国气候模拟计划的重要工具。委员会希望在未来十年,全美国的气候模式——不管是全球模式还是区域模式,都将采用这唯一的通用软件平台,该平台支持通用的数据界面,能够使得人们可以在分量模式(例如大气、陆面、海洋或者海冰)的研发上协同工作,即使这些模式是由不同的研究中心开发的。提议的这一平台将能够

- 方便地实现模式向新的、可能完全不同的计算平台的移植(图 S.4);

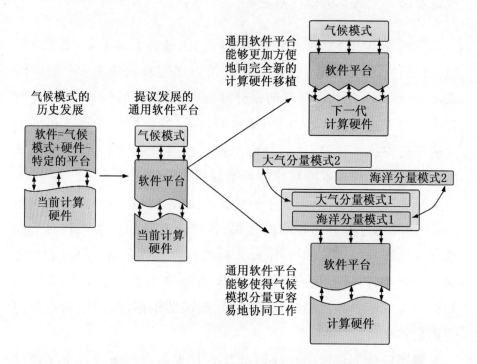

图 S.4 所发展的通用软件平台连接着气候模拟计算机代码和计算硬件,它有两个重要的优势:(1)通过将气候模拟计算机代码和硬件分开,通用软件平台将有助于模式向下一代计算平台的移植;(2)它将使得气候模式分量能够互联互通,例如可方便两个不同大气分量模式的测试,而不需要让模式分量适应于不同的硬件平台

- 支撑发展高效运算的高端全球模式的研究工作,使得能够在不到十年的时间里实现云分辨的大气模式(~2~4 千米)和涡分辨的海洋模式(~5 千米);

- 允许各个研究中心相互间容易地共享分量模式,容易地设计单个分量简化或者特殊处理的多层级模式框架,以适应古气候模拟或者天气预报和资料同化的应用需要(图 S.4 和知识窗 S.3);
- 允许学术界、其他外部的模拟团体、核心模拟中心更为容易地共同工作,因为不同模式的配置可以使用很类似的脚本来运行;
- 统一所有模式产品数据的文件结构,以方便模式诊断和应用研究人员。

知识窗 S.3　软件平台类似于智能手机的操作系统

报告中所描述的软件平台类似于智能手机的操作系统。软件平台在一定的硬件平台(类似于特定的手机)上运行,并且气候模式研发人员发展的模式分量(类似于手机中的应用 apps)在软件平台上运行,用来模拟气候系统的不同方面(例如大气或海洋)。

当前,在美国不同的模拟中心有着在不同类型硬件上运行的不同软件平台(操作系统);这类似于 iPhone 和 Android 的对比。这意味着,适用于一种软件平台的气候模式分量(apps)将不能在另一个软件平台上运行(类似于 iPhone 的 apps 不能直接在 Android 上运行)。

最终的目标是,美国气候模拟界可以推动使用通用软件平台(操作系统),使得模式分量(apps)能够互换并且可以直接相互比较检验。这也意味着,当硬件(手机)改进后,软件平台(操作系统)能够直接更新继续用于新的硬件,而不需要完全改写模式分量(apps)。

几十年的经验表明,模拟工具应当像一个完整的"调色板"——具有"模式层级",它跨越各种尺度,描述地球系统不同程度的复杂性。未来的通用软件平台需是连接模式层级的工具,使得它便于移植到不同的计算机平台,并且在教育、学术研究和探索性科学领域面向用户友好。在多层级平台下,潜在的、新的模拟和评估方法可以进行测试和比较,基于某一类模式的改进可以很容易地应用到其他模式。仔细地设计、记录和不断完善一套软件平台是一种管理投资(至少在国家层次上如此),并且一旦用户学会使用它,这些用户的经验能够转移到使用其他的模式配置和他们的输出数据结构。委员会建议,为了实现国家级的通用软件平台这一目标,该软件平台的设计和实施过程需要本领域的广泛参与。尽管这一目标存在风险、需要投入、有制度上的障碍,委员会确信好处将远超过弊端。

通用软件平台自身并不能使得气候模式受益于未来 10~20 年计算领域的进步。需要制定一项积极的研究计划,以在未来十年即将出现的高度并行的计算机体系结构上面改进气候模式的性能。这一通用软件平台将促进不同模式间、不同的模拟中心间共享这种进步,从而为推动气候科学计算前沿的国家级合作提供支撑。

组织国家气候模拟论坛

为凝聚美国当前多元的、分散的气候模拟机构、实施新的通用软件平台,委员会建议组织一年一度的美国气候模拟论坛,使得来自全美各地的从事全球和区域模式发展和分析的学者,以及感兴趣的用户,能够济济一堂,研讨与美国气候模拟相关的适时和重要的交叉问题。在会上,模式发展者可以交流彼此的进展,若通过学术期刊,这种交流不仅慢,而且无序、效率低。组织这一论坛的目的,是促进来自全美的、参与了主要的全球和区域模拟工作的学者、用

户、应用和数据分析人员更好地进行合作。该论坛将能够

- 向本领域通报主要的模拟中心当前和计划中的活动;
- 促进来自一些核心的模拟中心、其他院所包括大学的学者们相互进行重要的互动;
- 促进在美国以更加协调的方式进行全球和区域模式的发展及应用,包括利用多种模式设计通用的试验、组建联合研发团队等;
- 加强和加快气候模拟群体在研究方面和业务模拟中心的交流,该论坛将提供一个媒介;
- 提供一种机会,使得基础软件研发人员、模式研发人员和用户之间持续地、定期地进行互动,促进共享的国家级软件平台的发展和实施;
- 为气候模式信息的终端用户提供一个重要的机会,来了解模式的优缺点,让气候模拟人员洞悉终端用户的关键需求,并反馈到模式的发展和使用过程;
- 为国家气候模拟事业的战略优先级提供一个定期的、广泛地讨论的机会。

该论坛的组建将极大地受益于其他以这类综合活动为具体目标的额外资源的支持,受益于来自一个强有力的协调机构的支持来整合贯穿多个机构的活动。类似美国气象学会(AMS)、美国地球物理协会(AGU),或者世界气候研究计划(WCRP)这些组织在理论上可以承担这一角色,但是鉴于美国全球变化研究计划(GCRP)在协调全美气候研究活动方面的使命,由 GCRP 来组织这一论坛或许是一个自然选择。

培育一个统一的天气－气候模式

统一的天气－气候预报模式作为气候模式谱系的一个重要组

成部分日益重要。利用"天气预报"的方式来检验气候模式,就是把全球分析的某一个时刻结果作为模式初始场,这种方法可以评估模式对一些能够常规观测到的快速变化的过程的模拟能力,例如云的特征。这类模拟积分时间短,但是足以在一系列网格分辨率下检验模式的性能,这不仅涉及模式对当前天气的预报能力,还与模式对气候的模拟能力有关。向统一的天气—气候模式预报方法的过渡在(软件)平台方面工作量巨大。该方法正在被英国气象局——一个国际领先的模拟中心,所成功应用。在美国,迄今为止尚没有一家天气或者气候模拟中心完全采用这一信条,尽管许多中心拥有开展天气预报、气候模拟和资料同化的能力。

委员会建议加快跨越天气气候时间尺度的国家级模拟工作。实现这一目标的方法之一,是培育一个美国的统一的天气气候预报系统,其性能涵盖从当前的几天的天气预报到几十年的预测、气候质量资料同化和再分析。这一预报系统仍不过是美国气候模拟界攻关的课题之一。但是该系统的研发过程若能够吸收来自业务天气预报中心、资料同化中心、气候模拟中心、其他外围研究机构的参与合作,无疑将更为有效。这种合作需要大家一起来确定一个统一的模拟战略和初步实施步骤。为从其他气候模拟工作中受益,上述工作需要充分利用本报告其他部分所描述的通用软件平台、通用代码和数据可访问性标准。该系统成功与否将根据同期的、涵盖所有时间尺度的预报技巧技术指标的是否提高来评判。

制定计划培训气候模式释用员

通过改进气候模式,科学界在过去几十年在提高对未来气候及其影响的预估能力方面取得了巨大的进步。尽管如此,关于未来气候变化的一些重要细节依然不确定。与此同时,气候信息用户的广泛需求,已经超出了当前气候模拟界所拥有的能力。把关于气候变化及其不确定性的信息有效地传达给从事科学管理和决策的官员,是提升美国气候模拟能力的重要组成部分。没有简单的、程序化的途径来传达不确定性;由于气候模式及其输出的产品正变得越来越复杂,那些需要使用这些信息的用户需要努力跟上。

　　气候信息早已经被通过公共和私人机构不同程度地提供给用户,同时,要求在政府层次上提供更为广泛的气候信息服务的呼声很高。委员会选择不参与关于联邦政府在提供气候服务方面应该充当什么合适角度的争论。但是,委员会指出,需要有合格的人群能够基于当前的气候模式向最终用户提供可靠的信息,不管这些人是在哪里工作。

　　为适应这一需求,委员会建议制定一份"气候模式释用员"国家教育和资格认证计划,这些释用员洞晓气候模式产品的技术细节,包括对不确定性的量化,能够把这些产品信息广泛应用于私人和公共部门。教育方面可以由具备足够的气候科学和模拟方面专家的大学来授予学位或者证书。资格认证则可以由一个独立于任何机构或者模拟中心的、具有广泛接触的国家级组织来负责,例如 AMS 或者 AGU。很难奢望培训气候释用员能够解决所有的关于气候信息的用户需求,但这将是令以连接气候模拟界和用户为目的的各式各样的机制和系统都受益的关键举措。

推荐的支撑要素

维持把最先进的计算机系统用于气候模拟

　　气候模拟的困难在于它需要考虑许多物理过程,它们在多种时间和空间尺度上相互作用。以往的经验表明,增加模式网格所描述的尺度范围将令模拟结果更为准确,并为较低分辨率模式的发展提供信息。因此,要提高气候模拟能力,美国气候学界需要最好的计算平台和模式。

委员会推荐一种双管齐下的方法,即现有的模拟中心继续使用和升级专用的计算资源,同时,瞄准未来 10~20 年更为高效地研发高度并行的计算机体系结构。

气候模拟界已经开始寻找利用其他非气候研究专用的超大规模的计算设施资源。继续这种努力是有益的,但是这些外部系统的使用有时候不是太可靠,原因是这些外部计算机的操作协议不适合气候模式进行时间非常长的模拟积分。围绕着研究机构专用计算机和外部其他计算资源相结合这种方式,是否是气候模拟的最佳国家战略这一问题,委员会进行了热烈讨论。委员会权衡了建立国家气候模拟专用计算装置的利弊,结论是只有在模拟中心现有的计算机装置之外建设新的装置才有益。建设一套昂贵的、新的国家气候计算装置最富有吸引力,这在气候科学和模拟的预算需求持续增加的大环境下风险最少,并且新的投入不会影响其他原有的气候模拟领域的重要投资。

继续支持强大的国际气候观测系统

对于我们监测和更好地理解驱动气候系统变率和变化的过程来说,观测极为重要。对气候和地球系统模式的评估和改进从根本上是和气候观测系统的质量联系在一起的。没有维持良好的气候观测系统来综合地描述长期的气候趋势和气候变率,气候模拟的国家战略将是不完整的。维持一整套气候观测系统是国际性的事业,但是需要美国的强有力的支持,这种支持正经受着严重的威胁。在未来几十年内,必须维护好现有的关键气候要素的长期观测,同时,又要针对我们缺乏了解的一些地球系统过程组织新的观测活动。

针对气候模式研发人员建立培训和奖励体系

模式发展是气候科学中最富有挑战性的任务,因为它需要涉及气候物理学、生物地球化学、数值分析、计算环境等综合知识及高效的团队合作能力。委员会建议吸引高水平的计算机和气候学家从事气候模式研发工作,具体做法是在模拟中心设立研究生奖学金,毕业后再进行3~5年的博士后实习,随后,通过薪金优厚的职业发展、研究机构奖励、快速提职及足够的经费资助机会等途径,奖酬其在模式研发上所做出的贡献。

加强支撑气候模拟数据共享和分发的国家信息技术平台

气候模式数据的存档是呈指数增加的,维护对这些数据的访问正在成为一种挑战。地球系统的观测数据也在很快增长并且种类众多。气候研究领域、决策者和其他用户正在以日益复杂的方式来分析和使用这两类数据。上述趋势意味着对资源需求的增长,而这些资源是不能以特定方式来管理的。取而代之的是,支撑国际和国内模式比较计划及其他具有广泛兴趣的模拟试验的数据共享平台——包括模式数据归档及其向研究和用户群体的分发,应该被作为气候研究和服务用户的业务支柱来加以系统地支持。除了稳定现有支持之外,美国应该基于现有的基础,建立一个国家级的地球系统气候观测和模式数据 IT 平台,从而为专业人士和更为广泛的用户群提供便捷、快速的数据展示、可视化和分析。需要投入巨额力量进行有关存储、数据分发、数据语义学和可视化的新方法研究,这种研究的目的是把分析和计算与数据连接,而不是把数据下载下来在当地进行分析。如果不开展上述新方法研究,对于用户来说,未来非常有可能出现数据令人沮丧的难以接近的情况。

追求气候科学和不确定性研究方面的进步

为了适应未来几十年国家对改进的气候信息和指导方面的需求,美国的气候模式将需要能够处理广度日益扩大的科学问题,在从季节内到百年际的时间尺度上提高预测和预估结果的可靠性。委员会发现,在美国气候模拟工作可以通过提高模式的分辨率、改进观测和增进对过程的理解、在模式中进一步引入与气候有关但是原来未考虑的过程、在气候模式中更为完整地描述地球系统等综合途径,使得气候模拟能力取得显著提高。作为更为有效地应对未来的气候信息需求的一般准则,气候模拟活动应该关注这样一些问题,这些问题的解决将使得气候模式能够更好地满足社会需求,并且给予充分资源后进展是有可能的。有了这种关注,在未来10~20年,地球系统模拟在一系列科学问题上能够取得显著进展,包括海冰的减少,冰盖的稳定性,陆地—海洋生态系统和碳循环变化,区域降水变化和极端气候,云—气候相互作用,以及气候敏感度。

面对这些挑战,随着模式复杂性的提高,模式的性能表现亦将多样化,可能会出现一些令人吃惊乃至预料之外的结果。因此,委员会强调,承诺模式的更替总是能够带来更为可靠的预报能力并不明智。在上述挑战性的问题上取得进步很重要,但是,更为完整地理解气候系统,减少不可预见的变化出现的可能性、改进气候模式是一项长期的任务。

不确定性是气候模拟的重要方面,需要气候模拟界来妥善解决。为此,美国应该更为积极地支持开展不确定性研究,包括理解和量化气候预估的不确定性,发展自动化的方法来优化模式内部的不确定性参数,向气候模式数据的用户和决策者说明不确定性,更为深入地理解不确定性和决策二者间的关系。

结束语

气候模式是人类发展的最为复杂的模拟工具之一,我们正在被问及的、关于气候模式的"假设分析"(what-if)问题,涉及数量多到令人难以置信的相互联系的系统。由于气候模式的范畴在扩展,验证和改进模式的需求也在扩展。围绕着提高气候模式的效用和可靠性,过去几十年来取得了巨大的进步,但是随着决策者对依赖于气候模式的信息需求的不断增加,我们需要对气候模式做出更多的改进。

委员会坚信,走向未来的最佳前进道路,是实施以整合分散的美国气候模拟事业为核心的战略,这种整合跨越模拟工作、跨越各种模式类型、跨越关注不同时空尺度的各个模拟群体、跨越模式研发人员和模式产品用户。

在气候模拟的许多领域要取得进步,需要有方法上的多样性,解决日益宽广的用户需求,也需要有多样性的方法。"在多样性的基础上加强联合统一"这一战略一旦被采用,将使得美国能够更为积极有效地使用多样性,来满足未来十年乃至更长时间国家在气候信息方面的需求。

(周天军 译,邹立维 校)

第一部分

背景材料

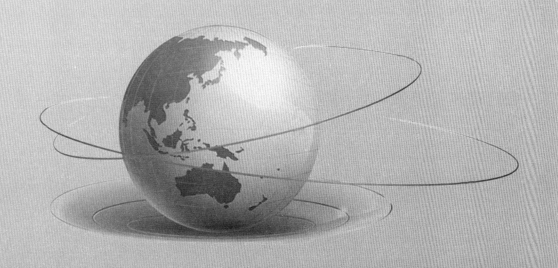

1 引言

　　许多公共和私营机构都使用气候信息,甚至他们每天都要基于气候信息做出某些决策、决定。气候信息的用户包括国家安全规划、基础设施规划、政策决策、保险公司、水资源管理、农业管理等许多行业。不同行业对于气候数值模拟提供的数据有不同的需求,例如,不同的时间分辨率,对不确定性的容忍度等。某些用户群体希望获取气候变率的可能变化范围和高空间分辨率极端事件(如干旱、洪水、热浪等)数据,而其他一些用户却需要气候长期变化趋势的数据。知识窗 1.1 提供了一些使用气候信息的实例,其中包括:农民、城市规划者、水资源管理者、保险公司等。

知识窗 1.1　气候数据用户的例子

　　许多个人和团体均需要气候数据。下面是几个个人和机构使用气候数据的典型例子,具体谈到了他们为什么需要气候数据,如何使用气候数据及使用气候数据的收益等。

农民

　　农民与天气和气候的关系密不可分。他们的收成取决于选择适应当地气候的农作物,并在合适的时间播种、灌溉和收割。农民每天的灌溉时间非常依赖短期天气预报。短期天气预报不仅能够提供温度和降水信息,甚至能够提供对于许多作物生长非常重要的土壤湿度信息。我们以玉米种植业为例。在美国,涉及 15.1 亿美元的玉米种植业对于干旱和低土壤湿度非常敏感。在周到季度这个时间尺度上,灌溉的时间安排取决于对土壤湿度的季节预测。在干旱条件下,短期季节预测的作用尤为关键。据估计,到2015年,天气预报水平的提高将使农业灌溉成本减少约6100万美元(Centrec咨询集团,2007年)。在季节到年的时间尺度上,对厄尔尼诺/拉尼娜现象的预测能够帮助农民决定何时种植和收割作物。厄尔尼诺/拉尼娜现象的预测能够为美国农业部门带来大约5~9.5亿美元的收益(Chen等,2002)。在更长的时间尺度上,气候变化正在令作物生长季节和种植地区发生变化。由于许多农民只种植某种特定作物,而这些作物经常只能适应某种特定的气候条件(参见图1.1[彩]),这些农民将受到气候变化直接的影响。针对降水、温度和土壤湿度的区域长期气候预测,能够为农民决定未来种植哪些

1990年分布图   2012年分布图

基于1974—1986年数据(13年)   基于1976—2005年数据(30年)

图1.1(彩)　美国农业部提供的作物种植困难程度的分区图。农民和园艺师广泛使用这张图,用以决定某个地区最适合种植哪一种作物。这种分区是基于多年平均的年最低冬季温度,以10°F为一区。左图是基于1974—1986年的数据,而右图则是基于1976—2005年的数据。总的来说,最近的分区图(右图)比以前的分区图(左图)暖一个半分区。引自:http://arborday. org/media/map_change. cfm; http://plantardiness. ars. usda. gov/PHZMWeb/ AboutWhats New. aspx(查阅于2012年10月11日)

作物提供有价值的参考,以提前为种植新作物所需的新技术和新设备储备资金。

大城市的市长

预计未来热浪的发生频率、持续时间和强度均会增加,这是最受关注的气候变化问题之一。据国家天气局(NWS)的统计,在美国,高温炎热是排行第一的天气杀手,每年它夺去的生命甚至超过洪水、闪电、龙卷风和飓风的总和。热浪会使高峰用电量急剧增大,从而导致停电,带来巨大的经济损失(据美国—加拿大电力系统停电特别工作组的估计,2003年8月发生的大规模停电影响了美国和加拿大的众多城市,造成经济损失约40~100亿美元)。国家天气局采用了一种高温指数来提前几天预警极端高温事件。该指数能够基于温度和湿度来评估身体对炎热的感觉。基于预报结果,政府能够提前警示公众,建立节能预案,分派社区降温场所,尽可能减少高温炎热带来的经济损失和人员伤亡。

长期来看,气候预估能够帮助市长和其他市政规划人员制定降低气候变化负面影响的战略规划(NPCC,2010)。这些战略规划包括:提高建筑物的能源利用效率,增加电网基础设施的投资,在炎热的街区强制种植树木等。改进的气候数据(图1.2[彩])能帮助城市制定出更合理的长期基础建设投资计划,以保护居民的健康和经济利益。

水力发电系统管理者

联邦哥伦比亚河流电力系统每年发电76000兆度,约占太平洋西北地区(美国西北部和加拿大西南部)一千五百万人口用电量的30%,每年经济效益约40亿美元(BPA,2010)。要保持这样的发电量,水电系统管理者需要制定短期和长期兼顾的蓄水策略(相对于

两次事件发生间隔年数

1 2 3 4 5 6 7 8 9 10 >10

图 1.2(彩)　预估结果表明,未来热浪发生的频率将增高。本图给出了
预估的 21 世纪末(2080—2099 年平均)极端炎热天气发生频率的分布。
极端炎热是指某一天的炎热程度为过去 20 年一遇,预估结果表明到 21
世纪末,美国大部分地区极端炎热每 1～3 年就会发生一次

天然流量)。因此,基于气候数据预测未来流量的变化至关重要。
他们最需要的气候变量包括:温度、降水和风。同时,他们需要数据
的空间分辨率达到 1～10 千米,时间分辨率达到逐日或更高。目前
的气候预测数据尚达不到这种分辨率,但即便如此,这些数据在预
测流量季节变化方面仍然非常有价值(例如,冬季流量偏多,而春、
夏季节流量偏少)。管理者也会基于长期气候变化的预估结果来规
划水利设施的改造、升级或新建新的设施(例如,图 1.8[彩])。所有
水电系统管理者都希望获得更可靠的高分辨率气候数据,用来制定
规划,为北美数以百万计的居民提供稳定可靠的电力资源。

保险公司

　　保险公司为商业机构和个人提供抵御自然灾害的保险服务。天气和气候灾害（例如，洪水、大风、干旱等）的发生概率决定了保险费率。为了合理评估天气、气候灾害发生的概率，保险公司需要基于过去多年天气事件的气候统计数据，为不同行业（例如交通运输、农业、建筑业）、不同地区建立专门的风险评估模型。近年来，天气和气候灾害造成的损失快速增加，2011 年投保财产的损失达到了破纪录的 500 亿美元。

图 1.3　水电系统管理者，例如联邦哥伦比亚河流电力系统，需要气候信息为短期业务决策和长期基础设施规划服务。引自：Steven Pavlov, http://commons. wikimedia. org/wiki/File: Grand_Coulee_Dam _in_the_evening.jpg（查阅于 2012 年 6 月 8 日）

　　越来越多大型保险公司和再保险公司意识到，气候变化给他们的业务带来了许多新的挑战。其中最主要是，他们需要准确估计气候变化带来的风险变化，并积极应对，而不是简单的退出这一高风险市场。要达成该目标，单纯历史气候数据已经无法满足需求，他们需要新型的气候预估结果。高质量的区域气候预估变量，例如海平面气压、温度、降水、风和极端天气事件对于保险业提升应对挑战

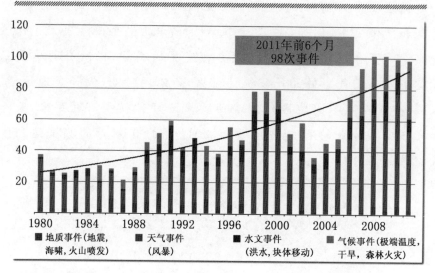

美国自然灾害更新数据
美国自然灾害，1980—2011年事件数(仅包括1—6月)

2011年前6个月
98次事件

■ 地质事件(地震，　　■ 天气事件　　　■ 水文事件　　　■ 气候事件(极端温度，
海啸，火山喷发)　　(风暴)　　　　　(洪水，块体移动)　　干旱，森林火灾)

Source: MR NatCat*SERVICE*　　　　　　　　© 2011 Munich Re

图 1.4(彩)　美国每年自然灾害发生次数,2010 年突破了原点,表明过去的信息不再能够指导未来的情形。2011 年天气和气候灾害保险损失达到了破纪录的 500 亿美元。引自：Munich RE；http://www. munichre. com/app_pages/www/@ res/pdf/media_relations/press_dossiers/hurricane/2011-half-year-natural-catastrophe-review-usa_en. pdf（查阅于 2012 年 9 月 14 日）

的能力尤为关键。这样保险公司才能够继续为美国人民和商业机构提供灾害保险业务,并利用他们过去的减灾经验(例如,预防火灾和地震的建筑规范)帮助减少生命和财产损失(Mills 和 Lecomte,2006)。

国家安全部门

国家安全规划和政策制定部门会用到多个时间尺度的气候信息和预报结果。2010 年 2 月发布的四年一度的防务报告称,气候变

化将对未来美国安全环境产生显著影响(Gates,2010)。最近,美国
国防部及军队服务部门正在制定政策规划,以理解和应对气候变化
对军事作业环境、军事任务、军事设施等的影响(NRC,2011c)。据
估计,海表面上升 3 英寸①左右就将威胁价值 1000 亿美元的海军装
备(NRC,2011c;图 1.5)。美国发展中心的报告最近也评估了气候
变化导致的国家安全风险(Werz 和 Conley 2012)。海军试图使用
气候模式数据,获得与日益增加的北极海上活动相关的信息、淡水
和资源稀缺方面的信息,以及海平面上升对军事装置的影响信息
(NRC,2011c)。要使用气候模式预估结果为决策提供信息,海军需
要适用于年代际尺度的高空间分辨率的区域气候模式、模式不确定
性的定量评估、模式输出结果的概率分布函数。海军是"利益相关

图 1.5　两栖攻击舰 USS Kearsarge(LHD 3)将从目前驻扎的 Norfolk
海军基地移走。海平面上升 3 英尺或更多将威胁价值 1000 亿美元的海
军装备。引自:http://www. navy. mil/view_single. asp? id=125450(查阅
于 2012 年 6 月 6 日)

①　1 英寸=25.4 毫米。

者的一个好例子,这些利益相关者在涉及基础设施运营、疾病、民间骚乱、移民、水资源和能源等的应用方面(对气候信息)有着非常具体的需求"。

建筑界

建筑环境(建筑、交通、能源、工业设施、运输、垃圾、水资源及相关的自然特征)是多数人类活动的主要场所,并且构成了大部分的国家财富(图1.6)。它在减少温室气体排放,协助社会在经济、环境、社会等方面应对气候变化等方面都发挥重要的作用。建筑界既包括专业人员(建筑师、工程师、地质学家、景观规划师等),也包括业主、投资人、物业、承包商、建材生产商、健康和安全监管部门等建筑环境服务或影响的所有利益相关者(几乎包括了所有人)。

建筑界使用气候数据,特别是极端气候事件的数据,以保证建筑物的安全性、功能性和适应性。过去,极端环境在建筑环境评估和设计中的应用,并不是基于气候模式,而是基于历史记录的统计结果,这其中包括了观测和取样误差。由于气候变化,历史数据并不足以作为未来极端事件发生的预报因子。但是,随着模式模拟能力的提高,模式有可能提供有用的极端环境预报。

为建筑或其他基础设施所做的决策,需要考虑几十年甚至更长时间之后的情况。当我们细究建筑相关的一些决策,例如建筑材料选择、选址、或者建筑方案设计,就会发现许多与气候有关的问题,包括:未来降雨或降雪将可能会有多强?温度的范围可能是多少?平均降水量对于地下水位有何影响?未来是否可能发生洪涝?其中,建筑环境对气候变化的适应尤为重要,因为它有着重要的资源意义。美国商务部估计,每年美国建筑支出总额将超过8200亿美元。

图 1.6　佐治亚州亚特兰大市最高建筑物。建筑界使用气候信息来帮助选用建筑材料、选址和决定建筑设计方案。这些基础设施的决策可能影响未来几十年。随着气候变化,气候模式被用来提供未来气候条件的预估信息。引自:Conor Carey, http://commons. wikimedia. org/ wiki/File:Sovereign-Atlanta.jpg(查阅于 2012 年 6 月 6 日)

　　未来几十年,气候变化及其造成的各种影响会进一步显现,甚至加速(NRC,2011A)。鉴于气候变化可能导致的各种影响,例如海平面上升、北极地区季节性的无冰现象、大尺度的生态系统变化、区域旱涝灾害等,我们需要掌握更多的气候信息。这些气候信息包

含巨大的潜在价值,其可以通过极端气候及天气事件造成的影响而得以显现。极端气候和天气事件是造成经济损失和人员伤亡的重要原因之一,1980—2009 年间共导致了约 7000 亿美元的损失。仅在 2011 年,就有超过 14 个天气和气候相关的灾难,共造成了约 500 亿美元的损失[①]。气候变化会改变极端事件的发生频率及其后果,因此历史统计并不一定是预测未来的可靠因素,它可能低估未来气候信息的价值。

2011 年春、夏季发生在美国中西部地区的洪水反映出气候信息在较短时间尺度上的价值。2011 年春、夏季的强降水导致了密西西比河和密苏里河的洪水。春季之前,由于积雪融化量和降水量偏多(图 1.7),气候预测显示美国中西部大部分地区发生洪涝的可能性增大,这使政府部门能够采取预案。根据国家海洋大气局(NOAA)提供的材料,气候预报可以使政府部门"在洪水来临之前和发生之时,与地方、州和联邦相关机构进行合作,使应急部门能够做出合理决策,更好地保护生命,减少财产损失"[②]。这些决策包括在某些地区撤离人员,摧毁堤坝,使得洪水能够进入泄洪渠道等。

从较长的时间尺度上看,气候模式可以预测未来几十年的降水径流(图 1.8)。根据预测,未来美国一些地区,例如西南部,平均降水量会下降,而另一些区域,如东北部,平均降水量将会增加。这些变化将会对未来淡水供应、粮食作物产量、森林火险及其他多个方面都产生重要影响。此类预测信息能够帮助联邦以及州政府提早准备,例如规划基础设施等。然而,区域性干旱和可预测的气候变率之间的关系非常复杂,因此气候信息的用户必须了解和处理相当大的预测不确定性问题。

---

① http://www.noaa.gov/extreme2011/(查阅于 2012 年 10 月 11 日)。
② http://www.noaa.gov/extreme/mississippi_flood.html(查阅于 2012 年 10 月 11 日)。

图 1.7　国家海洋大气局下属国家气象局（NOAA's National Weather Service）提供的 2011 年春季洪水风险展望。引自：http://www.noaa. gov/extreme2011/mississippi_flood.html（查阅于 2012 年 10 月 11 日）

什么是气候模式？

计算机上运行的气候系统模式能够模拟出未来气候系统的信息。气候模式是气候系统中所包含的物理、化学和生物过程的数学表达（图 1.9［彩］）。计算机模型已经成为现代生活的一部分，例如它可以用来预报天气，模拟飞机气动过程，预测海潮，开发新药等。计算机模型被广泛用于研究包含非常复杂，需要处理大量信息的或者不便于直接进行研究的过程。它们是理解世界的有力工具，能够帮助气候学家预测未来气候。

气候模式多种多样，但它们都基于相同的物理基本定律，例如牛顿运动定律，气态、固态和液态的化学和热力学定律，电磁辐射定律等。此外，通过观测得到的复杂过程的一些经验关系也是重要的

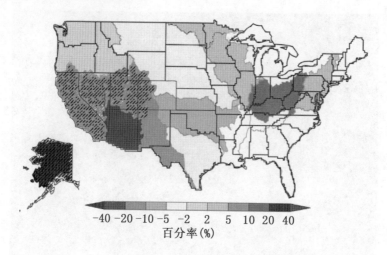

-40 -20 -10 -5 -2 2 5 10 20 40
百分率(%)

图 1.8　比较长时间尺度的气候预测可以帮助长期规划。这张图给出预测的水源区 2041—2060 年年平均径流量相对于 1901—1979 年基准的变化。该预测基于中等排放情景。预测结果表明,西南部平均径流量将减少,而东北部则会增加。颜色代表径流量变化的比例,阴影区代表不同模式的预估结果非常一致,因此结果信度较高。来源:USGCRP,2009

补充,例如,云中冰晶的形成过程、空气和水中的湍流混合和波的产生过程、生态过程、海冰增长过程、冰川移动过程等。

气候模式的主要分量包括:

- 大气(模拟风、温度、云、降水和湍流混合,以及全球热量、水、化学示踪物和气溶胶的输送);
- 陆地表面(模拟陆表特征,例如植被、雪盖、土壤水、河流、冰盖、碳储量);
- 海洋(模拟海洋温度、洋流、海洋混合和海洋生物);
- 海冰(模拟海冰厚度、覆盖率、海冰漂流、对辐射和海洋—大气间淡水和热量交换的影响)。

在气候模式中,网格把整个地球进行三维剖分,用来表达地理位置和海拔高度。目前,用来模拟千年以上气候的全球模式,典型

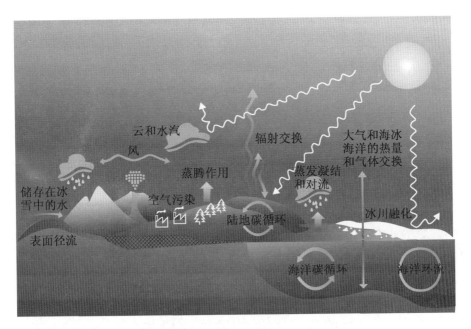

图 1.9（彩）　气候模式是地球系统物理、化学和生态过程的数学表达。
来源：Marian Koshland 科学博物馆

水平分辨率多为 100～200 千米。气候系统每一个分量的方程式均在全球网格点上进行计算。这些方程式均包含若干个气候变量（例如，温度和降水）。目前发布的天气预报已经可以延升至 1 周或者更长，但由于大气的混沌效应，天气预报无法突破 1～2 周的上限。虽然气候模式大气分量的功能模块基本类似于天气预报模式，但是它的积分时间远长于后者，目的是能够在月到千年时间尺度上模拟大气、陆面、海洋、冰雪圈的相互作用过程。对于这种试验，我们不能要求模式模拟的每个天气过程都与观测一致，而是希望能够预测（或是与观测比较）天气过程的统计特征，例如多年平均降水，不同年份间年平均降水的变化范围等。

　　气候模式是典型的计算密集型程序，事实上，过去 50 年来计算机性能的增强是推动气候模式性能提升的主要动力之一。现代气候模式的发展可以追溯到 1920 年代开展的笔算的数值天气预报。

但是直到电子计算机广泛流行的 1960 年代,描述最简化的天气系统所需的巨大的计算需求才得以满足。气候模式所能采用的网格分辨率完全依赖于拥有的计算资源。很精细的空间分辨率需要大量的模式网格和更短的积分时间,因此开展模拟所需的计算时间急剧增加。同样的,如果采用较粗的空间分辨率,所需的网格数较少,但是,模拟结果的细节也较少,且无法可信地描述某些小尺度特征,例如山脉、海岸线等(GFDL,2011)。图 1. 10(彩)表明,50 千米水平分辨率模式模拟的美国西部复杂山脉地形处的年平均降水,较300 千米或者 75 千米分辨率模式更准确(但从实际考虑,采用更高的分辨率意味着计算代价更高昂,也就意味着可以开展的试验数量的减少)。

目前气候模拟的发展阶段如何?

美国和其他许多国家均在广泛开展气候模拟。经过几十年的发展,当今的气候模式已经能够为政策制定提供有价值的信息。但是,气候信息中仍然存在相当大的不确定性,用户需要理解这些不确定性,并在决策过程中加以考虑。

美国的气候模拟

针对整个地球的气候模式称为"全球模式",而那些针对某个区域的模式则称为"区域模式"。全球模式一般需要更多、更庞大的计算资源。目前美国有多家研究中心,各自独立地开展全球气候模拟。这些研究中心各自获得某一家美国基金机构的专门资助。例如:国家科学基金会(NSF)和能源部(DOE)资助的国家大气研究中心(NCAR),国家海洋大气局(NOAA)资助的地球流体动力学实验室(GFDL)和国家环境预报中心(NCEP),国家航空和航天局(NASA)资助的戈达德空间研究所(Goddard Institute for Space

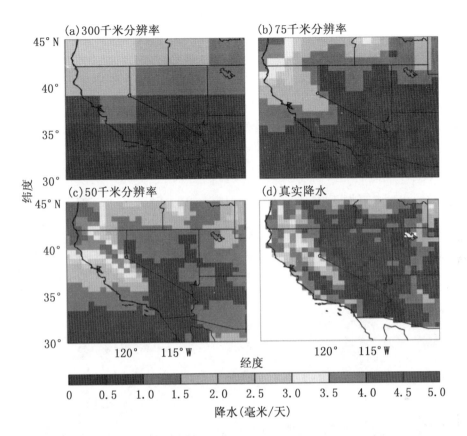

图 1.10（彩）　三个不同分辨率气候模式（300 千米、75 千米和 50 千米）模拟的美国西部年平均降水，及其与 50 千米分辨率的观测数据的比较。较高分辨率模式（c）与观测结果（d）更一致。来源：Walter，2002，基于 Duffy 等（2003）图 13 修改

Studies）和戈达德空间飞行中心（Goddard Space Flight Center）。这些全球气候模式均在超级计算机上运行，并使用实验室内部和外界的多种存储设备。此外，许多模式，特别是 NCAR 主持发展的模式，是和国内、国际上的实验室和学术研究机构的开发者合作发展的。

　　NCAR 和 GFDL 拥有目前最大的气候模拟团队，拥有具有博士学位的全职科学家、软件工程师及其他支撑人员超过 100 人，每

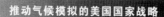

年的经费达到千万美元量级,基本与 NCEP 的业务天气和气候预测系统相当。

美国的区域气候模拟研究则较为分散。无论是美国或是其他国家,区域气候模拟研究主要针对某个具体区域的气候变化情景进行研究。但是与全球模式的研发工作相比,围绕区域模式的发展、评估和分析均非常有限。这种情形的出现非常自然,因为存在太多的区域和局地问题。就美国来说,多数区域模拟研究主要围绕几个基本的模式(例如天气研究和预报模式,WRF)来开展,而每个研究团队会根据他们所关心区域的特点对模式的某些细节进行修改。区域模式基本都在较便宜的小型计算机集群,而非超级计算机上运行。

图 1.11　全球气候模式一般在超级计算机上运行,例如,国家海洋大气局(NOAA)下属位于田纳西州的橡树岭国家实验室的 Gaea 气候研究超级计算机。它的峰值速度达到每秒 1.1 千万亿次。来源:ORNL 照片/Jay Nave (http://blogs. knoxnews. com/munger/2011/12/noaas-petascale-computer-for-c. html)

虽然联邦政府在气候模式发展和运行上扮演关键角色,学术界和私营机构的作用亦不容忽视。

一些大学拥有自己的气候模拟中心,虽然其规模小于上述国家级的模拟中心。这些大学开展的研究对于提升我们对气候系统某些过程的理解,并改进相关的模式参数化过程非常重要。同时,借助于国家级的模拟中心提供的模式输出数据,大学开展的理论研究能够提升对气候系统的理解。私营机构亦是气候模拟的积极参与者。许多咨询公司通过分析气候模式输出数据来评估区域尺度上,某些气候变化的关键变量的概率分布。总体来说,上述分类的界限非常模糊,这也令我们难以在资金上或者人力上估计美国整个气候模拟行业的规模。

国际上的气候模拟

许多国家开展大规模的气候模拟工作。多个全球气候模拟中心广泛分布在加拿大、英国、法国、德国、中国、日本、澳大利亚、挪威和俄罗斯等国。过去几年中,为了进行超高分辨率的气候模拟,日本新建了世界瞩目的划时代超级计算平台。国际上,区域气候模拟开展得更加广泛,包括拉丁美洲和欧洲在内的多个国家均开展区域气候模拟。几个全球气候预测中心(美国的 NCEP、英国气象局和欧洲中期天气预报中心)开展季节和更长时间尺度的气候预测,同时提供网格化的全球大气再分析数据。这些再分析数据覆盖了过去 25～50 年,时间分辨率为 6～12 小时。再分析数据为气候研究者所广泛使用,它们在改进天气预报模式性能的同时也有益于气候模拟。

气候模拟界最重要的国际活动是政府间气候变化专门委员会(IPCC)和耦合模式比较计划(CMIP)(图 1.12)。为了理解人类活动导致的气候变化的风险和潜在影响,制定减缓和应对策略,评估

相关的科学基础,1988 年世界气象组织(WMO)和联合国环境计划
联合发起成立了 IPCC(IPCC,1998;WMO,1988)。IPCC 第四次评
估报告中用到了来自全世界 16 个研究机构的 23 个气候模式来支
撑结论(Meehl 等,2007)。由于开展政府间气候评估广泛的内涵和
外延,完成 IPCC 报告注定成为一项艰巨的工程,它由数千名具有不
同专业知识、文化、利益和期待的人共同完成。

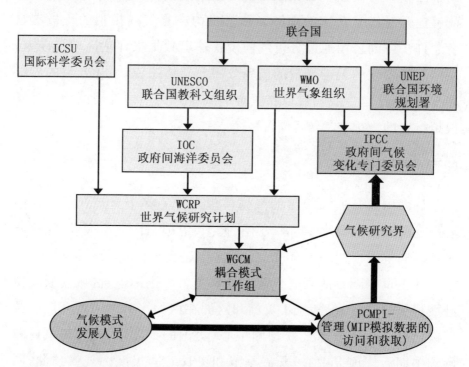

图 1.12 这张图给出了相对于更大的气候研究界,IPCC、CMIP 和 PCM-
DI 之间的关系。CMIP 和 IPCC 分别由不同的联合国下属机构来管理,但
是在一些时间节点合作开展工作。来源:Taylor 等,2012

　　另一个重要的国际合作是 CMIP。它是在耦合模拟工作组的主
持下,于 1995 年成立的。CMIP 资助气候模式的国际间的比较。上
两次比较计划 CMIP3 和 CMIP5 分别协助了 IPCC 的第四次和第五
次评估报告(AR4 和 AR5)。这些比较计划采用了标准化的指定输

出变量和标准化的输出文件格式(这是一个国际委员会讨论决定的),对模式结果进行了归档,并提供给学术和应用领域群体的成员自由获取。

由能源部资助,Lawrence Livermore 国家实验室负责的气候模式诊断和比较计划(PCMDI)一直为 CMIP 的发展提供技术支持,包括模式输出数据的归档、分析和质量控制,CMIP 现在已获得更多国际研究机构的支持。CMIP 已经发展成一个植根于学术圈的重要平台,为气候模式的诊断、评估、比较、编制文档和数据访问提供支持。

气候模式能做到哪些?

为了解决多种多样的科学问题或者社会关注问题,气候模式逐渐演化成一种非常复杂的工具。要判断一个模式的可靠性,可以将它与观测进行比较,例如,平均季节循环,极端温度、降水、降雪等常规的全球观测量的统计特征;厄尔尼诺一南方涛动和其他一些重要的气候变率模态;观测的过去一百多年的气候变化等。第 3 章将详细介绍过去 50 年气候模式的演变,包括面向不同目的、不同时空尺度的多样化的模式。

IPCC 报告指出,气候模式当前对全球和大陆尺度的气候具有较高的模拟技巧(IPCC 第 11 章,2007c)。例如,对于全球的大部分地区,模拟的季节平均表面温度与观测值相差不超过 3℃(IPCC,2007c),即使在某些表面温度超过 50℃ 的区域也不例外。在模式能够分辨的空间尺度内(1000 千米或者更小),模式模拟降水的典型误差小于 50%(Pincus 等,2008)。在全球多数海域,模式模拟的海面温度与观测值的差在 1~2℃ 之内。一些主要的洋流,例如墨西哥湾流,模式也能够合理模拟出它们的位置(IPCC,2007c)。模式模拟的季节平均海冰量、云量和雪盖面积等也在观测值的合理范围内

（IPCC，2007c；Pincus 等，2008）。厄尔尼诺会导致太平洋海面温度、降水和风的振荡。很多模式可以合理模拟这些现象的强度、位置和周期（Achuta-Rao 和 Sperber，2006；Neale 等，2008）。对于其他类型的自然气候变率，例如，区域尺度（1000 千米或者稍大的范围）的季节平均温度和降水及它们的空间型所发生的年际变化，模式也能够很好地模拟（Gleckler 等，2008）。目前，模式对极端冷、暖事件的模拟能力也大幅度提高，特别是那些空间分辨率达到 100 千米的模式。总而言之，气候模式正在变成一个能够模拟地球系统观测统计特征的精确工具（第 3 章给出了模式模拟能力提升历程的更多细节）。

由于分辨率较粗，且需要包含气候系统中复杂的相互作用过程，气候模式确实存在一些众所周知的局限性。例如，目前气候模式不能分辨对积雪、降水和冰川模拟非常重要的山脉地形的细致局部特征；沿岸上升流、潮汐流等细致的海洋过程；也无法分辨台风、强风暴。热带降水和许多云过程依赖于很多非常小尺度的空气运动和其他的一些过程，例如水汽的凝结和凝华。目前气候模式无法显式模拟这些物理过程。气候模式还存在其他的一些局限性，例如许多模式中缺少完全耦合的陆地－海冰模块或者海洋生物化学模块。目前这些是非常活跃的研究领域，但只是刚起步，尚未引入气候模拟中。此外，要对某些过程进行可靠地模拟，例如大陆冰架的形成，需要模式积分数千年，这在目前的计算条件下尚不具有可行性。

科学家、政策制定者和对气候变化感兴趣的民众最关心的问题是，气候模拟对未来十年、百年或者更长时间气候的预估有多少可信度。这里最核心的问题是，人类排放的温室气体、气溶胶正在令气候系统快速远离过去数百万年自然变化的范围，因此掌握过去的状况对未来的状况是否有指导意义值得怀疑。此外，理论、观测和气候模式都表明,气候系统内部的正反馈过程使得它对自身组成成分变化的响应更强。我们怎样才能确信我们最好的模式能够可靠地模拟当前气候,并能模拟人类活动(假设我们能知道未来人类活动状况)影响气候变化的方式?

最佳的指标包括:(i)模式对观测的过去150年的气候变化的模拟能力,特别是对过去30年来发生速度越来越快、且被多种观测验证的气候变化的模拟能力;(ii)在古气候范畴内,环境倾向于发生快速且突然的转变。因此,不同气候模式或者同一模式不同版本对它们模拟的离散度能够成为另一个指标。将多个气候系统模式进行相互比较、并与观测进行比较,能够提升我们对气候系统的理解,帮助我们用模式对未来变化进行预估。不同模式之间的差异能够给出气候预估结果不确定性的下限。这种方法无法抓住目前所有模式共同误差的来源,但是我们可以期待,随着气候模式的综合度越来越高,只要我们能够通过观测结果仔细检验模式各个分量及它们之间的相互作用过程,模式误差出现的可能性将逐渐变小。

知识窗 1.2　如何评估气候模式

IPCC 报告《气候变化 2007:科学基础》指出:"我们非常有信心地认为,气候模式对未来气候变化的定量估计是可信的,特别是在世纪或更长时间尺度上"(IPCC,2007c)。信心主要来自如下三点原因:(1)气候模式建立在坚实的物理定律之上,例如,能量、质量和动量守恒定律;(2)通过与大气、海洋、冰雪圈和陆地表面的观测数据的比较(图 1.13),气候模式模拟结果经过了广泛而深入的检验;(3)气候模式能够再现过去气候和气候变化的主要特征,例如,过去一个世纪的增暖现象,6000 年前全新世中期北半球的增暖现象等。

当前的气候模式在其发展过程中就经过了严格的标定,以在一

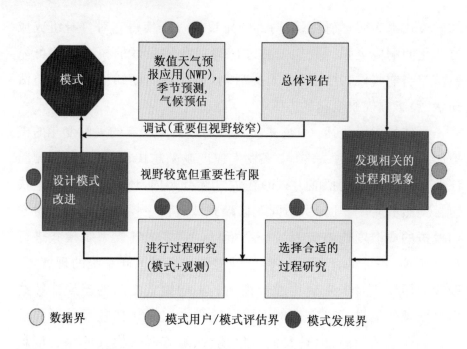

数据界 ● 模式用户/模式评估界 ● 模式发展界

图 1.13　气候模式的发展和检验包括多个阶段,需要来自模式发展专家、模式评估专家、模式用户和数据专家等不同群体的贡献。引自 Jakob, 2010

个合理的不确定范围内与观测保持一致。但是,由温室气体排放增加导致的增暖,部分地被人类活动排放的气溶胶导致的冷却效应所抵消(通过增强光的散射和影响云)。根据观测和模拟研究的估计,抵消的范围大概在 20%～70%(90% 置信度,IPCC,2007d)。预计整个 21 世纪全球气溶胶排放将不再增加,而温室气体排放增加至少在未来十年还将持续,因此抵消效应将越来越不显著。由于气溶胶的冷却效应的不确定性,目前的增暖信号不能用来约束"气候敏感度"。因此,国际多个气候模式模拟的 21 世纪全球平均温度增暖的变化范围约为 30%[1](第 4 章将深入讨论该问题)。

——————

① 准确地说,四分位差是均值的 30%,四分位差是度量统计离散度的量,指的是数据第 75 个百分位和第 25 个百分位的差。

虽然模式能够提供对未来气候变化的定量估计,但是由于对整个气候系统或者系统中某个量缺少理解、或者理解存在偏差,对未来气候的预估中存在大量的不确定性源。这些不确定性源包括:(1)气候系统外强迫,包括人类活动导致的未来温室气体和气溶胶排放,及火山喷发和太阳活动等自然过程的不确定性。这些外强迫都是气候模式的输入项;(2)气候系统对外强迫响应的不确定性;(3)气候系统内部自然变率的不确定性;(4)对已知的但是过于复杂的小尺度过程描述不完整导致的不确定性(例如积云),对某些过程理解不足导致的不确定性(例如云中的核化过程),某些未知过程导致的不确定性(详见第 6 章)。

IPCC 报告(IPCC,2007c)讨论了其他一些估计和界定模式不确定性的方法。

基于评估结果,分时间尺度和空间尺度,图 1.14(彩)给出了模式对一些现象预测的可信度。一般来说,气候模式预估的较大时空尺度的趋势是比较可靠的,其预估的温度趋势优于降水趋势。几乎所有模式都能够预估出夏季海冰范围减少,但是减少程度都小于最近几年的观测结果。几乎所有模式都能够考虑热量进入海洋对海平面上升的影响,但是大多数模式无法包含海冰融化、冰川解体等过程对海平面高度的影响,而这些过程很可能在未来一个世纪极大地加速海平面高度的升高。几乎所有模式都能够得出极地变湿、副热带变干的结论,但是不同模式中,副热带哪个区域变干最剧烈都不相同。随着气候模式综合性越来越强,网格越来越精细,它们可以对更多的气候响应及其对整个气候系统的反馈进行预估,但这绝不意味着对气候变化某些方面预估不确定性的减少。一个典型例子是,与二十年前一样,气候敏感度(定义为气候模式模拟的全球表面温度对大气 CO_2 浓度加倍的响应)在不同模式中仍然呈现出大约

30％的离散度①。

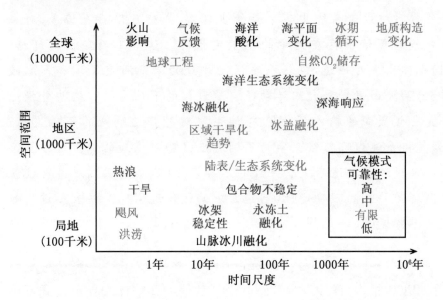

图 1.14（彩）　关键气候现象的时空谱。颜色代表气候模式对这些现象模
　　拟的相对可靠性（或者气候变率和极端事件在当前气候下的统计特征）

向用户推送气候信息

　　虽然气候模式对气候系统某些方面的预估具有一定的可信性，但是这些气候信息可能对决策没用。随着气候模式的发展越来越雄心勃勃，用户的期望也日益增高。在某些情况下，甚至研究机构内部都还没有就气候变化的真实性和重要性达成广泛的一致，许多用户已经在考虑是否或者如何应对气候变化。用户通常认为气候模式信息是一种有价值的商品，但他们不能确定哪些数据对他们是有益的，以及如何最有效地使用这些数据指导他们的决策。对于学术界而言，可能受限于能力或者习惯，总是很难回应用户群体对新类型的高时空分辨率模式结果的需求。定量估计气候预估结果的

_____

① 四分位离散度为 30％，见 42 页脚注对四分位的定义。

不确定性仍然面临多方面的问题,因此如何向各种各样的用户传递相关的不确定性非常有挑战性,特别是当不确定性相当大,或者是当模式输出结果只是模拟链条的一环的时候。

为什么要出版这份报告?

以往许多研究和报告已经指出,气候变化可能将产生非常显著的影响(IPCC,2007a,b,c;NRC,2010a,b,d,e,2011a),因此,现在我们有必要检查一下美国气候模拟工作的开展情况,以保证其顺利发展。气候模拟界已经制定了未来 3~5 年的发展规划。无论是气候科学还是应用领域,都将从气候预估的应用中获益匪浅,特别是在区域空间尺度和年代际时间尺度,包括极端事件的变化趋势等方面。这些预估是否是可能的,它们的可能性有多大?美国如何定位自身在发展和应用气候模式中的作用?它应该制定怎样的计划,调配哪些资源?怎样提高美国对全球尺度,年代际到百年时间尺度,过去、现在和未来气候的模拟能力?对其展开具有前瞻性、全面、战略性的评估已经迫在眉睫。

为了满足这种需求,NOAA、NASA、DOE、NSF 和情报界共同成立了"推动气候模拟的国家战略"委员会,以形成一个高层评估机构,为推动未来 10~20 年国家气候模拟事业的发展提供战略框架(见附录 A 对本研究任务的声明)。

报告的框架结构

响应于委员会对本研究任务的声明(附录 A),这项研究的完成离不开多方面的贡献,主要包括:国内和国际气候模拟界的参与和合作;已经完成的 NRC 和机构间的报告提供的信息(它们已经就美国气候模拟事业及其在更广泛和更多样化的气候研究和应用的群体中的作用问题,提出了许多建议);联邦机构和其他国内团体的贡献。最后,本报告将提供了一套完整的,即使非专业人士都能够理解的意见和建议(知识窗 1.3 包括了一些关键术语的定义),为未来十年气候模拟发展建立一个全面、统一和可实现的目标,形成发展气候模式、气候观测①,培养用户需求的国家战略。

为了能够接收到更多来自不同方面,例如,模式开发人员、分析气候模式结果的研究人员、正在增长的、广泛的气候模式输出和预估结果用户群体等的意见,本委员会召开了有 50 人参与的研讨会,与模式开发和用户群体的领导者进行对话。在其他四个为期一天的公开会议上,委员会也听取了其他利益相关群体、非政府组织和各级政府的建议,他们均正在尝试利用气候预测进行长期规划(附录 B 中附有更详细的信息收集过程)。发言和讨论包括了多个方面,例如,全球和区域模拟、降尺度、计算和数据、用户的需求和培训、私营部门的作用、如何协调国家层面的气候模拟与包含了许多不同目的和应用的用户群体之间的关系。

本委员会主要负责年代际到百年时间尺度(附录 A),但决定把本报告延伸到更短时间尺度,包括季节内到年际尺度,即使其他的NRC 报告已经评估了季节内和年际时间尺度气候预测结果(NRC,2010c)。这样做的目的包括如下四个方面:(1)由于对厄尔尼诺之类的现象已经持续观测了 25 年以上,已经包含了足够多的循环过程,因此能够用于检验和比较气候模式的季节预测技巧,而季节预测技巧是检验模式性能的重要指标;(2)由于年代际预测也需要知

---

① 如果缺少对气候观测的支持,提升气候模拟是无法实现的。气候观测既包括空基观测也包括地基的局地观测,它不仅在模式初始化、构建模式强迫条件和模式验证中必不可少,也是监测不同尺度气候变化的重要工具。目前美国尚没有协同的气候观测系统,甚至没有建立局地和遥感协同观测系统的计划。如在"改进美国气候模拟的效果"的报告中所指出的:"缺少持续的气候观测系统已经制约了气候模拟的发展"(NRC,2001b)。这些论述至今仍然准确,因此本报告只是从宏观上讨论了一些气候观测问题。

道海洋的初始状态,因此它是季节和年际预测的自然延伸;(3)对于许多用户来说,我们预估的气候变率长期趋势的结果非常重要。季节和年际预测能够通过与观测对比,检验气候模式预估这些变率的技巧;(4)最近,季节和年际气候预测已经成为联系业务短期天气预报(例如,NCEP 开展的业务)和以科研为主导的长期气候预测的纽带。因此,这可能成为探索加强业务和科研气候模拟界合作的重要领域。

本报告主要分为三个部分。除了引言,第一部分回顾了以前的报告,并与本报告进行比较(第 2 章)。基于广泛的背景材料,第二部分探讨了目前美国气候模拟界遇到的各种问题。这些问题包括:气候模式的层级、分辨率和复杂性(第 3 章);气候模拟的科学前沿(第 4 章);综合的气候观测(第 5 章);描述、度量和传达模式结果的不确定性(第 6 章);气候模式发展的人力资源(第 7 章);美国气候模拟工作与国际气候模拟工作的关系(第 8 章);业务化的气候预测系统(第 9 章)。

最后一部分提出了美国气候模拟事业的几个关键问题,针对这些问题,委员会提出了主要的意见和建议,并给出了未来二十年美国发展气候模拟的国家战略。这些问题包括:计算设施的机遇和挑战(第 10 章);统一的气候模拟(第 11 章);与受过培训的气候模式使用者和教育界的联系(第 12 章);优化美国研究机构设置(第 13 章)。针对这些问题,文中给出了大量专门意见。最后一章综合这些意见形成了一个总体战略报告。

知识窗 1.3　关键词定义

边界条件:输入气候模式的外部数据,用来定义某些相对于模式动力因子来说固定不变的条件。在地球系统模式中,边界条件包

括地球半径、海陆分布、山体高度、流域分布、河流路径、入射太阳辐射等。详见强迫因子。

气候模式和地球系统模式：气候模式和地球系统模式均为封装了大量物理定律的计算机程序。但前者主要用来描述大气、海洋、陆面和海冰的运动，及其之间的能量和水循环过程。而后者在前者基础上额外增加了化学和生物过程，用来考虑人类活动产生和自然产生的气溶胶及生物化学物质，例如碳、氮和硫的循环过程。某些地球系统模式也考虑冰盖和气候变化导致的不同植被类型分布的变化。

气候预测和预估：气候预测和预估均是数值模拟试验。但前者始于我们对气候系统某个特定时间点状态的最优估计，而后者则始于我们对初始状态的统计描述。气候预测和预估均需要我们对未来的强迫场进行估计。气候预估的目的是探寻模拟气候的统计特征及其变化规律，而预测的目的则是预测真实气候状态的演变，包括厄尔尼诺的变化或者大西洋经向翻转环流的变化等。

通用模拟框架：指一个具有很高运行效率和灵活软件平台的程序群。它能够让气候模式在大型并行计算机上运行，并支持耦合多样化、模块化的气候分量模式。

数据同化：指一种能够最优化地利用观测数据来估计系统状态的方法。一方面这种估计要与特定的模式相互匹配，另一方面它要优于单纯的观测数据或模式结果本身。

强迫场：输入气候模式的外部数据，用来驱动各种不同尺度的气候变化。主要包括温室气体浓度、火山气溶胶和太阳辐射的变化。

模式可靠性：度量单个或多个模式模拟的气候变量的统计分布与对应观测数据的一致性（例如，模拟的 1980—2010 年的降水与观测值的季节和区域均方根误差）。

模式预报技巧：指模式预报结果的准确性。例如，某一时间段内，初始化后模式预报得到的一些变量与对应实况的一致性。可靠性和预报技巧的关系与预报和预估的关系类似，模式可靠性高并不等同于模式预报技巧高。这里给出一个例子。我们使用模式提前 6 个月预报冬季堪萨斯州的表面气温。模式预报技巧高是指，预报结果与该年冬季真实的表面气温非常一致。模式可靠性高则是指，模式能够模拟出堪萨斯州冬季表面温度变化的统计特征，但这并不意味着该模式可以预报某一个特定的冬季该州是暖冬或冷冬①。

多模式集合：采用相同的外强迫驱动几个不同模式，将它们的结果进行集合。很多证据表明，相较于单个模式多组试验的平均，多个模式结果平均的气候态分布更接近观测。

物理过程扰动试验：使用同一个模式进行多组模拟试验，其中对物理过程的描述和参数在合理的范围内进行调整。通过比较这些试验结果，能够分析模式模拟结果对模式发展过程中所做选择的敏感性。

业务化的气候预测：与模式研究和发展不同，业务化的气候预测具有高度程式化、面向用户、面向产品等特点。它的制作和发布都必须遵循严格的时间表，这依赖于高性能的计算和信息发布平台，以及完备的故障应急预案。

参数化：气候模式的时空分辨率是有限的，因此存在模式无法分辨的小尺度过程(例如，积云动力学和微物理过程，陆表和海冰某些特征的模拟，海洋中无法分辨涡旋导致的热量、盐和营养物的输送)。参数化是指使用模式可以分辨的变量场来表达这些无法分辨的过程。

再分析：观测得到的大气和海洋的量，例如温度、气压、风、湿度、海流、盐度的时空分布是不均匀的。再分析是使用包含完整物

---

① 有证据表明模式可靠性和预报技巧有关(见 DelSole 和 Shukla，2010)。

理过程的模式和数据同化技术将这些观测量进行同化,以得到时空分布均匀的全球的长时间序列。

区域气候模式:局限于某个区域的气候模式,其目的是为了减少计算代价并提高模式空间分辨率。它需要粗分辨率全球模式提供边界条件。区域模式常用于"动力降尺度",即在相对细的空间尺度上描述全球模式的输出结果,以方便政策制定者使用。某些专门应用和政策制定者的特殊需求增加了区域模式的科学复杂性。

无缝隙预报:将天气预报和气候预测视为具有相同动力和物理过程的问题。并使用可覆盖广泛的时间和空间分辨率的模式来同时进行天气预报和气候预测。

模式调试:通过调整气候模式参数的值,使其能够更好地拟合相关的观测控制数据集。这些参数值只能在对应观测值的不确定性范围内调整。

不确定性:对系统的整体特性或其中某些具体量缺乏认知或者认知水平较低。

跨越时间尺度的统一模拟:最终实现一个无缝预报系统,即使用统一的数值模式来进行天气预报、季节气候预测和年代际气候预测。

(吴波 译,邹立维 校)

2 来自以前的气候模拟报告的教训

本报告并不是第一次来审视如何改进美国的气候模式问题。在这一部分,我们回顾了过去几十年间所完成的一系列报告和文章(表2.1)。目的是在本报告的撰写过程中借鉴来自以前的报告的教训。

除了检查这些文献自身以外,委员会还进行了11次访谈,以洞察这些报告的接收情况,作为信息搜集过程的组成部分(附录B)。接受面谈者是正在或者曾经活跃在本领域的个人,他们能够对以前的报告的用处和影响,以及气候模拟的未来方向做出评价。这些访谈的结果也体现在本章的讨论之中。

本章第一部分按时间的前后顺序,对一系列以前的报告和文章进行了回顾。随后,第二部分强调了委员会基于以前的报告和访谈对象的反馈所得到的一些关键的教训。

表2.1 在本报告中咨询的关于改进美国气候模拟的报告和文章

年份	作者	报告题目
1979	NRC	二氧化碳和气候:科学评估
1982	NRC	应对气候的挑战
1985	NRC	国家气候计划:初步成果及未来方向
1986	NRC	大气气候数据、问题和前景
1990	Changnon 等/NOAA	NOAA 气候服务计划
1998	NRC	支撑气候变化评估活动的美国气候模拟能力

续表

年份	作者	报告题目
2001	NRC	改进美国气候模拟的效果
2001	USGCRP	高端气候科学：发展模拟和相关的计算能力
2008	Schaefer 等	一个地球系统科学机构
2008	Bader 等/CCSP	气候模式：优点和局限性评估
2009	Doherty 等	来自 IPCC AR4 的教训：理解、预测、和应对气候变化所需的科学上的进展
2009	NRC	重建联邦气候研究以应对气候变化挑战
2010	NRC	美国的气候选择

以前的报告

从 1970 年代到 1980 年代的报告

至少从林登·约翰逊总统开始，二氧化碳排放有可能造成气候变化这一议题就已经被美国政府关注（Johnson，1965）。美国科学院于 1979 年发布了关于气候变化和气候模式的重要的报告，该报告"对这些（气候变化）研究的科学基础，以及与其结果相联系的确定性程度，进行了独立的、关键性的评价"（NRC，1979）。在 1980 年代，国家研究理事会（NRC）发布了三份有关应对国家在气候科学上的需求的报告（NRC，1982，1985，1986）。

作为对这些报告的响应，在 1990 年代初，在美国国家海洋大气局（NOAA）内部开展了关于发展气候服务的需求的讨论。这里对 Changnon 等（1990）的第一段摘录如下：

在过去二十年间，人们已经广泛地认识到，国家的气候服务业活动未能良好运行、并且组织得很差。1978 年,制定《国家气候计划法案》(National Climate Program Act)(公法第 95367 号)的主要目的之一是改进对气候信息的宣传和使用。国会认识到气候信息没有得到彻底的传播或者使用,联邦政府的工作未能在评估和使用这些信息方面给予充分的重视。计划法案批准了"管理和主动传播气候资料、信息和评估的系统"。自 1978 年以来,围绕着建立有组织的气候服务系统来改善上述形势有过多次呼吁。

在整个 1990 年代,围绕着需要更为完善地组织和协调美国在气候模拟和气候观测方面的工作,通过正式和非正式的形式,有一系列的文件。与此同时,人们更加清晰地认识到,在气候和气候变化信息方面的社会需求正在日益增长。

1990 年代后期和 2000 年代早期的报告

在 1990 年代后期、2000 年代早期发布的三份报告与本报告直接相关。第一份 NRC 报告,《支撑气候变化评估活动的美国气候模拟能力》(NRC,1998),是预计应对联合国气候变化框架公约[①]美国将在气候模拟上有需求而编写的。该报告的一个主要发现是,小的和中等大小的模拟工作在本领域是领先的,但是高端的美国模拟工作在国际评估中的地位较之来自其他国家的模式"不够突出"。这一评价是基于在国际评估中很少有人引用或者直接使用美国模式结果这一感觉而做出的。该项研究同时发出一份强烈呼吁:一个缺乏协调战略的气候模拟将导致对不足的资源的不充分利用。《美国的气候模拟能力》一书总结指出:

尽管对于气候模拟来说完全自上而下的管理方法被认为是不合需要的,然而,国家的经济和安全利益需要一份更为完整的国家战略来设定优先级、改进和使用气候模式。

———————————

① http://www.unfcc.int (查阅于 2012 年 10 月 11 日)。

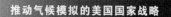

第二份 NRC 报告,《改进美国气候模拟的效果》(NRC,2001b),由 NOAA 和国家科学基金会资助,是按照对《美国的气候模拟能力》的"首次响应"来设计的。《改进美国气候模拟的效果》总结指出,美国在传递社会对气候模拟产品的需求的时候,需要具备一种集中的能力。在颁布《改进美国气候模拟的效果》的时候,主要的社会需求是评估气候变化及其对区域、国家和全球范围的影响。该报告同时把气候模拟看做一个庞大的企业的组成部分,包括气候观测系统、高性能计算机系统、软件架构、人力资源、分析环境,以及组织支撑气候模拟活动服务于更多的社会需求的界面。报告指出:

集中资源以应对各种需求所提出的具体挑战的新的途径,意味着解决这些问题需要采取更为集中的而不是零散的方式。从气候服务的角度,对制度和管理的要求的性质进行了讨论,指出要指定一个组织实体来制作气候信息产品、管理制作上述产品所需要开展的气候模拟活动。

《改进美国气候模拟的效果》报告提出需要发展一种业务能力,但是较之国家天气预报业务,需要来自科研和业务机构的更为紧密的合作。2000 年 1 月,白宫科技政策办公室的环境部门委托撰写了《高端气候科学:发展模拟和相关的计算能力》报告(USGCRP,2001)。像《改进美国气候模拟的效果》一样,该报告是对《美国的气候模拟能力》报告的响应。这一报告编写的时间,正是美国的气候模式不能对美国国家评估报告提供结果的时候(国家评估综合组,2000,2001);因此,气候模拟能力事实上是不足的,本报告的目的是对这种能力上的欠缺提供可以操作的理解。

《高端气候科学》关注美国支离破碎的气候模拟工作和一些其他的气候相关工作(例如,观测系统、计算机系统和软件等)。这种支离破碎的现状不仅是由于机构经费的资助过程、而且还包括潜在的报酬结构二者共同造成的。对于个人和研究机构来说,不统一管理具有明显的好处,这包括个人的自主所致的创造力、创新,和对个人的褒奖。因此,更为集中的管理方法自然会受到很多的抵制。该报告坚决主张,如果不能解决美国气候模拟支离破碎的现状及其原因,更多的经费投入将并不能够有效地解决美国在提供气候产品方面面临的能力不足的问题,因为上述产品的提供需要对信息、专家和软件进行综合。该报告对于组建新的机构持谨慎态度,因为人力资源有限、并且已经完全投身于现有研究机构的工作。不过,该报告建议采用一种新的"商业模式"来建立一种关注产品的气候服务组织,以适应社会对气候信息的需求。

2000 年代中期到目前的报告

2008 年发表的题目为"一个地球系统科学机构"(Schaefer 等,2008)的文章,很大程度上是由来自美国官方机构的一些曾经的高层官员写的,这些官员在以前的报告发表时正效力于这些机构。他们呼吁把 NOAA 和美国地质调查局合并成立一个独立的地球系统科学机构。作者们引用到"不适当的组织结构、低效率的机构间合作、减少的资金、计划制定和实施中的繁琐权利",重申了功能失调的制度碎片化这一话题。为了解决上述这些问题,他们指出,"联邦政府和州政府的行政和立法部门将需要不得不超越官僚体制的界限、在制定和实施的政策反应方面将变得更富有革新精神"。

《气候模式:长处和局限性评估》(Bader 等,2008)是由美国气候变化科学计划和全球变化研究下属委员会撰写的一份报告。该报告针对气候模拟的现状及其未来发展进行了分析,重点关注由于分辨率提高和引入碳循环及其他生物地球化学循环过程所带来的预期改进。

《重建联邦气候研究以适应气候变化挑战》(NRC,2009)预计在2008 年的总统选举之后将会有新的气候变化研究战略。该报告建议对研究计划进行重组,从传统的学科转为关注一系列与社会相关的问题。这样,利益相关者将能够更为自然地参与其中,集成、综合、交流和应用等问题将更为自然地得到解决。该报告再次指出需要进行协调:"协调联邦工作向决策者有序地提供气候服务(科学信息、工具和预报)。"他们进一步推荐到:

重建后的气候变化研究计划,为协调联邦政府在提供气候服务来适应政策和决策者对气候信息的需要方面的努力,提供了一个框架,这些气候信息需求从联邦到州和地方的层次,都涉及气候变化的影响、缓解和适应问题。上述服务应该有一个机构来领导但是需来自其他联邦机构的广泛参与。

最近收集的报告,《美国的气候选择》(NRC,2010a,b,d,e,2011a)呼吁要制定一份"唯一的联邦跨部门计划或者是其他实体来协调和实施综合研究"。另外一个调查结果是需要"运用启发式的、基础研究来对更为深入地理解和更为有效地决策做出贡献"。《美国的气候选择》也证明了对气候信息需求的广阔范围,以及为适应这种需求而需要的相应的模式研发工作。特别需要指出的是在区域和局地尺度上来自计划人员和资源管理人员的信息需求。

来自对此前报告的响应的教训

这里所描述的系列报告绘制了过去二十年的连续图像:美国单个的研究人员和研究小组从事着最先进的、有新发现的、产生新认识的气候科学研究,但是人们逐渐认识到需要综合这些认识,开展完整的、"高端的"、面向产品的研究和行动来解决具体问题。许多其他的正式的或者非正式的来自所有专业水平的报告,都对美国没有能力制作所需要的气候科学产品表示关切。因此,当前委员会面临的一个挑战是,如何克服美国气候科学部门的惯性:向前看,我们该怎么做?本报告这一部分,总结了来自对这些以前的报告的响应的教训。

什么能够提高报告的用处

对前期报告的一种响应,是委托撰写额外的报告来研究如何实施前面的报告所给出的特别推荐。例如,1990 年的 NOAA 规划文件 Chagnon 等(1990) 就是对 1980 年代的 NRC 报告的响应。《改进美国气候模拟的效果》和《高端气候科学》都是对《美国气候模拟的能力》这一报告的响应。这接连的一系列报告使得美国的气候科学研究的范畴更为清晰。尽管系统级的响应非常有限,但对研究范畴和需要关注的关键要素的揭示,使得有专家、有责任、有经费的相关部门来处理这些要素,最终令(国家)能力得到提高。

如上文所述,独立的调查人员进行了 11 组访谈,调查了人们对以前报告的用处和影响的评价(见附录 A)。被访对象被提问的第一个问题是,请谈一下哪些要素或者特征有助于使这类报告更为有用。他们共同的观点是,这些报告主要被一些计划,以及从事经费管理和气候模拟研究的机构内部的组织管理者所使用。这些报告通常被视为本领域思考的可见表现。最为有价值的是面向实践的推荐和选择,而不是过于学术化的讨论。尽管这些不是意料之外的结论,但他们对于本报告是一个有益的提示。

调查结果 2.1:以前的报告能够在计划层次上影响政府内部的战略思考,并且一旦包含实践建议这些报告一般都非常有用。

软件平台的重要性

《改进美国气候模拟的效果》和《高端气候科学》这两份报告都强烈地建议要发展软件平台,以支持(1)不同研究单位间的模拟代码的交换,(2)共享智力资本,和(3)简化气候模拟界和计算环境、计算机供应商之间的界面。能源部(DOE)和国家航空和航天局(NASA)对上述建议进行了回应。DOE启动了类似"通用分量体系结构和模式耦合工具箱"这样的计划。NASA把其高性能计算和通信活动融入计算技术中,并且资助了一个跨机构的活动来支撑模式的互操作性和可重用性。这最终产生了"地球系统模拟框架"(见知识窗10.2),讫今为止作为一个跨机构的活动它依然在实施中。在平台上的投入,支撑了聚焦于类似"气候模式诊断和比较计划"(PC-MDI,1989年启动)这样的模式评估环境上的分析,并提高了从类似地球系统网格这样的模式模拟中获取资料的能力。这些活动有许多目前依然在进行之中,它们多是基于计划的、来自有关单位的自上而下组织、并且在管理上不断完善。例如,地球系统科学门户网站的全球组织[1]、地球系统网格联盟[2]、全球互操作计划[3]等。

此外,NOAA在2005年建立了气候试验平台,以"加快研发工作向业务的转换,提升NOAA在气候预报、产品制作和应用方面的能力"。2010年,NOAA和DOE在田纳西州的橡树岭建立了国家气候计算研究中心(National Climate-Computing Research Center),这代表着在为与气候相关的计算方面提供计算资源的有重大意义的、战略性的变化。NASA专门把其主要的地球科学计算中心调整为NASA气候模拟中心。国家大气研究中心(NCAR)正在建设NCAR-怀俄明超级计算中心,它将提供以数据为中心的设备,专门设计用来适应气候研究的特殊属性。

通过讨论、信息收集和访谈,委员会发现在软件平台上的持续投入,已经推动了美国的气候模拟工作、提升了其在传播模拟产品方面的能力。发展和采用通用软件平台的道路可能漫长且坎坷,尽

---

[1]　http://go-essp.gfdl.noaa.goc/（查阅于2012年10月11日）。

[2]　http://esg-pcmdi.llnl.gov/esgf（查阅于2012年10月11日）。

[3]　http://gip.noaa.gov/（查阅于2012年10月11日）。

管其目标富有吸引力(见知识窗 10.2)。然而,在最近十年,这类投资正在支持着具有灵活性和可靠性的、以前不可能进行的新的气候模拟工作。

委员会相信,关于软件平台的重要性的观点已经被广泛认知,委员会引证了 2008 年对 NOAA"气候研究和模拟计划"的评审作为证据。这项评审指出 NOAA 的灵活模拟系统,在管理用于"耦合模式比较计划第五阶段"(CMIP5)模拟试验的海洋和大气模式这一多功能算例方面发挥着重要的作用[①]。直至最近,在 2010 年的通用地球系统模式年会上,(与会专家)对由于广泛的软件工程进步所带来的计算和科学上的进展进行了讨论,内容涉及愈来愈多的用户开始使用"地球系统模拟框架"(ESMF),这一趋势在当前的发展中得到持续[②]。

取得这一进步的过程是艰苦的,不管在科学界还是科学管理界,围绕着在软件平台上耗费金钱的价值,一直存在着争论。在 2000 年代初,有这样一种感觉,即软件技术将被科学组织舒适地采用——"建好就行"。自 2000 年代早期开始,已经有涉及平台的发展和采纳问题的研究,指出最初的观点有些幼稚。这些关于平台采用、识别障碍,以及克服上述障碍的战略的研究,代表着推动气候学界前进的重要的新知识。Edwards 等(2007)指出,

对平台变化的细致培育,以及留意从中产生的紧张局势,是具有最高水准的管理和政治技巧的。当然,管理经常失败,并且平台上的平和政治,是一类更为独特的、有时令人不安的政治。如果我们能够建立对困难、局限性和失败都坦诚展示和汇报这样一种机制(鉴于激励机制盛行于投资者、组织者和平台的建设者,这种汇报不应是简单的描述),那么出现压力和阻力这种情况将可能构成平台学习和改进中的重要组成部分。压力在平台发展中最好被

---

① A. Wittenberg,NOAA/地球流体力学实验室(GFDL),私人通信。

② M. Vertenstein,NCAR,私人通信。

视为既是障碍也是资源,应建设性地来面对;特别是,应该从其对平台的健康、公平和可持续性长期特性的贡献的角度来加以应对。从这个角度理解压力,代表着一种途径,我们可以通过其来定义结构的复杂性——先建设后提问这样一种趋势,或者,把技术上的"代码和电线"内核("code-and-wires" core)当做关于平台的最为真实的或者最为重要的事情来处理,其余的作为社会附加问题来处理——这些问题被频繁地定义、限制了平台的发展。

在美国气候机构中,对于提高组织效率的管理指令或者管理认知,首先,并不能促进平台的使用。只有当个人、机构和管理者都看到其在科学上、计算上和资源管理上的好处的时候,平台才会被采用。这就是说,整体的、共享的能力的价值,超越了在当前功能分散模式下被认知的价值。基于这一点,对平台的投资,从社会和组织的角度所取得的效益,可以和从技术角度所取得的效益相媲美。

在平台投资方面有许多现实的成功案例,这里我们强调三个范例。第一个是"国家统一的业务预报能力"(NUOPC),该计划把NOAA、海军和空军召集到一起来对规划和模式发展进行协调。对此,NUOPC计划在其任务中指出:

NUOPC计划合作伙伴确定,通过其相互合作、提供一种通用平台来发展和支持其各自的任务,美国国家的全球大气模式能力能够被更为有效和高效地提高[①]。

NUOPC努力来解决长期存在的、有关科研和业务联系上的挑战,通过共享智力资源和经验,来解决劳动力压力问题。

第二个范例,来自对团体和尺度的链接。气候信息的重要用户之一是水文领域。欧盟委员会资助了"开放的建模界面",即Open-MI,它是一个在水文界内部使用的通用软件平台。在"促进水文科学大学联盟"[②]的领域内部,OpenMI 和 ESMF 一起被用于链接水文

---

① http://www.nws.noaa.gov/nuopc/(查阅于 2012 年 10 月 11 日)。
② http://www.cuahsi.org/(查阅于 2012 年 10 月 11 日)。

模式和全球模式。这使得水文模式与全球模式的链接不仅对于单个的个人人员变得容易，也使得水文界和气候界的合作变得容易。它还支持跨越时间和空间尺度的、科学和基础设施能力的协调发展。

最后一个范例又回到早期的报告《改进美国气候模拟的效果》和《高端气候科学》。在那个时候，欧洲的模式在有关评估研究中得到更为广泛地引用的原因，部分地来自他们在软件平台上的投入。一个典型的例子，是欧洲中期天气预报中心 ECMWF，在那里平台被视作 ECMWF 战略的核心组成，事关维持其在科学上的卓越表现、促进与外部的合作、并且在计算机硬件的变化中保持领先地位。另外，英国气象局（UKMO）对模式环境的管理和对平台的重视，极大方便了使用全球模式和区域模式来开展控制试验、并把同样的模式用于天气和气候工作①。在通用软件平台上的投资，非常明显地令这些欧洲的实验室受益。

调查结果 2.2：早期在通用软件平台上的投资已经带来巨大的红利，它通过支持自下而上的领域间的合作，促进了把分散的气候模拟群体逐步整合为一个整体。

对气候信息的需求

在 1990 年代后期和 2000 年代早期制定的报告，呼吁要发展能够定期提供一套面向用户的气候产品的能力，指出需要有某种组织或者机构实体来负责传播和解释这些产品。《高端气候科学》特别推荐到"两个核心的模拟活动"：一是基于国家气象局的现有业务能力组建一个中心，二是基于现有的气候模拟资产建立一个联盟；这一建议并未被采纳，但是它的确促使人们认识到，需要来协调研究

---

① A. Brown，UKMO，私人通信。

驱动和用户驱动的气候模拟。《改进美国气候模拟的效果》和《高端气候科学》这两份报告都强调的一个问题是,要给予季节和 ENSO 尺度的预报足够的重视,并有一个结构来负责。这类模拟活动介于现有的、很活跃的天气预报和长期气候模拟之间,属于 NOAA-GFDL 和国家环境预测中心(NCEP)两家机构职责中间的范畴,其他机构的工作范畴也未涵盖这一问题。呼应这一需求,新的能力得到发展,例如 NCEP 建立了气候预报系统(Saha 等,2006),NOAA 资助了"国家多模式集合季节预报计划"①。

尽管围绕着解决美国气候机构在资源、协调和结构方面问题的许多积极响应,是由这些报告发起的,但是,依然存在着很大的系统性的挑战。《地球系统科学机构》一文(Schaefer 等,2008),指出了《改进美国气候模拟的效果》和《高端气候科学》这两份报告也指出的组织上的缺点。《改进美国气候模拟的效果》还指出,美国需要提高气候模式的能力,来解决以下社会需求:

- 几个月到几年尺度上的短期气候预测;
- 年代际到百年时间尺度上的气候变率和可预报性研究;
- 人为气候变化的国家和国际评估;
- 国家和国际臭氧评估;
- 气候变化区域影响的评估。

这些需求在几十年前就已经被认识到,但现状依旧,这触动了本届委员会。

许多被采访者感觉到,在气候模拟界承诺提供用户驱动的预报产品之前,获取资金管理部门新的支持的可能性很低。被采访对象和委员会都清楚地认识到,在气候预报方面存在着艰巨的挑战、一些本质问题有待解决。然后,鉴于我们当前关于未来气候的认识水

---

① http://www.cpc.ncep.noaa.gov/products/NMME/(查阅于 2012 年 10 月 11 日)。

平已经足以识别风险、足以说明需要推动积极的社会响应,因此,需要发展业务产品、评估试验产品,并且在试验产品成熟的时候发展业务能力。

调查结果 2.3:**以前的报告强调需要常规的、可靠的气候信息、产品和服务。此外,气候模拟界以外的人们的观点是,实际的产品需求超过这些。**

机构重组的挑战

气候模拟应该被视作一种更为广泛的事业的一部分,需与以下工作相平衡,包括气候观测、高性能计算,以及支撑资料分析、获取和气候信息释用的特定学科信息系统。目前,从事上述这一系列活动的美国气候模拟企事业单位,是分散在许多不同的模拟中心的;特别是天气模拟和气候模拟是分别在不同的机构进行的。我们的受访对象广泛和强调地评价在气候模拟活动范围内维持方法的多样性,以及从科学、组织和任务相关的角度进行解释。一部分受访对象也提到,多样性也可能对气候模拟工作的有效性带来风险,包括现有气候研究机构间在研究对象上存在的空白点,以及对来自科学界以外的气候信息的不确定性的成见。

上文讨论的许多报告呼吁在美国政府内部加强对气候研究活动的协调。一些受访对象对此进行了回应,他们提出应该考虑强大的统一乃至集权化这一战略。但是,对该建议作出评价的所有受访对象几乎一致地认为,把联邦资产和机构改制重组为一个气候机构将存在风险,且不够明智。不止一个受访对象提到,以前的报告的一个弱点是他们太专注重组了。

在普遍呼吁增强协调、综合知识和围绕这一目标缺乏进展之间,明显存在着紧张气氛。缺乏进展的部分原因,是由于从事气候研究的各种机构管理部门不同,关于这一问题,一些以前的报告在回顾作为协调行为之一的"美国全球变化研究计划"(USGCRP)时,都对其进行了更为彻底的讨论(知识窗 2.1)。访谈记录指出,US-GCRP 协调行为的有效性是强烈地依赖于外部的政治因素,这些因素部分地与行政机关和议会的变化相联系。《美国的气候选择》报告对 USGCRP 和气候变化适应专门工作组当前的观点进行了陈述:

> USGCRP 和气候变化适应专门工作组的工作很大程度上局限于说服来自相关机构和计划的代表们进行对话,没有任何机制来进行或者实施重要的决策和战略优先级。

成立于 2011 年,为 USGCRP 服务的 NRC 顾问委员会,在对最近发布的 2012 年 USGCRP 战略计划进行评价时提到,USGCRP 需要一个更为强势的整体管理框架,这包括有权利来强制重新分配经费,来实施该计划的首要的优先领域(NRC,2012b)。本届委员会的观点与之相同。

如同上文对软件平台的描述所提到的那样,采用可行的对策来支撑规划和决策的、自下而上的共同体的出现,在许多领域取得了成功。这是在计划层次上的自我管理的有机发展,它为未来提供了基础。对管理的关注带来了对界面的注意,例如在科学算法、软件和计算环境之间的界面。这些发展中的共同体的成功,需要发展决策过程来对需求和共同体成员的期望进行平衡①。换言之,共同体在工作层次上进行跨机构的活动整合。气候过程团队在集中地、大量地整合方面被视作是一个非常有效的行动(详见第 5 章的讨

---

① 例如,ESMF 的第二个资助周期,关注点已从技术扩展到多机构组织的组建。有关过程和管理的焦点包括发展管理资助者和用户期望、需求和传递的方式。伴随该关注点的变化,ESMF 组织了越来越多的资助机构并关注了应用计划(例如,空间天气和沉积物传输)(见 http://www.earthsystem-modling.org/components/[查阅于 2012 年 10 月 11 日])。

论)。同样地,上文提到的 NUOPC 正在从另外一种新的途径来连接研究机构和实验室。如果美国要着手来提升对信息的综合能力以应对气候变化,那么由国家以这些自然构成的共同体为基础开展活动将是最为有效的。他们代表着在科学、平台和人力资源方面的累计支出,数量巨大并且未来不可能再重复支出。向前看,模拟和分析平台上的技术进步、制约平台利用的壁垒的不断减少,以及不断出现的资源共享的共同体,都是推动气候模拟的国家战略的核心组成部分。

委员会的分析认为,USGCRP 是联邦管理的必要组成部分;然而,它还不够。简单地协调、通过现有计划进行的更严的联邦预算,都不能保证完成必要的综合,也不能保证在气候事业的所有方方面面实现均衡投资。因此,我们建议,对跨机构的气候模拟活动的管理,最为有效的机制是把他们严格锚定在工作层次上,也就是,通过工作组和共同体来进行计划。与 USGCRP 活动并行,发展一种持续的、领域范围内的整合活动是管理的重要组成部分;因此,为实现平衡的战略和纲领性的目标,这类小组需要和跨机构的筹资活动(例如和 USGCRP)一道提高信誉。

调查结果 2.4:以前的报告一直呼吁要加强气候模拟组织和机构间的协调和联合合并,但是上述呼吁鲜有成功的。自下而上的共同体管理这一形式的出现,为在工作层次上进行决策来实现综合平衡的计划及其实施,提供了新的策略。

知识窗 2.1 美国全球变化研究计划

美国全球变化研究计划(USGCRP)负责协调和整合联邦在全球环境变化及其社会影响方面的研究。USGCRP 于 1989 年由总统发起倡议,由国会在 1990 年的"全球变化研究行动"中授权,它被称作是一个"综合集成的美国研究计划,将帮助国家和世界来理解、评估、预测和响应人为产生的及自然产生的全球变化"(http://www.global-change.gov/about/overview)(查阅于 2012 年 10 月 11 日)。

总计有 13 个部门和机构参加了 USGCRP,在 2002—2008 年,它被作为"美国气候变化科学计划"而广为人知。该计划由环境和自然资源委员会下面的全球变化研究二级委员会来指导,由总统行政办公室来监督,由整合与协调办公室来提供便利条件。USGCRP 机构和来自全球的许多组织进行合作,包括国际上的、国家的、州的、部落的和地方政府,商业、专业及其他非营利组织、科学团体和社会公众。USGCRP 机构通过"机构间工作组"(IWGs)来协调其工作,其工作范畴涵盖了关于气候和全球变化的广泛的、诸多相互关联的问题。IWGs 关注地球环境和人类系统的主要分量,以及解决 USGCRP 视野内的问题的跨学科方法。其中的一个工作组(一体化模拟跨机构工作组),目前正关注推动气候模拟问题。

在过去 20 年来,美国通过 USGCRP,在气候变化和全球变化研究领域进行了世界上最大规模的科学投入。在 2010 财年,在类似观测和监测、信息服务、研究和模拟、评估、通信等活动领域,US-GCRP 的投资总计约 20 亿美元。最近,USGCRP 发布了 10 年战略计划,已经花了很大的努力采取行动,针对气候变化的后果进行系统的、持续的评估(USGCRP,2012)。

(周天军 译,邹立维 校)

第二部分

气候模拟当前存在的问题

　　基于第一部分的背景材料，本报告的这一部分将审视美国气候模拟界当前面临的问题。在此基础上，提出了一些具体的建议。这些建议最终将总结到本报告最终部分的总体战略部分中。

3 发展气候模式的战略：模式层级、分辨率和复杂性

　　不同领域、应用于不同研究目的的气候模式种类几乎令人眼花缭乱。像以往一样，当前气候科学上的重要进步，都是建立在这些种类繁多的模式基础之上的，包括模拟结果更接近实际的复杂模式，也包括模式行为更容易理解的简化模式。

　　在 1950 年代，可以解析求解气候态的简单的能量平衡模式在我们理解气候敏感度及冰雪反馈过程等方面，发挥了重要作用。到了 1960—1970 年代，简单的柱状辐射—对流平衡模式被用来解释早期的大气环流模式的表现。

　　从 1970 年代到 1980 年代，为了更好地模拟气候变化反馈过程，提供更为可靠的区域气候变化信息，高端的环流模式逐渐变得复杂起来。从 1980 年代到 1990 年代，耦合了动力海洋和海冰模式的气候模式首次用于估计气候系统对温室气体增加的瞬变响应。

　　在 1990 年代和 2000 年代，气候模式对海冰和陆面过程的处理更加完善，并利用一些子模式来描述陆地植被、生态系统和类似碳循环的地球生物化学过程。近期的气候模拟工作开始关注气溶胶和大气化学过程，包括如何在模式中描述南极臭氧洞的形成过程、气溶胶的气候效应（例如它们和云的相互作用）。这些模式通常被称作地球系统模式（ESMs），因为它们能够跟踪扰动在地球系统不同分量之间的传播和反馈过程。目前，一般 ESM 的全球分辨率在 100～300 千米、垂直 20～100 层，可以在几年的时间里完成数千年

的模拟积分,在实际的计算机系统的一天的时间里,完成几十年的模式积分。图 3.1(彩)突出展现了过去几十年来气候模式的发展进程。

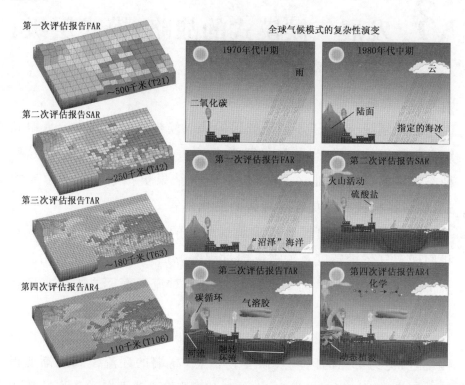

图 3.1(彩) 过去几十年历次政府间气候变化专门委员会(IPCC)使用的模式的复杂性和所考虑过程多样性增加的示意图。这些模式为历次IPCC 报告提供信息。左列为模式分辨率的演变,右列为模式物理过程复杂性的演变。左列示意图为用于短期气候模拟的代表性水平分辨率演变。来源:图 1.2 和图 1.4 来自 IPCC(2007c)。FAR,第一次评估报告,1990;SAR,第二次评估报告,1995;TAR,第三次评估报告,2001;AR4,第四次评估报告,2007

　　尽管综合的气候模式正变得越来越复杂,人们正在研发越来越多的其他模式来帮助评估和理解复杂模式的结果、来解决一些需要在复杂过程和网格分辨率之间做不同程度地折中处理的问题。非耦合的分量模式,通常可以采用更高的分辨率或者采用理想的设置,可以被用来专门研究类似云、植被反馈或者海洋混合等单独的过程,以及更为细致地研究非耦合的模式分量的行为。

统一的天气—气候预报模式(第 11 章),通常可以使用比一般 GCM 要高许多的分辨率,正在成为气候模式谱系中愈来愈重要的组成部分。利用天气预报的方法来检验气候模式,即把气候模式的初值设定为某个时刻全球分析提供的资料,有助于考察模式对一些快速变化的过程(例如云过程)的模拟能力,而这些过程是业务观测的范畴(Phillips 等,2004)。这类模拟时间短,但是足以在不同的网格分辨率范围之内检验模式的性能,所得结论不仅对当前模式个例实用、对未来模式的气候模拟能力也有用。

发展类似单柱模式和云分辨模式这样的过程模式的目的,是在观测和 GCM 未显式描述的过程的参数化之间建立桥梁。这通过评估和物理参数化的改进而反馈到 GCM 的发展中。过程模式的研发还导致了另外一类特殊的模式"超级参数化"气候模式的发展。具体做法是利用一个能够更好地描述与湍流和大气对流有关的小尺度云形成过程的高分辨率的、云分辨模式 CRM 来模拟全球模式的每一个气柱中的大气物理过程(Khairoutdinov 等,2005)。然而,这种方法对计算资源的需求很大,因此,到目前为止,其应用仅限于研究。

由于运行高分辨率的 GCM 对计算资源的要求太高,对于解决一些需要局地高分辨率的问题来说,例如地形降雪和径流,或者海洋涡旋和沿岸上翻流,在侧边界驱动嵌套的区域大气和海洋模式就成为一种有吸引力的工具。区域大气模式主要是在过去二十多年间基于区域天气预报模式改写的,较之全球模式,它吸引的用户群和模式研发群体有所不同、范围更广(Giorgi 和 Mearns,1999)。这些模式已经被用于进一步理解区域气候过程、用于对 GCM 的模拟结果进行动力降尺度,以提供分辨率更高(通常 5～60 千米的分辨率)的季节到年际的预测和百年尺度的气候预估。区域模式还被用于检验在较细的空间分辨率下面的物理/化学过程参数化方案,包括在天气预报模拟中所不可能得到检验的慢时间尺度的物理过程(例如陆面过程),这些方案预期将被用于下一代全球气候模式。通过使用拉伸或者变网格方法,在模拟全球的同时在关注的区域范围采用更高的分辨率,这是一种区域和全球模式间的混合模式,目前发展也很快。

人们长期以来期望全球模式能够模拟千年乃至更长时间尺度的气候变化和变率,例如,用来理解冰川过程(glacial cycles)。这种需求产生了中等复杂程度的地球系统模式(EMICs),这种模式利用高度简化的过程参数化方案,但是增加了一些缓慢变化的分量,例如在百年到千年时间尺度上极为重要的冰盖过程和动态植被过程。基于这种模式所研发的一些物理方案,目前被作为参数化过程的核心用于 ESM,以模拟类似碳循环这样的过程。对于理解不同的地球系统分量的作用及其在千年到更长时间尺度气候变率中的相互作用来说,EMIC 也是极为重要的工具。

气候模式也已经开始引入对人类系统的一些描述。这方面的工作包括在大气模式中描述空气质量,在陆面模式中描述水质量、灌溉过程和水资源管理。为了在更为广阔的范围描述人类和地球系统的相互作用,近来的诸多工作已经将能源经济、能源系统和土地利用的集成模式与 ESM 耦合。这类模式被称作综合评估模式,它们在探索人类系统发挥着重要作用的气候减缓和适应研究工作中是非常有用的工具。

过去自然发展的气候模式图像将继续持续。图 3.2 给出了 IPCC 评估中所用到的现有模式类似的图像。本章将讨论模式分辨率和复杂性问题、模式层级和发展道路的未来趋势。

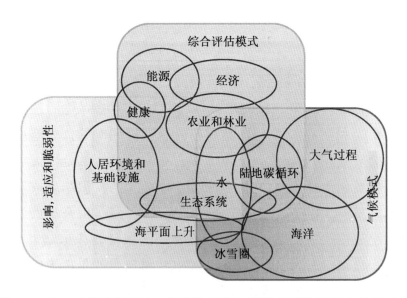

图 3.2　在一个模式层级内,多种类型的气候模式图像是复杂的并且有重叠的。图中给出了以三类主要模式为中心的图像及 IPCC 报告中气候变化研究的分析框架:综合评估模式、物理气候模式及用于评估影响、适应和脆弱性的模型和方法。来源:Moss 等,2010

模式分辨率

气候模式的重要组成部分是动力框架,它负责对该系统的控制方程进行数值求解。数值求解过程是在一个三维的空间网格点上进行的。提高模式分辨率将提高描述过程的分辨率,但是这需要耗费很大的计算代价。例如,把模式的水平分辨率提高一倍(如从 100 千米提高到 50 千米),为保持数值稳定性,时间步长需要相应减少一半。这样,总的计算耗费将是原来的 8 倍。而且,为了避免结果失真,在提高水平分辨率的同时,垂直分辨率亦需要相应提高。单独增加复杂性也会增加模式的计算耗费,因此,在分辨率和复杂性之间必须寻求某种平衡。在实践中,综合考虑上述因素,自 1970 年代以来,一般气候模式的大气网格的分辨率逐渐从～500 千米提高

到 ～100 千米。

为了在有限的计算资源约束下获得较高的分辨率,人们还选择另外一些方法,例如采用区域气候模式、全球模式采用变网格、拉伸网格或者自适应网格。目的是对目标区域或者感兴趣的过程进行局地加密。和全球模式一样,区域模式也需要同时数值求解决定大气状态的能量、动量和水汽守恒方程。在有限的区域范围内求解这些方程需要侧边界条件,它可以来自全球模式的模拟结果或者是全球分析的资料。由于区域模式依赖于大尺度环流,用来提供侧边界条件的全球模式的误差,会影响到嵌套的区域气候模拟结果。和全球模式一样,区域模式也对模式分辨率和物理参数化很敏感。并且嵌套的方法能够带来新的误差和不确定性。利用被称作"Big Brother Experiments(大哥试验,BBE)"的理想试验框架(Denis 等,2002),人们针对这一问题开展了一系列的研究。Laprise 等(2008)总结指出,基于 BBE 试验的研究发现,在 GCM 提供的大尺度侧边界驱动下,区域气候模式能够降尺度产生 GCM 所不能反映的更小尺度的现象。而且,区域模式所产生的更小尺度的现象,是和当 GCM 的分辨率提高到和区域模式一样的时候所模拟的结果一致。因此,该试验证明了嵌套的区域模拟方法的实际有效性。

最近,人们开始尝试发展利用非结构网格的全球变分辨率模式(Skamarock 等,2011)。由于不需要物理边界,这些模式在提高局地网格分辨率的同时,还能提高数值求解的精度。然而,发展同时适用于不同网格距的物理参数化方案是一个很大的挑战。对于发展一个更为稳健的模拟区域气候的框架而言,系统的评估和比较不同的方法是极为重要的。除了提高网格分辨率之外,人们还在一些陆面模式乃至大气模式中使用"次网格分类"(subgrid classification)方法(Leung 和 Ghan,1998),来描述类似植被和海拔高度等陆面非均匀性的作用,从而改进对区域气候的模拟。

众多的证据表明,提高气候模式的水平空间分辨率将提高其模拟结果的可靠性。在最为基础的层次上,提高分辨率将提高对气候模拟的核心——控制方程的近似数值求解的精度。但是,由于气候系统是复杂的、非线性的,求解动力方程的数值精度是气候模式可靠性的先决条件,但并非唯一条件。

提高气候模式分辨率的一个更为直接的影响是对地理特征的描述。刻画陆地地形,特别是在山脉的范围和海岛,能够显著地改进对大气环流的模拟效果。这方面的例子包括南亚季风区,以及洛基山、安第斯山、阿尔卑斯山和高加索山等附近区域,在这些地区山脉能够改变大尺度的环流、产生小尺度的涡旋和不稳定过程。更好地描述地形还能够改善对类似积雪、径流等陆表过程的模拟,这些过程强烈地受到地形对降水和温度分布的影响(Leung 和 Qian,2003)。(更好地描述地形)还能够改进地形对大气环流的上下游效应(Gent 等,2010)和云的模拟(Richter 和 Mechoso,2006)。类似地,与陆面不均匀性相联系的天气气候变率,以及受局地地形和海岸线影响的沿岸风场,都可以通过提高模式的空间分辨率而得到更好的模拟效果。上述改进的影响不仅仅是局地的,还能够通过对沿岸强迫的模拟改进而进一步提高对热带变率的模拟效果(Navarra等,2008)。

提高分辨率可以改善对海洋和海冰的许多方面的模拟。对海岸线、陆架和陆坡水深,以及分割海盆的海槛的准确描述,将显著改进模拟的边界流和浮力驱动的沿岸流、海洋锋面、上翻流、浓水羽和对流,以及海冰的厚度和密度分布、形变(包括薄片和冰间湖)、漂移和输出。特别是,在北冰洋需要高的空间分辨率,在那里局地 Rossby 变形半径(决定最小的涡旋的大小)在 10 千米左右或者更小,并且和其他大洋的水交换是通过很窄、很浅的海峡来实现的。Bryan等(2010)利用一个海洋模式表明,当分辨率从 20～50 千米提高到

10千米时,模拟的平均态和变率都有显著改进,这意味着当分辨率达到10千米的时候出现结构变化。

除了改进与地形有关的定常现象外,提高空间分辨率还能够更好地刻画一些类似天气尺度的锋面系统和局地对流系统的瞬变过程。这些瞬变涡旋,以及海洋—大气系统中的类似热带气旋的一些小尺度现象,在决定平均态气候及其变率的能量、水汽和动量的输送中发挥着重要的作用。

当前许多气候模式把大气柱划分为20~30个垂直层次,但是也有一些模式的垂直分层超过50层,增加的垂直分层主要位于低层(以便更好地分辨边界层过程)或者是接近对流层顶(以便更好地模拟大气波动和水汽平流)。

作为气候模式组成部分的海洋模式的典型垂直分辨率是30~60层,这些分层的深度或是固定的、或是可以根据密度或地形而变化。垂直网格延伸到大洋底部的海洋模式能够更好地描述深海环流。和大气模式一样,海洋模式增加的垂直分辨率多位于表层,目的是更好地描述表层的混合层和上层海洋层结、陆架和陆坡水深。此外,在大洋底层也经常需要高的垂直分辨率,目的是更好地描述底层边界流、密度驱动的重力流(例如位于北极陆架上的)和稠密水团溢流(例如丹麦海峡或者直布罗陀海峡)。

最后,有证据表明存在强烈依赖于模式分辨率的反馈过程,能够影响模式对扰动的响应。例如:

· 大气阻塞,它依赖于大尺度大气环流与中尺度涡旋之间的反馈(Jung 等,2011);

· 海洋中具有很强温度梯度的西边界流与位于其上的大气环流之间的反馈(Bryan 等,2010;Minobe 等,2008);海洋中的热带不稳定波和大气涡旋风速之间的反馈(Chelton 和 Xie,2010);

- 海冰覆盖区的海气相互作用，它依赖于对于海冰状态的细致描述的精度，包括海冰边缘的位置、耦合分布和形变等；以及冰盖－海洋相互作用，这需要描述局地的冰下和向冰的海洋，包括峡湾环流及其交换。

然而，提高空间分辨率并不是一剂万灵药。气候模式依赖于对物理、化学和生物过程的参数化，目的是描述不可分辨的、或者次网格尺度过程对控制方程的影响。提高空间分辨率并不能自动带来模拟精度上的改进（例如，Duffy 等，2003；Kiehl 和 Williamson，1991；Leung 和 Qian，2003；Senior，1995）。尽管最近有学者提出所谓的"尺度识别"参数化方案（例如，Bennartz 等，2011），通常，参数化过程中的许多假设是依赖于（空间）尺度的。随着模式分辨率的提高，这些假设可能不再成立，从而使得模拟的可靠性下降。即使在一定的模式分辨率范畴之内假设依然是正确的，随着模式分辨率的改变依然需要对参数化方案中的一些参数重新进行校准（通常上述过程被称作模式调试），这种调试可能只是在用于约束模式参数的观测资料的时间段内是正确的。对参数化方案和空间分辨率之间的相互作用缺乏理解和公式化的表述，使得很难定量估计空间分辨率对模式技巧的影响。而且，不同参数化方案之间的结构性差异对于模拟结果的影响，较之空间分辨率的作用即使不是更大，也至少旗鼓相当。

通常利用两种方法来进行更细空间尺度（例如模拟一个小的州、某个流域、县或者城市的气候特征）的气候预估：或者通过把一个分辨率较高（通常50千米或者更高）的区域气候模式与全球模式嵌套进行动力降尺度，或者是基于全球气候模式预估结果和观测资料的经验统计降尺度。这两种降尺度方法都不能减少气候预估中的巨大不确定性，因为这种不确定性在很大程度上来自大尺度的反馈和环流变化，重要的是，这种基于一些代表性的全球模式输出的降尺度将一些不确定性传递到降尺度的预报中了。降尺度过程所隐含的模拟假设使得这一过程中的不确定性进一步增加。迄今为止,尚缺乏足够的工作来系统地评估和比较针对不同地区、不同用户的各种降尺度技术所带来的"增值"。然而,随着全球模式空间分辨率的提高,简单的统计降尺度方法变得更为合理和有吸引力,原因在于气候模式能够更好地模拟驱动局地气候变化的天气和表面过程。

调查结果 3.1:通过不同的方式,气候模式持续地向着更高的分辨率的方向发展,以提供更好的模拟效果和更为细致的空间信息;随着模式分辨率的提高,参数化方案需要相应得到更新。

调查结果 3.2:尽管在过去二十年人们发展了不同的方法来提高气候模式的分辨率,依然需要更为系统地评估和比较各种降尺度方法,包括研究不同的网格加密如何通过与模式分辨率和物理参数化方案相互作用、最终影响对关键的区域气候现象的模拟。

模式复杂性

气候系统包含许多复杂过程,涉及的时间和空间尺度跨越多个数量级。随着我们对这些过程的理解程度的扩展,气候模式需要变得更为复杂以反映对这些新增的理解。复杂程度的增加和分辨率提高之间的平衡,受计算限制的制约,代表着气候模式发展中的基本压力。

模式的复杂性大致表现在物理、化学和生物过程的参数化方案的复杂性,以及所描述的地球系统相互作用的范围。很明显,所有地球系统分量模式的模式参数化方案都在日趋复杂化。例如,大气模式的云的处理,最早采用固定云方案,后来采用模拟云,前期采用简单的对流调整和基于相对湿度的云方案,后来采用浅对流和积云对流参数化方案,需要考虑不同的对流触发因子、质量通量公式和闭合假设,以及描述多种相态的水汽过程(质量和浓度数目)的云微物理参数化方案。今天,许多气候模式还考虑了大气化学和气溶胶过程,包括气溶胶—云相互作用(例如 Liu 等,2011)。尽管模式的参数化方案正变得越来越细致,但过程描述中的不确定性依然很大,因为不同的参数化方案能够使得模式对温室气体强迫的响应存在很大差异(例如 Bony 和 Dufresne,2005;Kiehl,2007;Soden 和 Vecchi,2011)。

陆面模式在 1970 年代采用简单的水桶模式来刻画土壤湿度和温度(Manabe,1969),目前已经发展为复杂的陆地生态模式,能够描述生物物理、土壤水文、生物地球化学和动态植被等过程(Thornton 等,2007)。许多陆面模式现在能够描述树冠、土壤、积雪、多层根系,能够模拟跨越各层间的细致的能量和水交换过程(Pitman,2003)。许多模式开始考虑动态的地下水过程(dynamic groundwater table)(例如 Leung 等,2011;Niu 等,2007)及其与未饱和区的相互作用。通过描述树冠、土壤湿度、积雪、径流、地下水、植被物候学和动力过程,以及碳、氮和磷池与通量,陆面模式现在能够模拟对于从天气到几百年乃至更长时间的预报都很重要的陆地生态系统的各种变化。

海洋模式是能量守恒的,为了求解三维的地球流体力学原始方程,常采用静力近似(假设压力和密度场之间存在平衡)和 Boussinesq 近似(假设密度守恒)。然而,人们也发展了非 Boussinesq 近似模式,特别是在海平面升高研究中。许多模式、特别是垂直采用高分辨率的 Z 坐标的模式,多采用自由海表高度处理方案,以描述不均匀的真实测深。有一些模式在垂直方向上采用混合坐标系统,在自由的、层化海洋采用等密度的离散化方案,在近岸的浅海区域采用地形跟随坐标,在混合层和/或者非层化的海洋(垂直)采用 Z 坐标。

现今的海冰模式通常包括动力学和热力学过程。它们通常包括计算冰生和冰消过程、允许温度和盐度有非线性廓线的多种海冰厚度分布、积雪层、计算高效的流变学近似、映射海冰输送和厚度的先进格式，以及可以和卫星观测比较的冰龄（例如 Maslowski 等，2012）。

除了单个的分量模式的复杂性逐渐提高之外，所描述的地球系统的范围也在逐渐增加，以刻画地球系统分量间的反馈过程、更好地完整地描述能量、水和生物地球化学循环过程。陆气反馈过程包括冰雪-反照率反馈、土壤湿度、植被和云/降水反馈等。关键的海气反馈过程包括赤道表面东风应力、赤道上升流、纬向海表温度（SST）梯度之间的 Bjerknes 反馈，云、辐射能量通量和 SST 之间的反馈，以及海冰、反照率和大洋环流之间的反馈。二氧化碳与陆地和海洋生态系统、与大洋环流之间存在"碳循环"反馈。还有一些其他反馈过程对于地球系统对气候扰动的响应极为重要。

在耦合的 ESM 中更为完整地描述能量、水和生物地球化学循环过程对于多种时间尺度上的气候预测具有重要意义。由于忽略、过度简化或者非耦合的系统分量模式所造成的能量、水分和痕量气体与气溶胶的源、汇和输送上的描述误差，将通过上文所描述的反馈过程而对气候模拟造成显著的影响。

对长期气候的预报能力受到预报人类活动的能力的制约。预估未来的气候依赖于未来的排放情景和土地利用，但是传统上这些情景都是被外部规定的。这种规定有些牵强，因为土地利用和水供给都将随着气候变化而变化，并且人类将响应和适应这种变化。实际上，过去50年改变地球景观的最大驱动力来自人类决策（千年生态系统评估，2005a,b,c）。

综合评估模式（IAM）把人类活动模式与简单的 ESM 耦合起来。IAM 通常把人口和经济活动的程度作为外部因子给定，或者

设定为社会拥有的技术选项,以及国家和国际政策,以发展随时间
变化的、从年际到百年时间尺度上的能源、经济、农业和土地利用系
统的细致描述。IAM 模式为同时发生的排放、减缓和对气候变化
的适应三者间内部的协调描述敞开了大门。例如,整合人类 ESM
与自然 ESM 提供了一种机制来协调最为明显的内部不一致性,类
似土地利用在适应气候变化的同时(例如,增加农田面积来补偿粮
食的减产),还要减缓人为排放(例如,通过造林或者利用生物能),
这二者间存在竞争。IAM 也引入了一套新的模拟假设和不确定
性;一个持续存在的挑战是,在设计 IAM 的时候,需要围绕着要解
决的特定问题,在各个模式分量之间的复杂关系中寻找一种合理的
平衡。

调查结果 3.3:为了更为完整地描述复杂的地球系统,气候模式
的发展已经在逐步引入更多的分量;未来面临的挑战,包括更为完
整地描述地球的能量、水汽和生物地球化学循环,以及把人类活动
模式和自然的地球系统模式进行一体化整合。

未来趋势和挑战

在过去四十年来,气候模拟取得了稳步的、可以量化的进展
(图 3.3[彩])。从新的分量模式、新的过程和更高的分辨率中,我
们获得了许多新的视野。这一趋势意味着,如果预期的计算性能的
进步能够彻底实现,那么未来二十年在模式的可靠性方面将取得新
的巨大进步。

上述成就需要在数值代码和软件工程方面的巨大变化,具体如
第 10 章所述,这是因为未来的计算将拥有更多的处理器,但是每一
个处理器的墙钟速度和今天的 1~2 吉赫兹相似。到 2012 年,拥有
~500,000 处理器、峰值计算速度达到 10 petaflops 的计算机系统

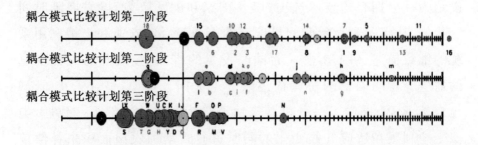

图 3.3(彩)　从最早的耦合模式比较计划第一阶段(CMIP1)到最近的耦合模式比较计划第三阶段(CMIP3)的比较发现,气候模式更新换代后的模拟性能是改进的。X 轴给出每个模式(圆圈)的性能指数(l^2)以及第几代模式。性能指数刻画的是模式模拟一系列变量(表面温度、降水、海平面气压等)年循环的准确度。模式性能越好,l^2 越小,越接近 X 轴的左侧。圆圈的大小代表 95% 信度的长度。字母和数字代表不同的模式(见补充材料 doi:10.1175/BAMS-89-3-Reichler);红色代表通量订正的模式;灰色的圆圈代表所有模式 l^2 的平均;黑色的圆圈代表多模式平均的 l^2。来源:修改自 Reichler 和 Kim,2008

将出现。理论上,这类计算机已经允许全球气候模式采用细到 6～10 千米的空间网格来在计算机时间的一天之内完成 5～10 年的模拟,这一计算效率适合进行年代际气候预测或者百年尺度的气候变化预估。实际上,当前的气候模式代码的并行没有得到很好的优化来充分利用这么多的处理器,因此最高分辨率的百年长度的模拟试验至多用到 25-千米到 50-千米的网格大小。未来十年,超级计算机将拥有 10^7～10^9 个处理器 。如果模式被设计得能够充分利用这种程度的并行度(这是一个巨大的挑战),那么这将使得有能力将全球气候模式的网格设置再提高 2～2.5 倍,从而达到～2～4 千米的云分辨率的分辨率。如果模式的分辨率继续提高,预计模式的复杂性亦将扩展,以弥补当前的 ESM 在应对第 4 章所讨论的科学挑战时所存在的关键缺憾。例如,气候模拟中一个非常令人气馁的科学挑战，是综合考虑陆地地球系统、气候系统和人类地球系统的相互作用，从而得到内部协调计算的未来气候。对海洋和陆地的生物地球化学过程的模拟，需要更为完整地描述耦合的水文、生物和地球化学过程。合理的引入大气化学过程从计算的角度令人畏惧，因为化学要素的类型繁多、其相互作用的时间尺度也很广。其他的模拟领域包括模拟海洋和陆地对活性温室气体的贡献（例如，土壤的微生物群如何调控温室气体的释放和消耗）、相互作用的海洋和陆地生态系统模式等。为了减少在解释气候变化历史记录和气候预估中的一些关键不确定性，目前正在发展更为复杂的冰盖模式、气溶胶与云和辐射的相互作用的模式等。

需要设计新的模式参数化方案，使得其在将被使用的、一定范围内的模式网格空间和时间步长内都适用，要做到这一点通常并不容易。对于一种参数化方案的设计是主观行为，包括需要专家判断要表示的复杂性层次、物理过程如何相互作用，这将产生结构不确定性（见第 6 章）。因此，不同的气候模式对于给定的物理过程经常采用不同的参数化方案。需要有细致的观测试验来验证、比较和改进参数化方案。

为了应对这方面的挑战，目前推动模式发展和检验过程的第一步已经迈出去了。一个例子是能源部资助的"支撑可持续的未来能源的气候科学计划"。该计划有九家美国的、从事全球模式的区域预报能力研究的机构参加，该战略计划跨越 2015—2020 年，属于多学科交叉性的研究，包括开展观测资料搜集、构建专用的数据库来检验和改进模式、发展模式检验试验平台、提高数值方法和计算科学以充分利用未来的计算机架构、研究针对气候模式不确定性的定量描述问题。

"复杂性"在上述讨论中依然是一个冗赘的名词。据委员会所知，目前尚没有针对高端气候模式的复杂性的、系统的比较研究。

Randall（2011）的工作最为接近。如果在知道的输入变化下，一个复杂的模式响应可以从概念上理解，那么就非常有可能利用简单的模式来再现这种响应。模式层级允许我们把决定复杂模式气候响应的关键机制通过简单模式和内在的物理原理联系起来，这将进一步提高复杂模式的可信度。模式层级还允许我们运用这种方式，或者从概念上或者从软件上，剥离一个模式分量，对其进行简化或者从计算上提高效率，该分量可以是一个物理参数化方案、对流体动力学层级的求解、一个动力框架（例如区域或者全球的）、或者一个完整的模式分量（例如陆面模式）。我们甚至可以（把复杂模式）回退到具有多个自由度的箱体模式（关于模式层级的模拟和理解详见 Held［2005］的出色讨论）。

表现出突然出现的、令人吃惊的行为是复杂系统的本质：像其他领域的、从事包含许多过程和反馈（例如生物系统）的系统研究的科研人员所发现的那样，存在多种联系因果关系的动力途径，基于简化模式提出的假设，在更复杂的模式中和现实中，都有可能不再适用。即使是简单模式，也经常需要许多跨学科的专家来共同开发和有效地使用，该工作超出了单个科研人员的能力。维护一套共享了许多分量的层级模式，将有助于对模式分量进行系统的评估，也有助于对不同复杂程度的模式进行维护，并将其应用于不同时空尺度的不同科学研究中。

调查结果 3.4：科学进展需要有一定层级的模式，目的是维持以下能力：（1）一次一个地对模式分量进行系统评估；（2）利用简化的模式来理解复杂模式的行为及其内在机制。

调查结果 3.5：针对提高模式分辨率和提高模式复杂性的投资都是需要的。到目前为止气候模拟界尚缺乏经验来推断哪种投资途径未来将带来更快或者更大的收益。

模式评估

为了给模式发展的未来投资提供方向，细致的评估提高模式分量率和复杂性所带来的其他收益是很重要的。从可预报性和不确定性角度进行模式评估，对于增进对模式优缺点的理解将变得愈发关键。定量的评估在帮助提供更为可靠的不确定估算方面具有额外的好处（见第6章），它还能够辨别不同的模式的气候模拟和预测质量（Knutti，2010）。

然而，评估日益复杂和分辨率日益提高的模式将是一项富有挑战性的工作。气候模拟界提出了不同的模式评估策略来充分利用各个层级的模式，包括上文讨论过的单柱模式、区域模式，以及耦合与非耦合的全球模式。现有的评估策略包含许多，从开展理想模拟（例如水球模拟），到隔离模式的特定方面（例如热带变率），到进行短期的个例模拟或者天气预报以关注类似云的快速过程，到一次一个地进行新参数化方案的敏感试验以揭示其他参数化方案的缺陷，到进行长期的耦合与非耦合模式的积分以评估模式产生的变率，再到开展多模式比较以阐明模式间差异的源头和后果。

关于模式评估的讨论的核心议题是性能指标的定义。近年来，这方面取得了飞速的进步，从只是定量评估一个很小范围内的模式行为的单一标准，逐渐发展到能够评估模式许多模式的多元方法，包括偏差的空间分布、变率和不同变量间的相关（例如，Cadule 等，2010；Gleckler 等，2008；Pincus 等，2008），以及刚刚开始在气候模拟中使用的更为现代的统计方法。

这种评估受到有限的气候观测记录及其质量的制约。要更为真实、严格地定量描述模式的可靠性，需要有气候相关过程和现象的长期观测记录，包括对此不确定性的估算。需要器测记录是基于天气分析和预报需要而获取的,这意味着对于气候来说极为重要的需要过程未能得到有效地监测。

建立模式发展实验平台(例如 Fast 等,2011;Phillips 等,2004),是推进和推动模式评估与时俱进的重要步骤,这要通过发展模式－观测比较技术、利用更为广泛的观测和利用计算软件来帮助模式评估过程等来实现。目前正在积极发展模式技巧的客观度量,以引领模式的发展和实施。评估气候模式的更为先进的方法正在被逐渐使用,这包括充分利用一些最新的统计分析方法,日益广泛地使用集合模拟方法来估计不确定性和可靠性,在同样的试验设计下开展试验,进行多模式结果的集合,以评估不同模式的相对性能。围绕着改善我们关于观测和气候模拟集合之间的关系的理解,尚需要开展大量的工作,其重要性在于地球的气候实际只有一个集合成员。

而且,随着模式的复杂程度逐渐提高,需要对模式中描述的气候过程进行非常细致的评估。日益增多的古气候模拟,可以被用于与过去气候观测的比较,以确定我们用于当前气候模式的假设和参数的有效性。

帮助促进模拟和分析过程的计算架构,以及为保证评估模式所需要的资料空间分辨率足够高、时间足够长而发展的改进的观测系统和分析系统,将分别在第 10 章和第 5 章加以讨论。

调查结果 3.6:随着模式复杂性不断提高、气候模拟的集合技术日渐普及,非常可能不断出现许多新的现象和意料之外的模拟结果,对此我们需要进行仔细的评估;对于这种评估而言,重要的工具是模式结果与历史、古气候观测的严格的统计比较。

未来之路

为了给研究、计划和政策的发展提供信息,需要发展形形色色的模拟工具。针对特定问题的模式选择,理论上应该针对各种空间和时间尺度进行优化,并且在描述地球系统方面具有不同程度的复杂性。对于推动气候科学、从季节内到千年时间尺度上改进气候预测,需要有这种多层级的模式。

因此,未来二十年美国气候模拟界面对的一个重要挑战,是如何有效地管理不同层级的模式间或者不同类似的彼此关联的模式群之间的相互作用。共享的模式发展过程可以指出我们理解中的关键分歧,在此基础上围绕着解决这种分歧而设计一些不同的模式都可以做的试验(即"MIP"过程)。需要发展新的方法,以在现代的、分布式的结构上进行跨越多个层级的模式的比较。通用平台要能够允许不同的过程描述能够在公共框架之下编码,以允许进行清晰地比较。

对于那些在本领域达成共识的部分将得到广泛使用;对于那些尚存在分歧的部分,可以在系统的试验中继续交锋。此外,模式层级的一个理想的特性是,在某个特定层级上获得的结果对于其他层级上的模式亦有参考价值。在此方面,软件可以发挥特定的作用;本书的第 10 章,对在一个公共的通用平台下维持模式多样性的系统方法,进行了讨论。

总之,在模式层级之内构建一个平台,尽可能地使用通用的软件平台和通用的物理过程,这将是一件非常有益的选择。这方面做得好,能够发展跨学科的模拟群体,减少重复劳动,从而更为有效地发展新的模拟工具,促进更高的标准或者最好的实践,方便对来自不同模拟方法的结果进行比较,加速科学上的进步,增进对造成模拟不确定性的各种原因的理解。

许多级别上的决策者都希望预估的气候及其变率和极值的未来变化范围,能够具体到某个地方,或者是很细的分辨率、细到低于 1 千米的尺度。全球气候模式的分辨率最终有望细到这个程度,但是根据委员会的意见,这不大可能在未来二十年实现。与此同时,其他统计的或者动力降尺度方法将被继续用于提供更细的预估。尽管对各种方法进行一个评估是有用的,但这可能需要研究(评估方法)其自身。而且,随着全球气候模式自身分辨率的提高,统计降尺度技术将变得简单、更为直接,而且对耗费昂贵计算资源的动力降尺度的需求可能消失。这样,委员会把本报告的关注点放在提高所有尺度的模式可靠性。然而,像降尺度自身,利用网格更细的气候模式并不能保证在局地尺度上的气候模式预估结果确定性更高或者更为可靠。如上文所述,甚至在局地尺度上气候模式的不确定性,可能在很大程度上来自类似云和碳循环反馈这样的大尺度过程,以及未来人类在排放温室气体和气溶胶方面存在的不确定性。

建议 3.1:为了应对日益广泛的气候科学问题,气候模拟界应该积极发展谱系完整的模式和评估方法,这包括进一步地系统比较随着气候模式分辨率的提高各种降尺度方法所带来的增值。

建议 3.2:为了支持国家级的相互关联的多层级模式体系,美国应该培育一个通用的模拟平台及一个共享的模式发展过程,这将确保各个模拟组能够高效地共享进步,同时通过在必要的地方保持模式多样性来维护科学上的自由和创造力。

(周天军 译,邹立维 校)

4 科学前沿

　　全球模式需要描述气候系统的复杂过程,同时也需要提供气候变化和气候变率影响社会的信息,包括海平面上升、区域气候趋势和极端事件、食品安全、生态健康及气候突变等。

　　理想的全球气候模式将模拟如城市、河流排水、山脊、对流风暴及海洋涡旋等高分辨率特征的气候动力学,尽可能减少对模式结果的进一步降尺度——1～5 千米的格点尺度可以满足多数需求,这在未来 10～20 年内也能够实现。在该分辨率下,期待能够改进诸如云和积云对流、中尺度海洋涡旋和陆面过程等关键气候过程的描述。这样的模式将提供满足社会需要的信息,并包含完整的地球系统相互作用分量(如大气圈、海洋圈、冰雪圈、生态圈、陆面及人类圈)。模式有季节和年代际预测技巧,能够再现历史趋势和变率模态(如 ENSO;年代际大西洋和太平洋变率),能够把握主要古气候事件中的过程和反馈特征,如末次冰期循环及在冰期发生的年代际尺度气候转变(如 Dansgaard-Oeschger 事件)。

　　这种理想的目标是清晰的,但由于受到可预报性的内在限制及对分辨率、物理过程理解及观测的实际限制,有些理想便不太现实。模式分辨率的巨大进步是重要的并且值得期待(第 3 章),但模拟气候物理的难题并不随着模式分辨率提高和模式复杂程度的增加而神奇地解决。在模式中增加和合理检验新的过程及分量需要时间。那些含有多种尺度敏感参数化的区域气候模式和全球气候模式需要大量的检验和敏感性试验。

　　但是,这些挑战和限制并不能阻挡我们的雄心和探索。很难预

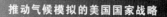

见在即将到来的时代,那些能够提高模拟能力的技术、观测能力及过程理解将有多大的进展。在改善气候模式模拟能力和技巧的同时,对于气候科学、观测和模拟必须有一个战略研究议程,以便让气候模拟界跟上变化中的气候系统的信息需求。

本章将指出在即将到来的十年,气候科学和气候模拟发展的具体科学目标。这需要全球和区域尺度的模拟工作,或者这些工作的结合。本章将强调以下两点问题,(i)给予合适的策略/科学投资后,进展有可能和 (ii)进展将直接有利于社会对天气和/或气候变化影响的需求、对气候变化的缓解和适应上的投资需求。

气候模式的优点

Bader 等(2008)详细地讨论了当前全球气候模式的优点和不足。当前的模式对大尺度海洋大气环流特征、行星 Rossby 波、热带外气旋动力学和风暴轴、辐射传输,以及全球温度等气候动力学方面有明显模拟技巧。能量、质量和动量在模式中守恒;能够积分数百年;对 20 世纪气候的大尺度特征,包括平均态和历史气候变化都有模拟技巧。大量的模式和专家使得国内和国际上能够进行广泛的模式测试和模式间比较。世界范围的业内合作,进一步理解和改进了气候模式的能力。没有其他哪个全球性科学工作有这种层次的国际间合作,或经受了这种程度的科学和公众监督;虽然这带来了某些挑战,但它已经驱动着气候模拟的前进。

尽管气候模式可靠,气候变化的许多方面仍需要注意。必须认识到,气候预估并不是预测气候系统在某个地点和时间具体的状态;它们应该被解释成对未来某个时间段天气的平均统计的认识(通常是几个十年的平均)。预估未来气候条件的统计特征与预测未来某天或某月将会出现的天气是不同的问题;前者对非线性动力学和初始条件更不敏感,因为生命期短的天气系统的统计特征在数年的平均中可忽略不计。一个地区的平均气候,依赖于不同天气系统的相对频率,这是由大气环流的大尺度特征控制的,气候模式对该特征的模拟相当可靠。

虽然 21 世纪末将发生的气候变化的量级是不确定的,但所有气候模式皆显示地球将增暖。IPCC 中使用的全球气候模式的平均气候敏感度[①]是 3.2℃,标准偏差为 0.7℃ (IPCC,2007c,表格 11.2);这显示模式关于二氧化碳对全球平均温度的影响有相当的一致性(稍有些许分散)。模式对气候变化的其他大尺度特征的描述也是可靠的,如水汽反馈(增加大气湿度),比热容变化导致的海平面上升,海洋酸化,气候增暖的北极放大,季节性雪盖减少导致的增暖反馈及环流系统的向极移动。

尽管这些证实了气候模式的价值,一些长期存在的和新兴的问题仍需要模式能力的改进和发展。Bader 等(2008)对当前气候模式的不足也进行了详细的总结。下一节将分析其中的一部分不足,并列出几个高优先级的科学前沿——这些前沿通过气候模式的改进能够得到更好的解决。

气候模式的大挑战

气候变化会影响社会的许多方面,包括健康、基础设施、食物和水安全、生态整合及地缘政治稳定。围绕这些问题进行规划和政策制定,气候模式是必不可少的工具,但为了改进模式提供的信息,需要推动一些研究前沿。高优先级的问题如下:

· 气候敏感度:21 世纪地球将增暖多少?

---

① 气候敏感度:二氧化碳加倍情形下,气候达到稳定后地球平均温度变化。

- 区域尺度的气候变化如何？它将如何影响水循环、可用水量
  及粮食安全？
- 极端气候将如何变化？
- 海平面将上升多快？
- 北极气候如何变化？
- 气候系统突变的可能性有多大？
- 海洋和陆地生态系统如何变化？
- 社会对气候变化将如何响应及反馈？
- 气候系统下个时代的演变是否能够预测？

优先考虑这些问题并不简单，因为它们有着不同的时间尺度
（因此有着不同的紧迫性）；有一些实际上更为"基础"，并且气候变
化的影响诸如干旱、海平面升高、热带气旋频率增加，北极海冰较少
的重要性及社会成本，也依赖于特定区域或国家环境（比如，生命和
基础设施在世界不同区域有不同的脆弱性）。因此这里列出的大挑
战并不是分等级的，但前四个问题是气候模拟界最有影响的、需要
最多关注的、全球性重要的和/或限制其他重要问题进展的"高优先
级"问题。以下各节将讨论这些问题的现状，并为潜在前进方向提
供思路。

气候敏感度：21 世纪地球将增暖多少？

未来变暖的严重程度将影响气候变化的许多方面，缓解和适应
策略的制定将取决于这个问题，因此对这个问题更好的约束是气候
模拟事业最高优先级的问题之一。如果气候模式不能模拟大气和
海洋环流的平均态和主要特征，它们对区域细节将不能提供有意义
的信息。虽然对应大气温室气体含量增加，所有气候模式均预估全
球将增暖，但仍不确定在给定辐射强迫后，将要发生的增暖的量级

和速率。气候敏感度的不确定性是由于不同气候模式一系列的内部反馈，尤其是关于云的变化，同时缺少观测约束也有一定贡献。

虽然未来气候变化的预估中存在一些不能减少的不确定性，但如果需要气候模式对规划和决策提供更多有用的指导，增强对气候敏感度的信心很重要。对于一个给定的排放情景，许多不确定性来源于气候模式中对云过程、碳循环及气溶胶的处理。接下来将对这些过程进行简要讨论，并分析未来 10～20 年气候模式在这些方面的可能进展。

云过程

云的模拟及它们对未来温室气体和气溶胶变化将如何响应，是气候模拟的一个主要挑战。云量、云厚、云高及云粒子大小和类型（液态还是固体）的小变化将显著地影响辐射能量平衡。这些小变化的差异足以解释模式对 21 世纪全球变暖预估差异的绝大部分。

这个问题有挑战性，有以下几个方面的原因。第一，云在所有时间和空间尺度上变化都很大。第二，许多云（包括积云系统）不能被通常的气候模式很好地分辨。第三，云通常由多种物理过程的小尺度相互作用所造成，而这些物理过程在气候模式中是分开描述的。比如积云，涉及通常由表面湍流激发的湍流上升流，在湍流上升流中，小水滴凝结增长成雨或冻结成小的冰粒子。这些冰粒子的一部分将下落成雪，一部分则排出或夹卷进周围环境大气成为不同厚度的卷云。关于如何最好地描述这里面的一些过程（如积云对流和冰云微物理）和如何最好地处理参数化间的复杂相互作用，仍存在相当大的争议。

大气最低层 1～2 千米海洋边界层云的"低云反馈"是导致模式预估全球温度变化不确定的最大来源（Soden 和 Held，2006；Soden

和 Vecchi,2011)。气候模式很难在垂直方向上分辨出这类云,并且它们涉及次网格尺度上的湍流、云和降水形成、辐射及气溶胶的密切相互作用。低云对人为增加的气溶胶尤为敏感——它们改变了低云典型的液滴大小及反照率,所以对于人为气溶胶造成的气候变化模式间模拟的差异,低云负主要责任。

对有组织的热带积雨云系统不精确的描述,导致了许多模式模拟的热带降水平均的空间和季节分布(如季风和"双热带辐合带"偏差),及其在日、季节内(如 Madden Julian 振荡)和年际尺度(如,厄尔尼诺)的系统性偏差。通过它们对凝结潜热和降水的影响,这些偏差会导致环流偏差和产生对流层上层的行星尺度波动,这些波动将频散到中纬度风暴轴,进而影响对整个地球系统的模拟。

不需要深厚积云参数化方案的完全积雨云相容(云分辨)的全球模拟,需要水平分辨率 4 千米或更小,垂直分辨率为 $200\sim500$ 米。这对于几百年的全球气候模拟可能不寻常,但对于几周的全球模拟或区域模式的更长时间模拟已经可行,并且在未来十年对于某些全球气候模拟将变得非常有吸引力。这样的模拟对陆地上深对流的日循环和 Madden-Julian 振荡有更理想的描述,但对季节平均热带降水或云统计的模拟可能仍然存在偏差,这是由于其他仍不可分辨的过程如冰过程、边界层湍流及小尺度陆面不均一性依然存在参数化的不确定性。尤其是气候模式的边界层云和云-气溶胶不确定性,在云分辨的大气模式中将不会自动消失,尽管它们可能变得更容易减少。虽然这些都是短期的过程,但它们对模拟的热带环流有着潜在的累积效应;最终系统偏差会影响气候模式中年代际和百年尺度的预测的气候敏感度。

碳循环反馈

温室气体排放的累积程度——主要是二氧化碳和甲烷释放到

大气中的量,对未来气候有着直接的重要性。化石燃料燃烧产生的二氧化碳大约一半留在了大气中,成为气候变化的主要强迫;剩下的被陆地和海洋吸收了。碳循环中有众多反馈过程,然而,正反馈与负反馈都影响留在大气中的二氧化碳和甲烷含量,或是被海洋和陆地吸收的量。气候模式需要考虑这些碳汇,以便对大气中未来温室气体强迫提供更好的可能估计。

然而,反馈是双向过程。气候变化通过改变生态系统结构和功能,以及气体交换的物理控制(如,海洋中二氧化碳的溶解度和土壤呼吸率)影响土地覆盖和海洋。土地覆盖和海洋的变化反过来对气候有重要影响。生态模式基于局地温度、降水和其他因子预测自然陆地覆盖的分布。这些生态模式正与全球环流模式相耦合。迄今的工作集中于包含碳生物地球化学循环的反馈链。例如,21世纪温度和降水型变化会导致土壤呼吸和热带森林枯死的增加,这会对二氧化碳造成主要的正反馈。湿地的增暖和永久冻土的融化会导致甲烷的增加,这亦存在潜在的大正反馈过程。

土地和大气间二氧化碳的交换是通过光合作用和降解过程。光合率和降解率随着光照、大气二氧化碳、温度、降水和生态分布而变化。在那些没有水或是营养有限的地方,高二氧化碳会使得植被的光合吸收增加,这对大气中二氧化碳的累积是一个负反馈。当前这些过程中的不平衡导致了陆地上的净碳存储,但第一代地球系统模式的结果表明,在变暖过程中,随着生态系统的变化和土壤呼吸率的增加,大气中为净碳增加。

未来十年的地球系统模式将包含与碳循环相互作用的多个过程,以及发生在这些过程和气候变化间的反馈。这些包含了为生命提供重要营养物(如氮和磷)的主要生物地球化学循环。生态系统的建立和衰亡将随着气候变化而改变,同时反过来影响碳通量、大气碳和气候。这种相互作用的瞬态动力学依赖于生长和死亡的时间尺度、生态系统固有死亡率（包括短暂的和入侵的物种）及气候变化的速率。此外，局地气候变化甚至年龄、健康及其他差异导致的生态系统中结构和功能的变化，是下一代碳循环模式的重要分量。这些模式需要包含火和土地利用的扰动模块，以及那些会影响生态系统中生存和竞争的害虫、侵扰等过程。

　　未来十年的一个主要进展是描述包含次表层过程的碳－气候反馈，对于这些次表层过程当前只有稀疏的观测。最重要的是决定光合率和降解率、生态系统的健康和存活的关键量——土壤水。比如，参与政府间气候变化专门委员会（IPCC）第四次评估报告（AR4）的气候模式，在全球增暖背景下预估的 21 世纪末土壤湿度是增加还是减少并无一致结果（IPCC，2007c，第 10 章）。富碳的永冻土对气候变化尤为脆弱。未来十年的模式应当包含永久冻土动力学、微生物群落的功能性分类及土壤生物地球化学的机理描述。比如，土壤增暖和变干将导致产甲烷菌和甲烷氧化菌种群之间的转变，这对进入大气的甲烷通量非常重要。

　　海洋和大气间二氧化碳的交换是由大气和表层水间的二氧化碳分压差异驱动的。海洋里的这个量依赖于海洋环流、海洋生物学及碳酸盐化学。海洋生物地球化学是海洋从大气中吸收二氧化碳的重要决定因素，并会随着气候和海洋的变化而变化。当前的海洋生物地球化学模式包含了对气候敏感的碳酸盐化学、不同类型的浮游植物和浮游动物的初步描述及多种养分循环（氮、磷、硅、铁）。随着观测的改进和对宏量和微量营养盐变化响应的理解，海洋生物地球化学模式将持续得到改进。新的模拟方向需要包括来自海洋酸化、针对性和无意添加（比如河流）的营养素及微量元素（如铁）对整个海洋生物的级联影响，以及它们对表面二氧化碳浓度的影响。对海岸环流和生物地球化学的更精细化描述、及改进与陆地水文模型的耦合，也是一个方向。

气溶胶和大气化学反馈

气溶胶直接和间接通过影响云的生成调制大气中的辐射通量，这是导致当前气候模式不确定性的主要来源。现在的多数气候模式包含了气溶胶模型，能够描述气溶胶－气候相互作用，但是这其中的化学和微物理过程只是被粗略地参数化了。这给模式中定量分析气溶胶辐射强迫及其对水循环（通过吸湿增长和降水清除）的影响带来了不确定性。另外，大气氧化剂和氮化学总体上还没有被气候模式描述，这使得模式对一些简单化学反馈（如甲烷－氢自由基耦合和土地利用变化对大气成分影响的更复杂反馈）缺乏合理的描述。总的来说，在气候模式中，气溶胶及其化学机制描述的复杂性和计算代价之间保持一个合适的平衡，一直是一个重要的研究话题。

大气中的气溶胶对土地覆盖和植被极为敏感。随着副热带变干，其带来的沙漠化增加是沙尘的重要来源。生态系统结构和功能的变化，会影响挥发性有机化合物（VOCs）氧化导致的有机气溶胶的产生。这导致的气候反馈链可能是重要的，并且它们要么是正反馈或者是负反馈，这依赖于沙尘的辐射特性及生物 VOC 排放对气候的影响。后者的排放依赖于植被类型、温度、可用水量、叶物候及二氧化碳。伴随 21 世纪气候变化，当前土地覆盖模式对生物 VOC 排放变化的响应并不一致。由生物性 VOC 造成的气溶胶也可能受到原有的人为气溶胶的影响，这使得反馈链更为复杂。

大气化学对气溶胶的形成起了重要作用，并导致了其他由土地覆盖变化引起的其他气候－化学反馈过程。活性氮（硝酸盐、氨）的沉积对生态系统的碳吸收有显著影响，并且气候变化反过来将影响陆地排放及氮氧化物和氨的大气化学。氮氧化物和挥发性有机化合物排放的生物性变化,会影响羟基自由基的浓度、甲烷的主要汇,并将影响臭氧。理解碳循环中土地覆盖的影响和反馈需要复杂的、动力生态系统和陆面模式。

耦合陆面、植被、边界层和气溶胶化学的进展,有望成为一个令人兴奋的领域,这可能改变气候模拟和气候模式实用领域(如空气质量和土地利用模拟等)的各个方面。它可能为统一当前空气污染模拟工作和人类－气候相互作用(在下文深入讨论)工作,铺平了道路。在年代际和百年气候变化的背景下,这些短期过程通过对辐射传输和云特性的累积影响而影响气候系统敏感度。气溶胶化学,通过其直接和间接地对大气吸收和散射的影响,成为模式间气候变率模拟差异的最大来源。

局地尺度的气候变化如何? 它们将如何影响水循环、可用水量及粮食安全?

气候变化的影响和适应活动在区域尺度上表现得最为强烈,在这些区域,生态和人类系统适应于特定的"正常"历史气候。农业、水资源管理、交通、能量系统、文体活动、野火灾害及生物系统对这些历史正常值的变化都很脆弱,这便要求气候模式提供准确和细致的局地信息。这对当前模式是一个挑战,尤其是对于局地降水的模拟;为解决这个需求,气候模式需要在区域尺度上改进模拟技巧。关于降水和水文循环的问题最为令人关注。生态系统、冰－海相互作用和极端天气的模拟也需要模式在局地尺度上有模拟技巧。

局地降水型和趋势的准确模拟是困难的。当前的气候模式对局地降水型的模拟能力不足(Kerr,2011),考虑到干旱对农业、水资源、粮食安全和地缘政治稳定的重要性(Romm,2011),这便是一个显著的不足。局地降水受到与大尺度和中尺度环流相关的大气水汽辐合的控制,但与地形、陆表不均一性和降水再循环相关的表面局地强迫,改变了降水的量和强度,因此调制了降水的空间和时间特征。

社会对 21 世纪局地降水趋势的预估尤为关注。气候模式一致显示,在 45°向极地及热带大洋最暖的地方,年平均降水将增加(IPCC,2007c)。Held 和 Soden(2006)对该现象给出了简单的理论解释,这是由于在变暖背景下,大气持水能力及蒸发率都增加了。在副热带及一些中纬度地区,许多模式预估变干,但对变干的位置及强度,模式间又多有不同。模式对局地降水趋势预估的差异有许多方面的原因,包括网格分辨率及积云对流的处理、海气相互作用、陆气相互作用、海洋上层动力过程、气溶胶、云微物理及模拟的全球气候敏感度。

这些因子也是相互作用的。正如上面所讨论的,由于模式分辨率和对过程的理解不足,模式对云物理、对流过程、地形和锋面强迫、陆表交换(如蒸散)的描述仍然很有限。因为水文循环本身是多尺度的,增加模式分辨率而更加显式地描述小尺度的过程是重要的。由于水平分辨率不够,一些模式模拟的毛毛雨偏多,高估了降水日数但低估了强降水事件(日总降水量超过 10 毫米)(Dai,2006)。类似的,在气候模式中,由于对陡峭地形和锋面梯度的分辨能力有限,模拟的降水水平空间型非常模糊。

地形是全球降水的一个重要强迫机制。由于涉及诸多尺度相互作用,从根本上预测暖季和冷季的地形降水是一个显著的挑战。例如,山脉会调制大尺度环流,导致局地水汽辐合的变化,而局地凝结和微物理过程也会影响上游气流的稳定度。夏季对流发生时,当对流风暴向下风方吹时,地形可以诱发它们组织成更大尺度,这对模式模拟多尺度降水型提出了挑战(Houze,2012)。山地的雪或降水的模拟对水资源管理和气候变化适应研究也很关键(Leung 等,

2004）。解决山地地区的观测和数据同化的不足会给模拟提供更强的约束。

除了地形，锋面强迫是另一个降水机制，在这方面提高模式分辨率是有益的。风暴轴是热带外地区的一个显著特征。冷锋会导致狭窄的降雨带，有时候还嵌着剧烈的暴风雨或暴风雪，并且在暖的区域，飑线和剧烈的雷暴是常见的。高空间分辨率和非静力模式能够更好地再现温度梯度，并能够模拟造成锋面云和降水的上升运动的锋生过程。

陆面，尤其是那些植被大量覆盖的陆面，在全球水文循环中起着显著的作用，但是当前蒸散和降水的估量还不足以精确到使水循环闭合，这即使是在相当大的江河流域的年平均尺度上亦是如此（Lawford 等，2007；Roads 等，2003）。在全球环流模式中，与水循环模拟相关有多种挑战，一些与对流和云过程的描述有关（见上述讨论），但一些与分辨率问题和陆面过程（如，陆表覆盖、土壤湿度、植被、农业及其相关的蒸散）的合理描述有关，还有一些与陆表和大气间的反馈有关（Dirmeyer 等，2012）。

关于陆表水文学，有复杂的区域和大陆尺度的模式，但这些模式只在格点尺度上与全球环流模式耦合，这使得陆表重要的次网格过程受到格点平均的大气强迫。为了合理描述地表水汇流和地表覆盖，水文模式需要精细分辨率（大陆尺度上为 1 千米，在许多区域研究中更小）。这种分辨率对于预测土壤湿度和提供给大气的蒸散通量很重要，同时水资源管理也需要这种尺度的信息。通过直接耦合的方式，并通过"铺砌瓷砖"或"代表性陆表单元"法（陆表的次网格描述），将陆表水文模型与大气模式耦合的工作是超前的，同时也需要更为复杂的、能量和水汽守恒方案。

除了降水，当耦合方案和分辨率改进后，涉及区域尺度的陆表—大气湿度、能量和化学交换等其他过程（例如，土地利用变化对气候、气溶胶源、作物和生物群落的蒸散率的影响，及建筑结构（如城市、风电场）对大气湍流和对流激发的影响）也能够得到更好地描述。反过来，区域尺度气候变化，包括如 5 千米尺度的风、雪及生长度日预测的改进，有助于气候变化对城市、农业、旅游业（如滑雪区）及可再生能源发展的影响和适应研究。然而，由于物理过程的内在尺度和复杂性，与降水场相比，区域温度的预估更为可靠。改进模式在区域尺度的可信度，对于水资源和农业应急的评估、及干旱和洪涝灾害（气候极端事件的一部分）是必要的。

全球模式和区域气候模式的另一个挑战是它们对变率模态或型如 ENSO，南半球环状模、北极及北大西洋涛动、太平洋年代际变率的再现能力。由于这些模态的持续性，这些海气型强烈地影响年到年代时间尺度的区域气候变率。如果在模式中不能得到很好再现，或是在不同模式里这些模态在不同时间激发和维持，预估的区域气候便有分歧。这样的错误限制了年代际可预报性，尤其是在区域尺度上，因此在解释小样本成员和/或模式结果时需要谨慎。为了更好地理解年代际变率模态、其蕴含的海气反馈及其在模式中的描述，有必要开展一些工作。

极端气候将如何变化？

剧烈天气事件如热带气旋、干旱、洪涝及热浪，对社会、经济有巨大的影响，并造成生命的损失。极端事件不能提前几年预测，因为它们中的绝大多数反映了天气的瞬时状态，众所周知这是很难预测的。另一方面，只要这些事件是气候平均状态的函数，极端天气事件的统计概率是有可能预估的，这对决策支持和基础设施设计有很大的价值。从气候模式中能够提取极端气候的统计信息，有许多例子（Katz，2010；Kharin 和 Zwiers，2005）。应用高级统计方法评估气候灾害和气候变化适应策略的例子也在增加（Klein-Tank 等，2009）。

然而，为了从气候模式中得到可靠的深入了解，模式必须擅长描述重要的现象（如，热带气旋频率和强度；龙卷风发展；暴雨事件）。物理分析和模式都表明，极端降水与平均降水受到不同物理过程控制。气候模式预估的 21 世纪干旱和洪涝的频率将增加，但对于预估趋势的强度和区域空间型，模式间差异很大，这与前面讨论的预估的区域降水趋势一致，且造成模式间差异的原因也一致。另一个例子是干旱的持续性，这涉及土壤湿度、蒸散、大气和地表温度、沙尘气溶胶、云凝结核间的反馈及局地与天气环流型的相互作用（如，阻塞）。模拟这些反馈需要陆表和边界层过程交互和复杂处理的多尺度模拟。

热带气旋在许多气候模式中只能被粗略地描述，主要是由于模拟热带气旋中的密集环流和剧烈梯度需要高分辨率。非常高分辨率（25 千米或更小）的模式极大改进了热带气旋的模拟，即便没有包括非静力效应（模式的预报量中包括速度的垂直分量）。目前一些耦合模式（如，NCEP 的气候预测系统）能够模拟热带气旋强度和频率的年际变化，并且改善了临近飓风季节的季度预测技巧。季节登陆飓风的预报可能是下一个前沿方向。

在大多数情形下，极端天气的预测本质上必须是统计的（如，估计极端事件在特定区域未来几十年发生的可能性）。然而，统计的可能性对许多应用有很大的价值，比如水资源管理、基础设施和紧急救援计划及保险业（知识窗 1.1）。为了得到极端事件的信息，气候模式是否必须再现真实世界所有的行为和变率，这仍有争议。在一些情形下，概率分布函数能够得到并对极端事件提供适当的参考（如，Hegerl 等，2004）。然而，在非稳态气候下，对于某些气候现象，概率分布函数的统计特性（如，分布的分散度和坡度），相对于历史气候记录可能会有变化。

海平面将升高多快?

过去一个世纪,全球平均海平面升高由以下几个因子共同驱动:海洋的热膨胀、山地冰川和格陵兰冰盖的融化、格陵兰和南极洲对海洋动力排入的增加(Church 和 White,2011)。在区域尺度上,海平面的变化要复杂得多,涉及局地土地移动(如均衡的、地壳构造的或地下水消耗造成的沉降)、大气风和气压、区域海洋环流变化(会影响比热容变化)及陆表质量变化导致的重力场的变化(如,Wake 等,2006)。当产生于热带气旋和海洋风暴的风暴潮事件叠加高浪潮和驱动更渐进、持续的海表面上升的其他因子时,这时海平面上升带来的灾害最为严重(Dasgupta 等,2009)。因此预测局地和区域海平面上升及其相关的灾害的挑战是多方面的。这是一个真正的地球系统问题,涉及气候动力学和地球物理学的许多方面,包括这些并没有包含在传统的气候模拟中的地球和冰盖模式。

对于全球平均海平面,一个最大的挑战涉及冰盖质量平衡的模拟和冰－海洋相互作用。近来,格陵兰和南极冰盖的剧烈变化,是由于表面融化和中间深度(海洋外缘冰川和冰架与海洋接触的深度)海洋变暖引起的(如 Holland 等,2008)。当前的冰盖模式和冰－气候模式不能模拟这些过程和其他导致冰盖年际变率的冰盖动力学过程。因此,模式在评估冰盖对气候变化的敏感性的能力是有限的。大多数的冰盖模式只用了极少的气候数据(如温度和降水场),而没有交互地或基于物理地(过程分辨、能量守恒)与气候模式耦合。迄今为止,耦合的冰川－气候模式通常可以模拟基于内插的GCM 温度场的度日模型的冰盖融化,冰气界面缺少合适的能量守恒,因此这些模拟不能保证能量守恒。冰－海界面的物理过程(裂冰作用、海洋融化作用)在模式中也忽略或过度简化了。

这些简化使得模拟的气候系统中,冰盖相互作用行为的范围受到限制。例如,冰盖模式对海洋变暖没有敏感性,导致冰架破碎、接地线撤退和海洋冰架不稳定的过程没有得到很好地描述。海冰动力学模式的改进仍然是需要的。在冰盖模式中,快速流动的穿出冰川和冰流需要空间上可分辨,同时对快速流的控制(如冰—海界面的基底润滑、冰裂作用和基底融化,以及接地线动力学)需要更好地理解并包含在模式里(Nick 等,2009)。

这些过程内在的分辨率仍将是一个挑战。冰盖模式需要 5 千米的水平分辨率,来分辨地形梯度高的冰盖边缘附近的积雪累积和融化(能量平衡)过程。在海冰与海洋接触的地方,为了模拟浮冰动力学、接地线迁移及冰—海界面能量和质量通量,可能需要更高的分辨率。冰—海界面通量的模拟需要在冰锋下(如,冰架洞以下)耦合区域和/或海洋环流的海岸模式。

模拟年代际—百年尺度的海平面上升需要交互的双向耦合过程,需要能量和质量守恒方案来模拟冰—海界面和冰盖消融区的融化率。这些大多技术上是可行的,并且区域尺度模拟研究都显示对冰—海和冰—气相互作用的模拟都有潜力(如,Box 等,2008;Grosfeld 和 Sandhager,2004;Holland 和 Jenkins,1999)。把这些延伸到全球尺度,相当多的数值和科学资源需要引导到这个问题上。然而,可以期待在下一个 10~20 年,将会改进冰盖和海表高度预估的可信度。

海洋高度的比容变化也需要被更好地约束。涡分辨海洋模式的发展将通过更细致地描述混合过程,而改进这方面的海平面预估。中层和深层水变化的观测增加也将给模式提供信息并改进模式。结合对地球物理过程和局地景观模式(如,考虑沿海地貌和相对海平面)关注的增加,有可能在未来几十年改善区域海平面上升的预估。

其他科学前沿

在此讨论其他几个重要的科学问题。这些问题具有较低的优先级,因为它们具有更多的局地性,或是代表基本地球的系统科学过程,这将是气候模拟长期发展的基石。然而它们仍然是需要气候模拟发展的迫切问题。

北极气候将如何变化?

北极在长期的全球气候演变中起着重要作用,并且它也可能导致气候突变。北极海冰尤为关键,因为它把相对温暖的海洋水与寒冷的大气隔离开了,同时相比于"暗"吸收的海洋,它通过高反照率(或反射率)强烈地影响地球吸收的太阳辐射。多年的积冰通过"极地放大",是全球气候状态的一个重要指示因子。"极地放大"是一个自我强化的系统,它通过减少积雪和海冰覆盖的正反馈链放大了极地气候变暖。

海冰覆盖的减少对局地反照率、海洋变暖和云有强大的反馈作用。这些影响使得极地气候变暖强烈地放大,使其成为地球上最为敏感和变化最剧烈的地区之一。由于地缘政治和环境的原因,北极地区可靠的气候变化和海冰预报得到极大关注。由于海冰过程和冰—海—气交换的复杂性和尺度,以及次表层观测数据的相对缺乏,使其成为气候模式里一个具有挑战的问题。

在过去的十年中,各种研究都试图估算北极气候的未来变化,并提出了夏季北极海冰在十年内到 21 世纪末将消失的预估。然而,大部分的大气环流模式,包括那些参与 IPCC AR4 的模式,一直没有合理再现卫星观测到的北极地区海冰范围的变率和趋势(Stroeve 等,2007),尤其是过去十年盛夏海冰减少的范围。模式对海冰厚度的描述是另一个挑战,因为它不只涉及与海洋的热动力学相互作用,还涉及来自大气的动力和热动力效应。

气候模式无法充分再现北极海冰最近的状态和趋势,降低了它们预估的未来气候的可信度。这表明,非常有必要改进在当前许多GCM 中忽略的或简单描述的物理过程(特别是针对北极地区)的理解和模式描述。这些过程包括如下:海洋涡漩、潮汐、锋、浮力驱动的海岸和边界流,冷温跃层、大密度水团和对流、双扩散、表层/底层混合层、海冰厚度分布、密集度、变形、漂移和传播、快速冰、雪盖、融体池和表面反照率、大气负载、云和锋、冰盖/帽和山地冰川、永冻土、河流径流,以及大气-海冰-陆地相互作用和耦合。在当前GCM 中,海冰和海洋模式耦合的方式也有许多重要的不足,这些会通过埃克曼抽吸、冰—海间的淡水交换或冰-海界面的温跃层耦合导致密度跃层偏移。

为了更好地理解地球系统内部的相互联系(Doherty 等,2009;Rind,2008;Roberts 等,2010),一些工作正在进行。这些工作是为了(a)改进地球系统模式中描述的以极地为中心的过程的准确度和数量,(b)改善它们之间的耦合通道,(c)扩大模式和观测的层级,有助于量化海冰模拟的不确定源和技巧。模式朝着物理和生物地球化学过程的目标发展,这些过程与北冰洋表面的能量和质量收支有很强的内在联系。通过增加模式内在联系过程的数量,模拟的地球系统自由度扩展了,这给理解气候的因果联系带来了困难,并可能明显增加未来十年模式的模拟不确定性(Hawkins 和 Sutton,2009)。同时,高精度的区域集成预估的需求也增加了,尤其是在北极地区,经济、社会和国家利益与区域气候变化一同都在迅速地改变着这个区域(如 Arctic Council,2009;Proelss,2009)。

Roberts 等(2010)提出了基于一个核心气候模式平台,构造北极系统模式(ASM)的想法。这个北极系统模式包括海洋环流模式、大气模式、海冰模式和地面模式。这样的模式最近已经建立了(Maslowski等,2012),当前正在评估其物理性能。它将有高的空间分辨率(比当前使用的全球模式高5~50倍),以便改进关键过程的理解和模拟,并弄清这些过程显式地在全球地球系统模式描述的需求。随着变网格或非结构网格(这使得在全球气候系统模型框架内探索高分辨率区域北极气候变化成为可能)方法的发展(Ringler等,2010),更多改进ASM的机会正在进行。随着它的发展,在空间依赖的物理参数化方案等进一步发展后,可靠的区域北极气候系统模拟的改进框架,将在未来几年成为可能。总的来说,这些不同的模拟方法和结果指出,需要多层级的方法(如第3章中讨论),来更好地理解北极地区过去和现在的状态,并估计未来北极海冰和气候变化。

气候系统中突变的可能性有哪些?

许多机制都可导致气候突变(区域到全球尺度气候态在十年或更短时间内经历一个机制的转变)。可能的过程包括浅层海洋及冻土环境的大尺度不稳定和甲烷水合物的释放、海洋环流型的崩溃或重新组织、海冰减少、珊瑚礁减少,以及沙漠化(如,持续的区域干旱、热带雨林的枯死等)。这些过程被认为是临界过程,当超过某个特定点,渐进的气候变化可能激发非线性响应。并不能确切知道阈值在哪里,以及21世纪气候变化是否可能激发这样的非线性响应,但是气候模式是解决这个问题的最佳可用工具。

这里指出的许多气候突变不稳定,涉及第3章讨论的地球系统相互作用和反馈。例子包括冰雪圈-气候相互作用(永久冻土融化、海冰撤退),以及水文循环、海洋温度和盐度、海冰形成和融化、河流淡水径流、冰川及冰盖的变化对海洋酸化和深层水形成的联合影响。模式复杂度的增加和地球系统模式中双向耦合方案的改进，将有助于解决和量化其中的一些反馈和临界过程。比如，海冰和北极海洋模式复杂程度的增加，可以更好地评估海冰年际－年代际变率，以及最近盛夏海冰剧烈减少的"可逆性"（Armour 等，2011）。同样的，更加复杂的永久冻土热动力学（包括土壤生物地球化学和植被）模式的引入，将能够更好地评估从永久冻土融化释放的甲烷。

气候突变的其他方面涉及改进模式对热带对流和降水型的描述，正如上述关于气候敏感度的讨论。这里尤为关注的是热带和副热带（包括北非和亚马孙盆地）的干旱型。这两个地方农业、生态和水资源的压力对全球尺度有潜在影响（如，Betts 等，2008）。一些模拟研究预测亚马孙盆地将持续的、系统的干旱，需要量化和约束这种高影响气候变化的可能性，这需要改进对热带对流的模拟、ITCZ的描述以及可能的陆气耦合过程（如蒸散通量和陆面覆盖的变化）。

海洋和陆地生态系统将如何变化？

海洋变暖、酸化以及盐度的变化都会在局地到全球尺度上影响生物地球化学循环和海洋生态，这将威胁海洋的生态完整性和生物多样性，这两方面对地球是非常宝贵的。这种威胁对渔业和全球食物短缺有显著的后果。海洋生物活动在吸收来自大气的碳中起了很大的作用，并对气候变化有重要的反馈。需要能够评估海洋生态的气候模式来诊断这些。

海洋生物地球化学模式已经发展并与 GCM 耦合，但海洋混合和沿岸上升流的信息对于养分循环是不可或缺的，而这些都需要加以解决才能讨论海洋生态系统及其对不断变化的海洋温度、盐度、pH 的生态响应。涡分辨和多网格海洋模拟方面预期的进展将改进模式对混合、中尺度涡、沿岸海洋动力学、海洋动力学、海洋生物地球化学和海洋生态的耦合模拟。

陆地生态系统对于地球系统很重要，因为它们通过物理、化学和生物这些影响水循环和大气成分的过程而影响气候。气候的变暖和变干将有可能诱发植物区抗旱品种和物种转变，改变害虫和捕食模式，在时间和空间上改变森林防火机制。气候变化也将影响各种与温度有关的事件的时间（如开花或产蛋）和物种范围的冷界（如，向两极或更高海拔；NRC，2011b）。温度、湿度或年周期依赖性的物种之间的联系也将被打乱。

能够评估陆地生态的气候模式也是需要的。这些模式能够描述来自气候、生态系统过程、植物功能（如光合作用和呼吸作用）、土壤的碳和氮动力学及生态系统扰动（如干旱、洪涝和害虫爆发；NRC，2010b）的全球和局地相互作用的驱动和反馈。

社会将对气候变化如何响应和反馈？

人类选择将通过多种方式影响未来气候演变，包括未来排放情景（如通过人口、能源密集度和能源）、土地利用变化、农业活动和可能通过对气候系统的蓄意干预，例如所谓的地球工程活动（如在平流层注入反射性气溶胶以减少太阳辐射）。当前的气候预估试验中，排放、土地利用变化和发展类型都是预先设定的情景，并没有考虑这些量对气候变化的反馈和社会"反应"。在这些情景中，有大量的信息（例如耦合模式比较计划第五阶段[CMIP5]的典型浓度路径[RCP]情景），但它们仍然不详尽且并不总是与模式内部模拟的陆表变化和大气化学协调。预置的情景也忽略了与减缓气候变化政策或社会选择（如土地利用或能源系统）的交互反馈。

当前有越来越多的工作在气候模式中引入交互式人类影响。

越来越精细的动态植被模型应用在大气环流模式中,但仍难以考虑人类土地利用选择对未来气候预估的影响和冲击。农业活动(如作物选择)依赖于气候,但它们也对气候和水文条件有反馈。森林和渔业活动、城市化、能源系统在气候系统中亦有相似的双向后果。许多这些影响已经隐性的在未来排放情景中考虑了,但仍需要发展人类和气候系统相互作用的耦合、动力模式来更好地描述这些反馈和相互作用。当前这方向初步的尝试,引入了在气候变化情景下由于人类-地表管理造成的作物种植、生长和收割的变化的模拟算法(Levis 等,2012)。

可以预测未来十年气候系统的演变吗?

当前仍不清楚气候模式能否预测年际到年代际尺度上气候系统的演变(Meehl 等,2009)。模式可以合理地模拟对辐射强迫的敏感性,但气候演变也对初始条件和内部变率敏感。这是一个有挑战的问题,因为对初始条件的敏感性理解不足,并且模式里的自然变率(如 ENSO)并不一定与自然界发生的相似变率发生在同一时间。其他影响气候因子的未来发生时间,如火山活动,亦是未知。因此,可以合理预见,模式的年-年代际预测技巧是有限的,并且当前看来即使下个十年,模式也不可能超前 2～10 年(ENSO 和气候变化趋势的间隔)对偏离"正常"气候的社会相关现象有高的预测技巧。然而,遍及一个概率统计空间的集合预报是有可能的。需要开展工作理解和量化与这些预测相关的不确定性。为了改进预测效果,需要设定特定的研究目标来改进对可预报性源的理解(NRC,2011c)。

考虑到许多初始条件和边界条件,特别是海洋和海冰条件(见上文讨论)有不确定性,模式预测展示了未来可能的一个范围,即使针对一个单一的气候模式用同一套物理和未来排放情景(如,Laprise 等,2000;Wu 等,2005)。这尤其强烈地体现在区域气候模式中,它们采用大规模的气候场作为边界强迫。一些对初始和边界条件的敏感性可能是数值问题(如导致结果漂移的模式不精确),有些则是固有的气候动力学问题。

在一段足够长的时段(如 30 年),模拟的 El Niño 与现实有所差别,这可能并不重要,因为 ENSO 循环相对短暂。但是,实际上气候内部变率的一些模态(如,大西洋多年代际变率(AMV)和太平洋年代际变率(PDV))是年代际的。模式可以再现年代际变率的许多方面(如,Meehl 等,2009;Troccoli 和 Palmer,2007),但对内部变率出现的时间和持续时间的模拟,模式间有相当大的差异。即使在同一个模式,利用不同初始条件的多个成员模拟,年代际变率出现的时间差异也很大,表明对年代际区域预测技巧有潜在不足(Meehl 等,2009;Murphy 等,2008)。通过气候模拟的数据同化方法,并扩充模式海洋条件初始化的观测数据,改进是有可能的。这些方法给利用数值天气预测模式进行季度预测带来了希望,对季度时间尺度(如 ENSO)显示了显著的预测技巧(如,Tippett 和 Barnston,2008)。

在全球尺度,年代际预测可能问题较少。内部变率的模态,如 AMV 和 PDV,可以导致区域尺度能量和水汽的再分配,但对全球平均状况的影响较小。全球平均温度的预测更多依赖于外强迫;然而针对一个特定的全球情景,由于内部变率和环流系统对累积气候强迫的响应,有的地区将比其他地区增暖更多而对有些地区影响很小。因此区域尺度的年代际预估的不能减少的不确定程度,要比全球尺度大得多。实际上一个特定的环流型所产生的反馈,会影响辐射强迫和全球平均温度,因此内部的、年际变率亦有可能影响全球状况。

气候模式发展的机制

正如在第 3 章讨论的,要解决这些研究前沿,模式的改进将通过三个主要机制实现:(i)发展地球系统模式(增加模式的复杂度);(ii)通过改进物理、参数化和计算策略,提高模式分辨率,以及更好地观测改进现有的大气-海洋模式;(iii)改进模式在全球和区域尺度的协调和耦合,包括在气候、再分析、业务预测领域中共享模拟工作的理解和能力。通过这三种机制的联合很有可能取得进展。气候模拟界已经针对前两个方向,发展了地球系统模式,并改善了模式物理参数化和分辨率。同时,这两个前沿方向也许需要更策略性地专注于高优先级的问题,来获得持续地推进。委员会认为,第三点,全球和区域建模工作,以及"以研究为导向"与业务模式间的协调,是美国国家气候模拟工作的一个薄弱点,也是发展的一个好时机。

地球系统模式

通过发展更精细化的、交互的、完备的地球系统模式,能够探讨许多研究前沿问题。上面讨论的一些例子,比如将冰盖、陆面水文、气溶胶、永久冻土和人类相互作用模式与气候模式耦合。在这些例子中,为解决高优先级的问题,额外的复杂性是必要和合理的。地球系统模式的发展会在未来二十年对许多科学问题产生显著的进展。在某些情况下,由于分量模式已经非常精细了,这里的发展指的是改进系统间的耦合的问题(如,能量、质量、动量守恒的耦合方案;双向耦合,在可能的情况下包括反馈过程)。一些分量模式(如陆面水文模式和冰盖模式)需要高分辨率,且有可能的话在相关过程的自然尺度上耦合。

一般说来,模式复杂程度的增加与解释模式结果的能力,抑或改进耦合模拟能力之间,是有冲突的。从海气模拟中就能得出这一点。例如,如果某区域模拟的风场不理想,误差将传播至模拟的海洋动力过程,包括像沿岸上升流、混合或 ENSO 模拟等关键特征。这样的误差会增长并反馈,导致偏离实际的漂移。在气候模式中增加冰盖模式,未必能得到有意义的海表上升预估;气候模式必须能够合理模拟冰盖上的质量平衡(雪的累积和融化)理解并引入关键的海—冰过程。地球系统模式的建立需要大量的测试和发展自适应代码,其进展会很慢。

古气候是利用地球系统模式及加深对气候动力学理解的一个研究途径。研究过去气候变化(如更新世冰期循环),将会深入理解气候系统的内部过程。其中包括一些重要的问题,如气候敏感度、不同气候反馈的符号和强度,以及涉及冰盖、海平面、气溶胶、海洋生态和碳循环的过程。近期的更微妙的气候事件,如中世纪暖期和小冰期,也是自然变率的例子,研究它们有助于理解气候动力过程。这些事件并没有被完全理解,它们为气候模拟研究提供了额外的目标;对过去气候变化的认识,会给用于未来预估的气候模式提供过程描述方面的信息。

几千年的问题如冰期循环由于积分时间太长,可能在未来十年难以用完全的气候模式,但可利用中等复杂程度的地球系统模式和简化的地球系统模式进行深入理解(见第 3 章)。尤其最后一次冰期循环是一个好的模拟目标,因为它涉及了许多重要的反馈和过程,包括全球碳循环的重要扰动。冰期时的碳汇对轨道触发的变冷和冰盖的扩展,提供了一个重要的反馈,但陆地和海洋中的碳存储的确切机制仍未被完全理解。同样,在冰期—冰消期转变期间,对永冻土、水循环及大尺度大气和海洋环流变化的作用,以及冰川期间千年尺度气候变率和可能突然（年代际尺度）的气候转变的理解也不完整；改善对这些过程理解是地球系统模式的一个极好的目标。

过去两千年的气候变化较为温和，但它们在空间上和时间上被理解得较为充分，并且它们为地球系统模式提供了另一个好的关注点。这期间的气候变率很大程度上与太阳和火山活动的扰动有关，但土地利用变化和气候系统内部动力学（海—气—冰—生物圈）过程，仍可能对气候强迫及放大或减缓该强迫的正或负反馈有影响。在我们相信气候模式能够模拟自然气候变率之前，气候模式必须能够合理再现大尺度事件如中世纪暖期和小冰期。这样的再现将确保导致自然变率的关键过程和地球系统分量，在未来预估中被充分描述了，这使得分离自然和人为强迫成为可能。针对近期地球历史特定时期的模式研究，亦对模拟的气候敏感度提供了一个观测约束。

调查结果 4.1：未来二十年地球系统模式的发展，期待能够更完整地描述气候系统的相互作用和反馈。这将改进气候的几个关键特征，包括海平面上升、海冰、碳循环反馈、生态系统变化和水文循环的物理描述。

持续的改进

除了通过地球系统模式的发展创造新的模式能力，提高 GCM 的分辨率和改进物理过程将推动海洋大气系统中许多长期存在的科学问题取得进展。这其中的一些将通过增量、"业务照常"的方式获得，但某些方面的进展需要战略投资和给予优先级。需要认识到，一些长期存在的问题可能不能得到解决，这是由于存在复杂、不确定、或理解较差的物理过程，还有一些发生在分子尺度上（如云物理过程）、不适合全球尺度模拟的重要的过程。

通过哪些方式可能推动模式参数化和尺度问题方面的进展？云模拟的进展提供了一个很好的例子。这样的例子也发生在气候模拟的许多其他方面（如，海冰动力学过程）。云相关的参数化，与气候模式中其他主要的参数化一样，包含了许多还没有被过程模拟和观测完全约束的参数，比如，"侧向夹卷率"（空气湍流混合进积云上升流的百分率）或冰和雪粒子的下落速度。通常利用反复试验的"试错法"，通过优化模拟的全球和区域云量/云深/云厚、降水和大气顶的辐射通量，来调试这些参数。

利用云作为测试平台，开发了一些大有前景的新方法来改善参数化方案，包括通过在单一气候模式里改变参数，探讨模拟气候的可能范围的扰动参数集合方法、系统地优化不确定参数的不确定性定量分析方法、随机参数化方法。传统的参数化对次网格过程（如湍流或云的格点平均的累积效应）给出单一的最佳猜测估计。随机参数化不给出累积效应，而从适当的概率分布函数中给出随机可能的猜测。传统上，次网格云量参数化可能定义为网格平均相对湿度的函数，而随机参数化方法将随机地选择某个范围内的云量。这有助于保持传统参数化可能人为增湿的网格变率。随机参数化方法已经被证实在数值天气预报（如 Buizza 等，1999；Palmer 等，2009；Shutts 和 Palmer，2007）和月到季的预测（Weisheimer 等，2011）是成功的。

随机次网格过程（如积云对流）的非随机参数化方法不能提供统计上可靠的结果，除非在一个网格点上有许多积云。当气候模式的空间和时间分辨率精细化后，在单个积云能够被网格很好地分辨之前，该"尺度分离"假设便失效了，会产生一个"灰色地带"，在该"灰色地带"，参数化和过程的显式模拟理论上都不合理。许多全球天气预测模式已经接近积云对流的分辨率，并且在未来二十年内气候模式也可能达到。设计能够在"灰色地带"分辨率范围内起作用的参数化方案,是未来十年的重要挑战。随机参数化可能是在"灰色地带"特别有用的策略。

虽然计算方法或能力的一次革命并非不可能,但在云的模拟和气候模拟的更广泛的挑战中,逐步改善将更为可能。可能通过挖掘模式中某些已经存在的功能,通过全球和区域模拟界的战略合作,以及增加全球、区域、研究性和业务模拟工作的合作,来实现模拟的改进。这种改进将包括关键过程的统一的、尺度不变的物理处理、守恒的耦合方案,以及某些情况下双向耦合而实现。

调查结果4.2:通过提高模式分辨率、推动观测和过程的理解、改进模式物理参数化和随机方法,以及更完整地描述气候模式里的地球系统,在未来几十年,气候模拟的一些重要问题很可能会有进展。

未来之路

气候模拟中进展的不同线路通常有冲突。例如,我们是把资源分配给增加分辨率还是增加模式复杂性(如地球系统模式发展)?没有一个放之四海皆准的答案,但替代的方法应是问题的驱动。一些有极大的社会相关性的问题,如海平面上升和气候变化对水资源的影响,需要增加模式复杂性,并且通过增加新的模式功能(例如加入冰盖动力学过程和陆表水文),这些进展是很可能的。在其他情形,如改进模式对区域降水和极端天气的预报,提高分辨率和"可扩展"的物理过程参数化是提高模式能力的最高优先级方向。其他问题,如水资源管理,需要同时增加分辨率和复杂性。

委员会认为,改进对冰盖动力学过程和冰—海—大气相互作用过程理解后,地球系统模式亦将得到发展,这将改进对海平面上升的预估,这是一个重要的前进方向。这样的模式也将改进对冰期—间冰期循环和冰期千年尺度气候变率的理解。耦合精细的陆地和海洋碳循环模式、研究冰期循环过程可以揭示自然碳的源和汇及大气碳库的未来演变。

许多重要的科学和社会问题需要局地到区域尺度的精细和有意义的气候预估。委员会建议美国气候模拟界在未来十年开展高分辨率模拟。具体的,至少一个国家模拟工作应着眼于小于 5 千米的历史和未来气候变化(如 1900—2100 年)模拟,使海洋动力模式涡和气旋分辨及更理想地描述大气—陆面交换。另外,未来二十年,至少一个国家模拟工作应着眼于 1~2 千米分辨率的百年尺度模拟,使得云物理可分辨。有充分的证据表明,解决这些高度交互的、非线性的和热力学不可逆的过程,将更好地模拟地球气候。这样的分辨率将能够改善对气候许多特征的描述,如中尺度海洋涡漩、陆表和水文变率。

委员会认识到这些建议的工作并不是细微的,需要人力、计算资源和资金的大量投入。也不确定增加分辨率将减少不确定性。然而,模式能力和分辨率的改善将改进对本章讨论的高优先级气候科学问题的理解。这里所列的"大挑战"都涉及未来 10~20 年能期待有进展的社会相关问题,应给予气候敏感度、区域气候变化、极端气候和海平面上升这些问题高优先级。就为气候决策和气候变化适应研究提供关键信息而言,这几个问题都非常重要。

建议 4.1:一般情况下,对强烈关注(i)能够解决需要从气候模式中得到指导的社会需求和(ii)给予充分资源后进展是有可能的,这两个领域交叉问题的气候模拟活动应给予高优先级。这并不妨碍关注基础科学问题或"困难问题"(在这些领域进展可能是困难的,如年代际预测),但目的是有策略地分配工作。

建议 4.2:在那些可能进步的领域内,气候模拟界应针对大量的气候问题继续深入细致的工作,特别是需要继续或加强支持那些长期存在的挑战,如气候敏感度和影响气候变化(区域水文变化、极端事件、海平面上升等)许多方面的云反馈。当分辨率、物理参数化、观测约束和模拟策略改进后,进展是值得期待的。

建议 4.3:更多的工作应联合全球和区域气候模拟活动,改进对陆面水文和陆地植被动力过程的描述,并改进对水文循环和区域水资源、农业和干旱预报的模拟。这需要更好地整合国家的多个气候模拟活动,包括那些关注表面水文模式和植被动力学过程模式的团队。第 13 章讨论的气候模拟年度论坛有可能为此提供一个很好的方式。

建议 4.4:未来十年,至少一个国家模拟工作应着眼于小于 5 千米的历史和未来气候变化(如 1900—2100 年)模拟,使海洋动力模式涡分辨更理想地描述积云对流和大气—陆面交换。同时,还应着眼于 1~2 千米的百年尺度全球大气模拟,使云物理可分辨。气候模式软件平台和第 10 章讨论的计算能力的改进,将有助于这些国家工作。

(邹立维 译,邹立维 校)

5 综合气候观测系统和地球系统分析

观测资料对于监测和理解气候系统变率和规律至关重要。气候模式和地球系统模式的评估和改进与气候观测资料的质量密切相关。基于观测资料的模式评估是评价气候模式预测和预估的可靠性及阐明模式不确定性的重要前提。由于气候变化正在加速,气候观测和模式评估变得日益重要和紧迫。

是否有足够的观测记录适用于气候模式的评估和发展是一个长期存在的问题。人们进行了大量地球观测,但它们大多不能满足模式评估和其他气候研究的需要(如 NRC,2007)。很多大气观测被用于天气预报初始化,由于天气尺度波动幅度较大,因此测量的高精确度和低偏差历来没有受到高度重视。气候变化需要分辨出随时间相对较小的变化,这需要稳定校准的、具有高精确度的测量。认识现代的测量精度相对于几年或几十年前的变化是气候变化领域的重要方向。

气候观测系统的另一个重要挑战是气候监测较之天气监测涉及更多变量。气候系统的时空变化特征亦较为复杂,比如云的变化很快,而冰川和海洋深层水的变化缓慢。能够反映气候、环境系统和人类活动相互作用的、可靠性和连续性较强的资料的短缺,制约了我们理解和模拟人类活动如何影响气候变化及二者之间的反馈作用。

观测数据包含固有的局限性,如测量的不确定性、空间和时间的不均匀性,以及在更长时间内校准记录的连续性(如 NRC,2004;

Trenberth 等,2006)。一些新增的资料,如再分析资料和卫星观测资料,加深了我们对气候系统及其变化过程的理解,但这也带来了大量令人困惑的相似资料。因此,需要针对不同观测资料进行评估,分析不同资料对于不同科学问题的适用性,以及不同资料之间的差异和不确定性,因为用户(包括气候模拟人员)往往没有足够的信息了解不同资料的优缺点,以及他们如何可靠地使用这些数据。

大量重要气候变量的需求说明有必要在气候观测系统中对观测需求划分优先级。然而,由于一些潜在的规则和观测数据的多种用途,这种优先级的划分是很困难的。观测系统模拟试验(the Observing System Simulation Experiment,OSSE)的方法可用于促进气候模式检验和气候观测的严谨性(如 Nordon 等,2009)。尽管模式的空间分辨率和不确定性限制了 OSSEs 的使用,但当模式改进后,OSSEs 未来将成为划分气候观测优先级的有效工具。

虽然现有的现场观测涵盖了很多高优先级和目前看来可行性较高的测量,但它们的时间和空间覆盖率是不完整的,因此气候观测需要进一步改进。这些改进将基于测量技术的革新、对新的观测需求的认识,以及对与社会话题相关的变量的更好整合。卫星观测和现场观测结果的综合和融合亦是一个普遍的需求,再分析在一定程度上满足了这种需求。观测资料的多个数据源并不多余,它们之间可以相互补充和验证。

一些对于模式评估和改进至关重要的观测系统正面临风险,因为他们需要大量的投资,而这些投资要么不能继续增加,或者由于预算限制及设备老化逐渐使得部分数据质量下降到不能接受的水平。虽然各国不断认识到气候观测的重要性,例如通过接受全球气候观测系统(Global Climate Observing System,GCOS)实施计划,但是 GCOS 成员国未曾承诺投入资金用于提供或改进气候观测系统重要组成部分。主要的卫星和现场观测系统已经存在风险,并且在未来可能继续增长。正如 Trenberth 等(2011) 指出,尽管目前的全球气候观测系统有很多优点,但仍需进一步改善,以便为发展和评估下一代气候模式和地球系统模式(Earth System Models,ESMs)提供可靠的气候观测数据。面向过程的观测需要进一步的关注和确定优先级,这些问题将在下面的各节中进行更详细地探讨。

气候观测系统的现状

Trenberth 等(2011) 总结了气候观测系统(包括卫星观测)的组织结构和现状。国际上主要的气候观测系统是全球气候观测系统(GCOS[①]),它的目标是提供全面的气候系统信息,包括多学科范围的物理、化学和生物属性,以及大气、海洋、水文、冰雪圈和陆面过程。GCOS 最重要的角色之一是定期评估气候观测,并对不足之处提出建议。最近的 GCOS 报告为讨论气候观测系统现状提供了一个很好的参考点。

GCOS(2009)认为,发达国家的气候观测能力提升了很多,然而,在保证几个重要观测系统的长期稳定性及弥补现场观测网不均匀性方面进展缓慢,甚至有退步的趋势。从积极的一面看,GCOS(2009)指出全球气候观测的业务和研究系统越来越能满足人们对气候资料和信息的需求,包括对及时的数据更新的需求,此外,一些数据中心提高了连续观测能力,以及数据再处理、产品发布和访问的能力。总体来说,GCOS 认为国际气候观测系统进展显著,但仍不能满足"联合国气候变化框架公约"气候变化(the United Nations Framework Convention on Climate Change,UNFCCC)和更广泛的用户群体对气候资料的需求。

---

① http://www.wmo.int/pages/prog/gcos/（查阅于 2012 年 10 月 11日）。

第三次世界气候大会(2009 年的 WCC-3)强调了系统观测的重要性(Karl 等,2010;Manton 等,2010),并建议从几个方面加强 GCOS。值得注意的是,WCC-3 建议维持 GCOS 中现有的现场观测和天基观测子系统;改进现有的观测系统(例如提高观测站点的空间覆盖率、提高测量精度和频率,以及建立基准站等);遵守 GCOS "气候监测原则"(Climate Monitoring Principles,GCMPs[①]);提高观测系统的运行和规划;对数据进行修复、交换、存档和分类,对长期记录进行重新校准、处理和分析,努力实现数据和产品的全面公开。WCC-3 重点强调了为适应气候变化的观测需求,以及帮助发展中国家维持和加强气候观测系统。

2010 年更新的报告(GCOS,2010)同样指出了观测领域科学技术的进展,对如何适应气候变化不断增长的关注度,以及优化减缓气候变化措施的需求。它重申了 GCMPs 的重要性,强调了观测的连续性和稳定性。GCOS(2010)列出了当前的"基本气候变量(essential climate variables,ECVs)"(表 5.1),并呼吁对那些与 ECVs 相互影响的生态系统变量进行测量。

调查结果 5.1:全球气候观测网络和系统越来越能适应人们对气候资料和信息的需求,但依然不能满足气候模式和地球系统模式对气候数据的需求。

挑战、差距与威胁

地球系统模式对观测的需求

气候模拟与天气预报有显著不同的区别。例如对于用来支持

---

① http://www.wmo.int/pages/prog/gcos/index.php? name = ClimateMonitoringPrinciples(查阅于 2012 年 10 月 11 日)。

气候模拟的观测来说,一个显著的不同就是它需要对包括海洋、陆面、生物圈、冰冻圈和大气圈在内的地球系统分量进行一个长期、准确的测量(GCOS,2010,表1)。随着气候模式包含更加复杂的过程(例如冰川、永久冻土层、陆地水文状况、碳循环等),上述基本气候变量也需要增加。如果对气候系统的一个分量没有很好地描述,会导致耦合的气候模式发生漂移,因此,如果模式的子系统没有得到很好的初始化、模拟和调控,将会影响整个气候模拟的结果。更进一步的,小尺度物理过程带来的反馈作用会使得上述误差进一步增长,并影响长时间尺度(如年代际尺度)的气候预估结果。

表 5.1　目前在全球实施可行性较高并对"联合国气候变化公约"要求
影响较大的基本气候变量

领域	基本气候变量
大气	表层:气温,风速和风向,水汽,气压,降水,地表辐射通量。 高层:温度,风速和风向,水汽,云属性,地球辐射通量(包括太阳辐射)。 大气成分:二氧化碳、甲烷和其他长寿命温室气体;臭氧和气溶胶。
海洋	表层:海表温度,海表盐度,海表面,海况,海冰,表面洋流,海洋水色,二氧化碳分压,海洋酸度,浮游植物。 次表层:温度,盐度,洋流,营养物质,二氧化碳分压,海洋酸度,氧气,示踪剂。
陆面	净流量,水利用,地下水,湖泊,雪盖,冰川和冰帽,冰盖,永久冻土层,反照率,土地覆盖(包括植被类型),光合有效辐射吸收率,叶面积指数,地上生物量,土壤有机碳,火干扰,土壤湿度。

　　为了使得观测数据可以用于气候模式的评估和验证,或者作为模拟研究的初始状态和边界条件,大多数的气候观测场需要进行完整的网格化(没有空间和时间上的缺口)。网格的空间密度依赖于

应用的要求和未来气候模式的分辨率。鉴于对区域尺度气候变化物理过程和反馈的理解和模拟的要求,需要在区域尺度进行更加详细和完整的观测。

目前基础气候变量中有一些变量在全球范围是不完整的,例如海冰厚度、变形、漂移与运动、土壤湿度、陆面碳存储、地表辐射通量和平流层水汽。Karl 等(2010)和 GCOS(2010)提供了对这些变量及其他若干变量的观测方法。另一方面,对于目前可以较好地进行监测的气候变量,需要保证观测的连续性和准确性,对来自不同观测平台或仪器的数据需要进行校准和均一化处理。这些观测数据对于评估长期气候变化趋势至关重要,而能够合理模拟出观测中的气候变化趋势则是气候模式的主要目标之一。

过程研究

气候模式与地球系统模式中包含的物理过程越来越复杂,在模式网格尺度以下的物理过程需要进行参数化。我们用来发展和订正参数化方案的观测资料大多是通过组织短期内加密的外场观测活动来得到的(比如几个月或一两年)。这些观测通常被认为是过程研究(Cronin 等,2009)。

适时的将过程研究得到的成果转移到气候模式和地球系统模式上来非常重要。美国通过多机构基金资助的"气候过程团队"(the Climate Process Team,CPT)的方式推进上述转移。CPT 的中心目标是通过创立新的协作方式,使得现场观测与远程遥感观测、过程模拟和全球气候模拟进行更好的合作。通过这种协调,数据观测、过程模拟和全球气候模拟专家能够进行合作,系统性地解决那些限制全球模式改进的关键过程中的问题。由于在单一的团队里很难同时找到所有领域的专家,CPT 概念成功支持了跨机构合作。

针对过程研究,围绕着"最优实践"设计了这些概念(Cronin 等,2009),例如:

- 模拟与观测从规划阶段起就进行合作;
- 从过程研究观测需要得到综合和融合数据,以便提供可以与模式结果进行比较的、用于评估和验证模式的数据;
- 通过制定数据公开政策、允许对试验所有数据进行集中式访问,以及使用用户方便的格式进行数据存档等方式鼓励数据的广泛应用。

近期遵循上述原则开展的过程研究,包括美国 CLIVAR 美洲季风系统变率(VAMOS)海洋—云—大气—陆面过程研究的区域模拟试验(VOCALS-REx)、黑潮延伸体系统研究、CLIVAR 模态水动力试验和北美季风试验。以上研究的网址在 Cronin 等(2009)中给出。

第一组试验性的 CPTs 于 2003 年在美国国家科学基金和美国国家海洋大气局的资助下建立,并取得了显著的成果(U.S. CLIVAR Office,2008)。该团队发展了新的海洋参数化过程,例如其中一个 CPT 建立了上层海洋中尺度和次中尺度涡的参数化过程,另一个 CPT 发展了溢流中的切变混合参数化、摩擦底层混合参数化,以及重水通过海洋直道和斜坡输送的参数化过程。这些参数化被应用于美国国家大气研究中心(NCAR)和美国地球流体动力学实验室的海洋模式中,没有气候过程团队框架,不可能有这些参数化方案。

目前为止 CPTs 最重要的贡献是改进了全球气候模式,此外,他们还开展了新的试验,培养了年轻科学家,出版了大量经同行评审的论文,包括一些综述性文章。不同团队成员之间持续的合作是 CPTs 的另一重要贡献,但这一贡献也许没有那么明显。

试点性 CPTs 面临的最大挑战是在国家模拟中心的人力资源

问题。将高度复杂的参数化过程移植到耦合气候模式中并加以调试需要付出很大的代价,这些代价远超于 CPT 所提供的资助。来自其他方面对资源的竞争,如"政府间气候变化专门委员会"(IPCC),使得这个任务更加艰巨。此外,由于缺少新的外场观测,实现综合气候观测面临很大困难。

尽管如此,CPT 框架已证明了它的有效性,2009 年底征集的第二组 CPT 正在资助一些新的工作。对于一个导致模式改进的 CPT,必须满足以下条件(U.S. CLIVAR Office,2008):

- 相关性:这些过程在当前的气候模式里描述很差,但改进描述后可以使得气候模拟结果更加可信;
- 就绪性:对于这些过程,当前的理论发展、过程模拟和观测基础都较为成熟、可以直接应用于模式改进;
- 集中性:研究主题需要集中,保证在项目执行期间可以取得具体成果;
- 模式独立性:可以应用到多个气候模式中。

未来亟须借助 CPTs 进行改进的物理过程有很多,比如热带对流、辐射传输过程、气溶胶间接效应、云微物理过程、陆面过程(包括土壤湿度和冰)、海洋中尺度涡、海冰、赤道上升流和混合、南大洋通风效应和深水形成、大气重力波、海气通量和冰盖动力学。

调查结果 5.2:通过将现场观测与远程遥感观测、过程模拟和全球气候模拟连接起来,气候过程团队框架在系统地解决限制全球气候模式改进的关键问题方面被证明是有效的。

高分辨率模式

高分辨率的区域气候模式(1~10 千米)已经非常普遍,未来 10~20 年,高分辨率全球气候模式将不断发展。发展高分辨率全球模式的一个制约是缺少对模式进行初始化、校准和评估的观测资料。比如,在大多数山区,亟须改进对山区降水频率和强度及雪水当量的观测,以便评估高分辨率模式对复杂地形处降水空间分布和雪线高度的模拟(Nesbitt 和 Anders,2009);需要详细的海冰厚度和变率资料评估模式模拟的极地地区的剧烈变化(Vavrus 等,2012)。耦合的大气和陆面模式同样存在观测资料的限制,如洪水预报(Booij,200;Dankers 等,2007),冻土融化造成的碳通量变化(Schuur 等,2008),土地利用率变化(如城市化和森林砍伐)对气候的影响。

其他的高分辨率模拟如高分辨率区域海气耦合模拟,需要详细的观测数据来增进对物理过程的理解并提供确切的边界条件。一个典型的例子是格陵兰和南极地区冰盖质量平衡的模拟。海冰和开放水域条件影响热量和水汽平流向冰盖的输送,进而影响积雪的累积和融化,因此模式需要对海冰密集度和沿海风力进行适当的处理;向冰盖输送热量和水汽的大尺度涡旋系统也需要合适的处理。此外,将暖水从底层输送给海冰的海洋中尺度环流、海基穿出冰川,以及冰架对海冰和陆冰质量平衡的年际变率起到重要作用(如 Holland 等,2008)。能够模拟这些过程的区域和沿海海洋模式,需要三维的高分辨率边界条件驱动,这些强迫资料包括海洋温度、盐度、流场及边界层风场。类似的处理适用于沿海海水养分和碳通量的模拟。

可持续的数据收集和综合的要求

基于卫星、机载无线电探空仪、地基和海基观测平台的数据收集需要持续,在一些情况下还需要加强。这很大程度上可以利用天气和海洋预报的常规观测完成,但气候模拟有更多的需求,比如年代际尺度的稳定性和连续性、气候系统"慢变"部分的处理（如冰盖动力学、次表层海水、森林和沼泽碳储存），以及不同观测来源的数据的均一性问题。资料均一性涉及观测标准的变化以及时间和空间采样的不均匀性，气候研究的精确度（比如温度变化0.1度）要求认真处理数据的均一性问题。

在美国和全球范围内，有许多不同的再分析气候产品（下一节）。这些连续的、网格化的产品为模式在气候态（多年代际）时间尺度上的校准和检验，以及为研究过去60年不同气象变量的气候平均态和趋势变化提供了重要数据集。评估气候模式的一个重要挑战是需要了解不同再分析资料中哪一个更加接近"真实"，即利用特定的资料去评估气候系统某一特定部分的特定变量。不同的再分析资料存在显著的差异，这需要进一步协调（Trenberth等，2011）。此外，还需要高分辨率和区域尺度的再分析资料用来评估高分辨率模式。

同样的，许多气候变量也有多套观测数据集，气候研究者需要对这些数据进行评估和综合。每一个基本气候变量（ECV）仅有一个或少数代表性数据集将有助于对气候模式进行检验和对比。区分数据之间的差异并对数据进行评估和比较的一个代表性工作是针对20世纪海面温度（Sea Surface Temperature，SST）变化趋势的研究（Deser等，2010）。SST是气候系统的基本物理参数，因而是气候模拟的一个关键变量。由于海洋的热容量比大气和陆面大，SST可以较好地用来监测气候变化。由于观测样本的时空不均匀性及观测方法的不同，使得准确评估SST的长期变化趋势存在困难（Hurrell和Trenberth，1999；Rayner等，2009）。因此，观测中20世纪的SST趋势有相当大的不确定性，这限制了对其做出准确的物理解释及用来验证气候模式模拟结果的有效性。这种不确定性在赤道太平洋更为明显，这个地区甚至SST的百年际尺度变率都具有很大争议（Vecchi 等，2008）。Reynolds 和 Chelton（2010）给出了 6 套不同的 SST 结果，并指出它们之间的显著差异。

气候研究领域正在不断提高观测能力和分辨率，这也有助于气候模式的改进。这些工作是近期开始的，通过这种改进得到的数据为气候模拟提供了新的机会。例如，2003 年启动的 ICEsat 海冰测高计划可以估算海冰厚度（Kwok 和 Rothrock，2009），并可以对海冰模式进行更严格的检验和校准。Argo 浮标网络由最初的 2000 个增加至现在的 3300 个，为上层 2000 米的海洋提供了前所未有的全球范围的观测数据（如 Douglass 和 Knox，2009）。加之连续的、准确的大气层顶辐射观测，Argo 浮标网络对改进气候模式和理解全球热量收支起到至关重要的作用。基于卫星的测雨雷达提供了强大的空间密度和降水覆盖范围（如 Nesbitt 和 Anders，2009），这对地面降水网络是一个重要补充。为用于气候研究，上述观测需要维持几十年，考虑到全球覆盖的需要、卫星的成本，以及不可避免的偶发性失败（如，ADEOS，Cryosat，Glory）等原因，这种观测需要深谋远虑和国际合作。

调查结果 5.3：为使得观测资料能够有效地用于评估气候模式和地球系统模式，观测资料需要做到在区域尺度上是全面的、覆盖范围是全球性的、并通过国际合作的方式确保观测标准、时空取样和数据管理（元数据标准、质量控制、不确定性估算、处理技术等）的一致性和透明度。

缺口和威胁

现场和卫星观测的长期连续性对于推进气候变化研究以及测试、评估和发展气候模式至关重要。两个重要的例子是冰、云和陆地高程卫星观测（ICESat II）与地球重力恢复和气候试验（GRACE

II）。ICESat II 计划将于 2016 年启动，将为研究冰冻圈的年际变率和年代际趋势提供高分辨率的海冰和冰盖厚度资料。GRACE II 计划对卫星重力测量的连续性同样非常紧迫。过去几年，GRACE 计划为研究全球气候变化特征提供了重要数据，包括水循环、海平面上升和极地冰盖的质量平衡。气候模式和地球系统模式对未来气候变化的预测能力，取决于上述观测数据集的质量及它们是否能够有助于理解地球系统重要变化过程。

NRC 十年调查（NRC，2007）重申了"获得地球系统长期、连续、稳定的观测与支持数值天气预报的观测是不同的"这一观点。调查报告同样明确了继续和加强美国地球观测卫星系统的方案，包括建议对地球系统关键物理过程进行观测，这将最终改善对天气和气候事件的预测能力。因此，对于气候模拟界而言，非常需要一致且积极地呼吁规划新的空基观测任务和仪器。然而，不幸的是，十年调查中的建议实施进展缓慢，这部分归结于资金的短缺，但也因计划启动失败和延误。例如，在过去两年里，两颗本来可以为气候强迫场提供重要观测数据的卫星，在发射时坠毁（OCO 和 GLORY）。此外，NOAA 大量削减了未来环境监测卫星的任务，导致十年调查中设定的、属于 NOAA 未来观测能力一部分的观测任务被取消了（NRC，2012b）。

因此，尽管取得了一些显著的成果，美国的空基观测能力在下降，空基观测比最近几十年的任何时候都显著减少。当今的地球观测面临巨大的挑战（AMS，2012），卫星观测的连续性和稳定性受到巨大威胁，极端天气的发生超过了历史记录。总体而言，NASA 和 NOAA 在轨和计划的卫星地球观测任务的数量至 2020 年会减少 3 倍以上，空基地球观测仪器的数量也会显著减少（图 5.1；NRC，2012b）。此外，极地轨道卫星观测也面临即将到来的缺口，如国家极轨运行环境卫星系统［NPOESS］预备项目（NPP）（NPOESS 于

2011 年 10 月 28 日启动)的终结时间与联合极地卫星系统(JPSS-1)
(将于 2016 年重新规划)的启动时间之间的缺口。这个缺口乐观估
计是 6 个月,但如果 NPOESS 仅能持续 3 年,它们之间的缺口则可
达 2 年。正如 Gao (2011)指出,这种"数据缺口会导致用于支持天
气预报的天气预测模型变得不够准确和及时,极端事件(飓风、风暴
潮和洪水)的提前预警会消失",使得生命、财产和基础设施面临更
大的风险。

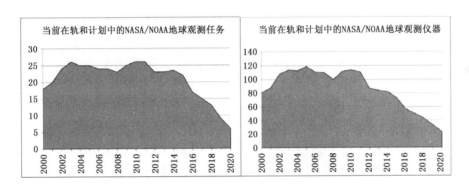

图 5.1　NOAA 和 NASA 当前和未来的地球观测任务显示,卫星地球观
测任务和空基地球观测仪器的数量至 2020 年会显著减少。图形由喷气推
进实验室的 Stacey Boland 提供(私人通信)

　　多种来源的气候数据的另一个问题是,不同数据的元数据、可
用性、错误和不确定性的估算方法等具有显著的差异。尽管很难做
到全球一致,但气候模式检验和多模式对比需要全面了解现有观测
数据及它们的局限性。气候观测和模拟没有达到最佳结合,因此观
测数据并没有特别恰当地使用。

　　气候观测和模拟需要重点关注极端天气的检测和分析,包括水
文事件(洪涝,干旱),风暴(飓风,龙卷风),雪和冻雨事件,以及持续
的极端温度(例如热浪)。这些是对社会影响最大的气象事件,对决
策制定非常重要,但当前的观测系统和气候模式对这些极端天气的
捕捉和模拟能力很弱。

当前或未来的卫星观测任务由于资金短缺、数据共享问题、缺口或不可预见的故障或者系统间转换问题等,使得一些气候观测数据可能不能及时获得(Sullivan,2011;Zinser,2011)。"联合国气候变化框架公约"原则上批准了全球气候观测系统(2010)的建议,但在许多情况下,国家一级的资金承诺是不到位的。GCOS成员国资金的削减正在削弱他们的气候监测网络。

调查结果5.4:卫星观测对评估和发展气候模式和地球系统模式至关重要。美国空基观测系统目前处于危险中,此外,卫星观测任务由于资金短缺、数据共享问题、缺口或不可预见的故障或者系统间转换问题等,使得一些气候观测数据可能不能及时获得。

分析、评估和再处理

气候观测来自不同的观测仪器,并在时间和/或空间分布上是不完整的(图5.2[彩])。将气候观测与全球气候模式进行结合,对给定时间的气候状态给出最佳估计,可以提高多种不同气候观测的价值。过去十年人们付出了很大的努力将不同观测资料整合到一个共同的框架下,以产生全球观测数据集,并对气候模式和地球系统模式的大气、海洋和陆面分量进行评估。对气候观测的这种全球性分析满足了气候变化研究和气候模拟领域的很多需求。由于这些数据主要来自业务预报中心,数据的长期一致性较弱,因此需要对模式和数据同化系统做很多改变。这些改变产生了虚假的"气候变化"信号,从而掩盖了真实的短期气候变化或年际变率信号。

对于大气方面,一个解决办法是,使用一个始终最先进的数值天气预报模型,重新对历史大气观测记录进行同化。这些"再分析"工作产生了相当可靠的大气气候记录,使得人们能够(1)建立气候平均态,(2)计算距平值,(3)进行实证研究和定量诊断,(4)深入研

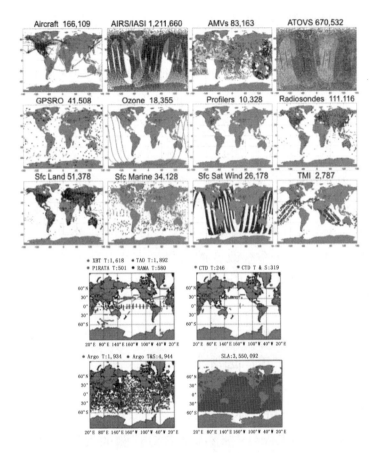

图5.2(彩) 气候观测来自不同的观测仪器,并在时间和/或空间分布上是不完整的。将气候观测与全球气候模式进行结合,对给定时间的气候状态给出最佳估计,可以提高多种不同气候观测的价值。上图显示了同化进GEOS-5的大气观测,采用了典型的6小时同化窗口。下图显示了1个月内(2011年9月)每天的海洋观测的分布。AIRS/IA-SI:大气红外探测器/红外大气探测干涉仪;AMV:大气运动矢量;ATOVS:高级TIROS(电视红外观测卫星)业务垂直探测器;GPSRO:全球定位系统无线电掩星;TMI:TRMM(热带降雨测量任务)微波成像仪;XBT:投弃式海水温深计;TAO:热带大气—海洋;PIRATA:大西洋预测和研究锚定阵列;RAMA:非洲—亚洲—澳洲季风分析研究和预测锚定阵列;CTD:温深电导测量仪;SLA:海平面异常。来源:美国国家航空和航天局Michele Rienecker提供

究并更好地理解气候系统物理过程,(5)进行模式初始化和模式验证(Trenberth等,2010)。这些产品为正确评估当前气候,为诸如天气系统、季风、厄尔尼诺与南方涛动(ENSO)和其他气候系统内部变率的诊断分析,为季节预测及可预报性研究提供了重要基础。重要的是,这些再分析产品也为所有时间尺度上的模式改进、特别是季节—年际预报,提供了非常必要的测试平台。此外,将这些产品应用于再分析资料和常规天气和气候预测中,发现并纠正一些缺陷,使得基本的同化和预报系统得到了改善。除了改善同化模型和提高分辨率,用于再分析的数据集也发生了变化。然而,一个需要认真对待的问题是观测系统改变的后果会产生虚假的气候变化,它使得趋势和低频变化的估计变得不可靠,而模式偏差会使上述问题加剧。

数据分析和再分析正在扩展,用来支持气候系统其他方面的研究。数据同化研究在美国进展很快,例如,将同化资料用于天气研究(如国家环境预报中心)、季度—年际气候变率研究(如气候预测中心)、卫星数据(如GMAO MERRA)、海洋环流(如GODAE)和陆面过程研究(如GLDAS)。此外,随着对观测的大气痕量成分(如气溶胶、臭氧和二氧化碳)的同化技术不断提高,再分析最终应该可以为大气化学成分(包含碳循环)的研究提供方法,使得在这方面的众多气候学理论是内在一致的,并且能有助于量化气候辐射强迫的关键不确定性的来源(IPCC,2007c)。海洋数据的分析使得在历史海洋数据的基础上产生了新的数据产品,因此,目前存在大约20个不同的海洋大气和热含量分析资料(Lyman等,2010;Palmer等,2011)。然而,跟许多大气分析和再分析资料相似,它们之间也存在很大的差异。

因此,与单个变量数据集的分析评估相似,对再分析资料的评估也非常重要,尤其是针对近期大量增加的大气和海洋再分析数据集。出于特定的目的，人们做了许多再分析资料，但它们都彼此不同，而且常常是根本性的不同。其中包含的各种假设的优点和缺点，目前既没有被充分地理解，也没有被整理成文。因此，需要对上述问题进行评估，进而改善再分析数据集。此外，连续的资料再处理是必不可少的。资料的再处理包括重新校准卫星数据、充分利用新的知识和算法的优势，以及纠正明显的问题和错误。如 Trenberth 等（2011）指出，"资料的重复再处理和评估应该是气候观测系统的商标"。

最后，海冰和陆面系统的再分析工作正在大量开展，耦合的资料同化系统已开始进行。耦合分析和再分析产品为发展年代际预测系统提供了必要的、物理上一致的初始条件，这为推进气候变化适应和减灾计划提供了可能。再分析资料的改进依赖于对基础研究和所需观测的持续支持，能够扩展再分析资料范围的、综合的地球系统模式的发展，以及用于数据处理和加工的平台。

调查结果 5.5：对单个变量的不同数据集，以及多种再分析资料数据集进行评估分析，对确保用于评估和发展气候模式的数据质量是至关重要的。

未来之路

当今的地球观测比以往任何时候都广泛，但是其中许多观测并没有达到监测长期的气候变率和气候变化的要求。此外，一些对于物理过程理解和模式评估与改进至关重要的观测系统存在风险，观测的质量和空间覆盖率都在下降。一些重要的地球系统观测系统也存在问题，包括现有观测系统和用于提高未来气候变化预测能力（尤其在区域尺度上）的新型观测系统。美国的空基观测系统目前也处于危险之中，NOAA 和 NASA 未来十年的观测任务将减少

75%，观测仪器的数量也相应减少，将从目前的 90 减少到 2020 年的 20 左右。

委员会大力支持此前的美国国家研究理事会报告中关于气候观测系统状态和再分析工作的重要性的调查结果和建议：

- NRC(2009)："美国气候观测系统……应该以确保应对气候变化的数据的收集而建立。这包括加强当前的卫星和地面观测系统……支持包括用来发展减缓和适应气候变化策略的人类社会活动观测在内的新型观测"。
- NRC(2009)："扩大并维持国家气候观测系统……弥补重要缺陷，支持模拟和过程研究"。
- NRC(2010b)："加倍努力去开发、部署和维持有助于全面理解和应对气候变化的综合的气候观测系统"。
- NRC(2009)："美国应该维持大气和海洋再分析资料的发展、进一步支持耦合资料同化技术的研究，并提高与其他国家在这方面的合作"。

此外，这份报告提出了几个重要建议。首先，对不同的气候观测系统继续进行仔细检查，从而诊断气候变化状态并理解其中的动力机制；比对气候模式和气候观测，以及加强气候模拟与观测领域之间的交流，是评估模式模拟性能、改进模式关键物理过程的描述，以及发现观测数据存在问题的关键；将观测数据同化到模式中，需要利用不同气候变量之间的关系去选择或放弃相应的变量，并利用这种已知关系和外推方法去填补观测资料在空间和时间上的空缺。资料同化工作在美国和其他地方是相互独立的，使用的模式也不相同。因此，他们并没有充分利用整套的地球系统观测。

改变这种情况的一个方法是建立一个国家层面的地球系统数据同化组织，能够同时将天气观测、卫星辐射或反演的降水和各种痕量成分、海洋观测、陆面及其他观测融合到一个完整的地球系统

模式(类似于用于气候预估的模型)中,这样才能充分利用地球系统
耦合和相互作用的本质来约束数据分析产品,使其处于合理的
范围。

　　与地球系统数据同化模型的建立相对应的是,对现有观测数据
开展持续的、更新的分析,尤其是区域尺度气候变率的分析。区域
尺度气候变率本质上比大尺度变率要大,但当前的全球气候模式对
区域尺度气候变率的模拟较差。此外,年代际和多年代际气候变化
的特征和原因需要利用观测资料进行分析,并用来评估气候模式在
这个时间尺度上的模拟能力。该委员会认为,美国应该继续分析和
比较不同的数据集,包括再分析数据集,进而完善对于资料的优点、
缺点、不确定性和针对不同目的的可用性(包括用于模式评估和改
进)的描述;并且要重新分析已有的观测资料,尤其是对区域尺度气
候变率的本质和原因的分析。在这个方面的一个尝试是制作了互
联网上详细的用户手册,可以从 NCAR 获取,指导用户选择相关的
气候数据集去评估地球系统模式[①]。这项工作有两个主要目标:
(1)评价和评估常用的气候数据集;(2)对选定数据集的优缺点和模
式评估的适用性给出专业性的指导和建议。另一项刚刚开展的工
作是"Obs4MIPs",这项工作尝试给气候模拟领域提供有限的、根据
CMIP5 模式输出要求建立的、描述比较清楚的观测数据集[②]。围绕
着这个方向的其他工作也应该得到支持,它们对于针对气候变率和
变化研究的观测、模拟及预测的完整性非常重要。

　　气候数据存档分散在联邦机构、实验室、大学及其他存储库(第
10 章也进行了讨论)。虽然数据目录是存在的,但是科学研究人员
和决策者依然很难访问和/或下载多种格式的数据集、对它们进行
子集分类、使它们规范化(使它们具有相同的网格、时间间隔、单位

---

①　http://climatedataguide. ucar. edu (查阅于 2012 年 10 月 11 日)。

②　http://obs4mips. llnl. gov:8080/wiki/ (查阅于 2012 年 10 月 11 日)。

等),并对这些资料进行分析,以推动对地球系统的认识。信息技术的进步(如 OpenDAP3,Goddard Giovanni4)使得人们可以对气候数据进行远程分析。这些信息技术(IT)需要依赖整个气候数据库,将所有的数据存储(不管属于哪个机构)通过对用户友好的非专业接口连接起来,使得人们可以方便、快捷地找到所需变量。这个接口将支持对数据集进行交互式标准分析,并下载数据子集和分析结果。用户可以很容易地查看各种数据集的格式和网格。这样一个针对地球系统数据的国家级 IT 平台,可以促进和加快数据展示、可视化和分析,并可以看做是第 10 章提到的软件平台的一个自然延伸。在理想情况下,这种平台的发展,主要由领域的形式组织并接受多模式比较工作的统筹协调(多模式比较需要这样的产品,并输出相同网格点的模式数据)。如果一个实体有能力协调多个机构、实验室和大学去支持这方面的工作,并达成一个如何支持它的跨机构协议,这将是非常有用的。其他机构也许可以担任这个协调角色,但美国全球变化研究计划(知识窗 2.1)最有可能担任。

建议 5.1:该委员会重申此前的报告的观点,呼吁美国继续并加强对地球观测的支持,并填补天基观测系统潜在的严重缺口。应该对已经维持了 **20** 年或更长时间的基本气候观测数据集设定特殊的优先级。

建议 5.2:为了更好地综合多种与气候相关的观测数据,美国需要基于现有成果建立一个国家层面的地球系统数据同化工作,能够同时将天气观测、卫星辐射或反演的降水和各种痕量成分、海洋观测、陆面及其他观测融合到一个完整的地球系统模式中。

建议 5.3:基于现有成果,建立用于地球系统数据的国家 IT 平台,从而促进和加快数据的展示、可视化和分析。

(满文敏 译,邹立维 校)

6 描述、量化、传达的不确定性

本章在长期气候变化（年代际到百年尺度）和季度预测（季节内到年际尺度）的气候模拟背景下讨论不确定性（知识窗 6.1）。两种不同的背景下，除了和长期气候变化问题相关的更长期未来强迫的不确定性外，许多不确定性都是相似的。本章将讨论与气候模拟有关的不确定性的类型，综述如何量化不确定性，讨论传达不确定性的复杂问题，最后给出调查结果和建议。

气候系统中不确定性的类型

就源自气候模式的长期气候变化预估而言，有 3 种主要的不确定性：（1）未来排放和温室气体及气溶胶的浓度（强迫）；（2）气候系统对强迫的响应；和（3）气候系统的内部（随机）变率。在季度到年代际预测的背景下，第二类和第三类不确定性是相关的，但另外还有气候系统的初始条件的不确定性，这是由产生初始条件的观测误差和同化系统误差导致的。

知识窗 6.1 不确定性

所有科学研究都有不确定性，并且许多科学试验纯粹用于量化不确定性（如，用于确定观测所需的范围）。许多机构接受不确定性存在的事实，并发展了在不确定性下进行决策制定的方法。在多数定义下，不确定性涉及知识的匮乏或对特定量（如光速）或系统（如气候系统)性能的知识不完善。由于不确定性有随机分量,它通常被分成两个基本类:偶然类(随机)和认知类(对原则上可知的知识匮乏)。针对气候模拟,两类不确定性都高度相关。气候模拟中的不确定性在许多背景下都讨论了(如 Hawkins 和 Sutton,2009;IPCC,2007c;Palmer 等,2005)。这里讨论的主要不确定性是值的不确定性(如模式发展和评估所需观测数据的不确定性)、结构不确定性(如对过程的理解和模拟不全面)及不可预报性(复杂系统的随机分量)。

未来气候强迫的不确定性

地球的能量平衡提供了驱动行星气候的引擎。能量平衡反过来受到地球大气成分的调制,地球大气成分正被温室气体、气溶胶和短生命周期的物质改变。未来气候强迫将会受到以下的调制:

· 温室气体、气溶胶和短生命周期的物质在大气中的排放;
· 控制大气成分的过程,如大气化学、陆地和海洋碳循环及氮循环;
· 气候过程,包括大气、海洋、陆地和海冰系统的相互作用。

每一个过程都有重要的不确定性。温室气体、气溶胶和短生命周期物质的人为排放量足够大(并且正在增长),以至于显著地改变了大气成分。源自化石燃料使用和工业过程的二氧化碳和其他温室气体的历史排放已相当清楚。源自土地利用和土地覆盖变化的 CO_2 和其他量的排放较小且没有很好测量。人为排放源的未来预估有重要的不确定性。

在非气候政策干预情景中,CO_2 全球年排放的变化可以超过一个量级(如 Reilly 等,1987,2001;Scott 等,1999)。然而,碳循环的累积性质意味着大气中 CO_2 浓度的变化是更为受限的。影响未来人为排放规模的因素包括经济活动的规模,人类社会生产和使用能量的技术,以及人类社会所处的公共政策环境。因此,预测温室气体和气溶胶的排放需要预测整个人类世界未来的发展,这是一个真正艰巨的任务,充满了深刻的不确定性。

自然系统包括了发生在大尺度和小尺度上的动力和生物地球化学过程,这些过程受到不同的、尽管有重叠的不确定性。尽管对决定大气中碳平均丰度的、非常长期过程的描述有些可信度,但对调制年代—世纪大气成分的强迫则了解不多(Kheshgi 等,1999)。碳循环中不确定性,例如,限制长期 CO_2 浓度至 550 ppm[①] 的年最大排放有±20%的不确定(Smith 和 Edmonds,2006)。

最后,气候系统的自然强迫,即太阳常数的扰动和因火山活动所致的气溶胶排放,也有不确定性。虽然太阳常数有一些周期性可以估计(Lean 和 Rind,2009),但不够精确,火山的未来强迫当前则完全不能预测。后者可以在短期(如,1~2 年)显著减少地面接收的太阳辐射。

气候系统对辐射强迫的不确定性

气候系统的不确定性可以通过全球和区域气候模式的应用考察。尽管大多数模式认真构建,考虑了许多气候相关的过程并且仔细评估了,但它们未必以同样的方式响应于一个给定的未来强迫情景。其中的差异是由于科学上对气候系统如何变化的理解有不确定性,这包括许多子系统(如陆面过程)有着不同的模拟方式,以及不可分辨过程(如对流)的参数化方案有差异。这些不确定性通过分析不同类型气候模式模拟集合来考察和描述。最常见的是不同

---

① 1 ppm $= 1 \times 10^{-6}$。

气候模式受同样未来辐射强迫的多模式集合模拟。这些多模式集合对 IPCC 评估起了关键的作用（如，IPCC，2007c）。也有利用单个气候模式，其中的参数以一定的方式变化的集合模拟，这被认为是参数扰动试验或扰动物理集合（PPEs）（如，Murphy 等，2007）。

涉及气候系统对辐射强迫响应不确定性的一个主要综合指标是气候系统的气候敏感度。平衡气候敏感度定义为，在两倍 CO_2 浓度相当的辐射强迫下，气候模式得到的全球年平均温度的变化。多年以来，该敏感度被认为在 1.5～4.5 度，但现在已经用概率方法量化了（Meehl 等，2007）。

不确定性亦来源于某个过程或特征未包含在多数气候模式中，或模拟较差，或不完整。这包括冰盖、海冰和海洋环流的相互作用，气溶胶和气溶胶—云相互作用，碳循环的复杂性（如水合甲烷的作用），平流层和对流层相互作用，及热带对流；参阅第 4 章有更多细节。注意由于当前组成集合的气候模式并未描述这里的许多过程，因此这些集合并未考虑这类结构上的不确定性，因此不能描述所有已知的不确定性。考虑这些（不确定性）方面的模式很有可能在未来 10～20 年研制成功，因此将减少模式中的结构上的不确定性。

最后，模拟的空间尺度也会导致不确定性，这不仅由于全球气候模式相对粗的分辨率，将海气环流模式（AOGCMs）结果降尺度到更高分辨率也会引起不确定性。降尺度方法包括利用区域气候模拟或变网格技术的动力降尺度以及统计降尺度方法。区域气候模式（RCMs），像全球环流模式一样，有着与格点分辨率和物理参数化有关的不确定性，同时也引入了与侧边界（包括它们的位置）和大尺度边界条件和同化它们的方法有关的额外的不确定性（Kerr，2011）。统计降尺度利用大尺度气候和局地气候的统计关系，然后从 AOGCMs 预估的气候变化中引申得到局地尺度的变化（Wilby 等，1998）。它对局地气候预估也增加了不确定性，因为假定了这些统计关系随时间的变化保持不变(Schmith,2008)。

区域气候模拟方法近年来应用得尤为频繁,发起了许多计划用于比较不同 RCMs 对不同 AOGCMs 边界的响应(如,欧洲的 EN-SEMBLES[Christensen 等,2009],北美的 NARCCAP[Mearns 等,2009],中国的 RMIP[Fu 等,2005],以及南美的 CLARIS [Bou-langer 等,2010;Menendez 等,2010])。一个新的全球框架——联合的区域气候降尺度试验(Giorgi 等,2009),需要提供降尺度产品及其相关的不确定性更严格的评估,这是非常有必要的,因为区域气候预估的需求很高(Kerr,2011)。

气候系统的内部变率

气候预估和预测受到来自气候系统内部变率不确定性的影响。相比于不确定性的其他来源,这类不确定性是所考虑的未来时间范围和分析的空间尺度的函数(Hawkins 和 Sutton,2009,2011)。Hawkins 和 Sutton 发现,内部变率在年代或更短的时间尺度起主导作用,并且在更小的空间尺度(如区域)上更为重要。通常通过利用不同初始条件的气候模式模拟集合方式考察自然变率。传统上,集合成员的数量也不大(例如,CMIP3 的数据集中约为 3 个),也没有基于严格的统计上的考虑。另外,模式的自然变率的估计也受到模式中由于参数和结构不确定性带来的内在不确定性的制约。

就这一点而言,内部变率对未来气候变化的作用研究不够,尽管最近关于更大样本的研究(Deser 等,2010)发展了对自然变率的改进测量方法,并强调自然变率对区域尺度非常重要(Deser 等,2012)。

季节内到年际(ISI)气候预测的不确定性

季节内到年际气候预测(近来出现年代际甚至更长时间的气候

预测［CMIP5；Taylor 等，2012］），其预测依赖于两个重要的可预报性源——如上层海洋热含量和土壤湿度此类对 ISI 时间尺度有关的有记忆的过程或变量，以及变率的可预报空间型，如与 ENSO 有关的包含复杂的海气反馈复杂动力学的遥相关型。对所有相关的长记忆源的了解不全面，模式不能准确模拟空间型或变率的模态，以及地球系统随机行为自身缺少可预报性，都对 ISI 预测的不确定性有贡献。最后，ISI 的预测受到不能准确初始化气候系统的限制，这是由于观测中仪器和算法的不确定性，同时得到初始条件的数据同化系统在综合这些观测数据时也有不确定性。

调查结果 6.1：气候系统对未来强迫的响应有重要的不确定性，包括了由于当前气候模式中对一些过程和特征的描述不足和空间分辨率造成的不确定性，产生局地气候预估信息的动力和统计降尺度方法的内在不确定性。气候预测和预估受到对气候系统内部变率（依赖于所考虑的时间尺度）和相关分量初始条件了解不全面所致的不确定性的影响。

量化不确定性

气候模式信息的使用者需要不确定性的定量估计，同时这对发展和改进气候模式预测和预估也很重要。在上述讨论的几类不确定性的类型和来源，有一些较之其他更可定量化。

模式的加权

自 IPCC 第四次评估报告以来，一个重要的未来发展是考虑不同（全球）气候模式模拟的不同价值（例如，在 MMEs 中）。大多数先前的研究假定所有气候模式对生成气候变化信息的价值相同

（Meehl 等，2007），因此模式都给予同样的权重（如，对所有模拟作简单平均）。然而，已有一些研究基于模式偏差的量级（Christensen 等，2007；Giorgi 和 Mearns，2003），排除"表现差"的模式（如，Dominguez 等，2010；Smith 和 Chandler，2010）或其他标准（如，Watterson，2008），给予模式不同的权重。其他一些研究声称，当前对模式或气候系统的理解不足以作出这样的区分（Gleckler 等，2008；Knutti，2008；Pincus 等，2010），同时，仍有其他研究表明集合和/或记录长度太小，不足够得到有显著差别的权重（DelEole 等，2011；Deque 和 Somot，2010；Knutti，2010；Pierce 等，2009）。关于不同模式之间的差别亦有疑问（Palmer 等，2005；Pennell 和 Reichler，2011）。

一些不确定性，如由于气候模式中对过程描述不完整或描述较差造成的结构不确定性，则不容易被量化。这是非常重要的问题，因为没有对结构不确定性的认识，从集合方法得到的概率分布函数（对不确定性）可能会有非常错误的解释。MMEs 和 PPEs 都没有考虑所有已知的不确定性，这有可能导致（这些方法）对不确定性特征的过度自信（Curry 和 Webster，2011）。关于如何联合可量化的不确定性（如集合方法）和不可量化的不确定性（如对过程描述不完整），这是一个重要的研究主题。

作为一种简单的方法量化预报不确定性，MMEs 同样用于 ISI 预测（Kirtman 和 Min，2009；Palmer 等，2004）。利用来自 DEME-TER（Development of a European Multimodel Ensemble System for Seasonal to Interannual Prediction）季度预测试验的 MMEs 研究表明，MME 通常比单个模式效果更好（如，Jin 等，2008）。除 MME 外，PPE 和随机物理同样被用来量化 ISI 预报的不确定性，但是对于不同方法如何比较，是否在 MME 和 PPE 中结合不同方法或方式来进一步提高模式的预测技巧，仍不清楚。

概率方法的进展

利用概率方法量化不确定性,近年来得到相当大的发展。总的来说,这些方法被应用于 MMEs(如利用相同的外强迫的不同模式模拟)或 PPEs。一些研究已经(用概率方法)探索了不同模式的不等权重(Brekke 等,2008;Buser 等,2009;Furrer 等,2007;Greene 等,2006;Pitman 和 Perkins,2009;Smith 等,2009;Suppiah 等,2007;Tebaldi 等,2005;Watterson,2008)。其他研究则(用于)回避权重(Giorgi,2008;Ruosteenoja 等,2007)。随着区域气候模拟集合的发展,应用于该领域的(概率)方法也增多了(如,Deque 和 Somot,2010;Sain 等,2011)。这些研究被用于影响分析中,如 Tebaldi 和 Lobell(2008)采用 Tebaldi 等(2005)的方法用于呈现气候变化的概率,并将其用于得到未来气候下农作物产量量级的概率。

发展描述联合概率分布(典型的如温度和降水)的方法也有相当大的进展(如,Tebaldi 和 Lobell,2008;Tebaldi 和 Sanso,2009;Watterson,2012;Watterson 和 Whetton,2011)。这种方法对于气候变化的影响应用尤为有用,因为温度和降水是用于计算许多影响的两个最基本变量。

在 MME 或 PPE 中应用权重同样被用于 ISI 的预测,例如使用超级集合技术(Krishnamurti 等,1999)和 Bayesian 结合(Rajagopalan 等,2002;Robertson 等,2004)。气候变化和 ISI 预测不确定性定量化的最重要区别是,回报试验在后者有更重要的作用;当非平稳的效果较弱(如 ISI 时间尺度和年代到世纪尺度相比)时,回报中表现较好的模式在更小的时间尺度的预测中表现得也很可能较好。从这层意义上说,优化选择和模式的加权是总体策略中重要的一部分,不仅仅在于量化不确定性,还在于减少不确定性以至改进 ISI 预测技巧。

天气和气候模式对次网格尺度物理过程参数化的不确定性正通过随机参数化方法解决,有工作指出其能够改进一些模式的季度预测的概率可靠性(见第 4 章)。

有些初期的研究用不确定参数的多元优化方法减少模式气候态偏差。Stainforth 等(2005) 随机扰动了一个版本的 UKMO 气候模式中的不确定参数集,并与利用一系列气候误差指标对比了所产生的 2017 个模拟结果;最好的扰动模式相比于参照试验大约减少了 15%误差。Jackson 等(2008)对 CAM3 大气环流模式使用了更系统的多元采样和优化方法,超过 500 个试验中的 6 种组合,改进了 7%的气候态偏差(相比于标准模式)。这些改进是显著的但是适度的,并且每一个新的模式版本或者格点分辨率的变化都要重复一次参数优化过程。这个经验表明,当模式变得更复杂时,周期性自动参数优化过程可能是有价值的,但也许更多是作为一种策略,节省在使用试错法优化时耗费的人工(以更多的计算机时耗费为代价),而不是一种显著改进模式的方法。此外,它表明模式中与不确定参数有关的系统误差是高度相互补偿的,比如一个场的改进被另一场的变差平衡了,以致总的结果不过是误差的相互抵消。

因此,较之现有不确定参数的次优选择,无法利用参数调整纠正的参数化中的结构性误差或网格分辨率的不足,可能是系统性误差和预估不确定的更大来源。在这种环境下,在保持模式发展过程的流畅和量化优化不确定性所需的巨大计算机时耗费之间,应有一个折中。一些模拟团队,如地球流体动力学实验室,将一些自动参数调整作为模式发展的常规试验;这需要发展程序方法,使得花费最少时间得到最优结果。

尽管涉及气候模式的不确定性定量化有相当大的发展,不确定性定量化(UQ)对许多不同学科都是一个非常重要的领域,尤其是那些使用模式的领域(NRC,2012a)。气候模拟界能够从评估其他学科中发展的新方法中受益(NRC,2012a)。某些政府机构,如能源部,正在资助有关该主题的多个研究工作,如在模拟中改进 UQ、复杂系统的模拟和分析①。

　　总之,更仔细地考虑不确定性有助于模式多方面的发展及更好地使用模式预测和预估。

减少气候变化问题中的不确定性

　　虽然在描述和量化关于未来气候变化不确定性方面有很大进步,但减少不确定性领域的进展甚少。这是一个复杂问题,因为这依赖于哪一类不确定性被减少,且这类不确定性是如何量化的。

　　正如 IPCC 系列报告所表述的,关于当前气候变化的原因的不确定性在稳步减小,如 2007 年的报告(IPCC,2007d)中声明:"观测的自20 世纪中叶以来全球温度增加的大部分非常有可能(即 90%信度)是由于观测的温室气体浓度增加所致"。这主要基于全球变暖持续的观测,并且许多预计的推论都与气候模式预测的范围比较一致。

　　然而,未来气候变化预估的不确定性减小慢得多。在 2070 年前,气候敏感度的不确定性对于全球平均气候变化的预估最为重要。IPCC 评估表明,该不确定性自 1990 年以来便没有显著减少,也不清楚下一个十年这个不确定的指标会减少多少。大的区域预估不确定性,尤其是副热带夏季中纬度降水,增加了气候敏感度的不确定性;的确,许多研究可能减小这些不确定性,但这需要时间。2070 年以后,由于排放不确定(很难减少)导致的温室气体浓度的不确定性对于全球表面气温的预估,较之气候模式的不确定性更为重要(IPCC,2007c,图 10.29)。Morgan 等(2009)指出,"在一些情

---

　　① http://science.energy.gov/ascr/funding-opportunities/faq-for-math/(查阅于 2012 年 10 月 11 日)。

形下,世界上所有的研究都可能不能消除我们必须制定决策的那些时间尺度上的关键不确定性。"

调查结果 6.2:气候科学界在量化气候模拟中的不确定性领域中有相当大的进展,但在减少某种类型不确定性方面进展很慢,并且进一步减少长期预估的某些方面的不确定性或许不可能了。

传达不确定性

传达不确定性对于推动气候模拟是有重大关系的话题,因为它涉及适应、缓解决策的制定,以及一个模式的哪些方面对改进最为重要。传达的合适方法取决于特定的听众和传达的目的。是大众教育、让人们认识到问题的重要性,还是为了启发关于管理气候资源的具体行动?科学家与科学家之间关于不确定性的传达和他们与非专家的公众的传达不同。

传达方法回顾

对气候与气候变化传播的关注近年来稳步增加,并且科学家界认真考虑了这种交流。例如,IPCC(2007c)中有对科学理解和特定结果可能性的描述,发展了一种带叙事角度的标准语言;例如,"可能"指的是定量统计大于 66% 概率。气候变化科学计划(CCSP,2009)的完整综合和评估报告(SAP)致力于建立描述和传达不确定性最好的实践方法(Morgan 等,2009)。在推动气候变化科学中(NRC,2010b),相当大的工作用于描述不确定性的术语、科学文化中不确定性的特征,以及决策制定中不确定性的使用。本节将强调和讨论与传达不确定性有关的问题,这种不确定性与气候模拟有关,并自早期工作以来便演变或出现了。

以上引用的工作主要关注的是科学家如何传达关于气候变化的不确定性。从这些可以清楚地看到,并没有一个简单公式化的方法传达不确定性,并且为了发展一个有效的传达策略,需要基于经验研究的社会科学。

　　Lemos 和 Morehouse(2005)在他们的气候信息的有效使用研究中介绍了传达的另一个元素。他们指出,科学家和非科学家的团队一起在解决问题的环境中工作共同解决问题,这种策略是有效的。气候变化不确定性的传达不仅涉及科学家给决策制定者提供对不确定性的描述,还包括了解对于决策制定者而言哪些是有用的信息。问题来了:我们为(给)决策制定者做了哪些有意义的事?

　　正如在 SAP 中关于交通运输的陈述(CCSP,2008):

　　交通运输决策者习惯了在一系列因子不确定的条件下规划和设计系统,这些因子包括如未来旅游需求、汽车尾气排放、收入预测和地震风险。在每种情形下,决策者使用当时可得到的最好的信息做出最好的决断。在一个进行中的反复过程中,计划可能因为可用的额外信息而修订或精炼。包含气候信息和预估是该相当完善过程的一个延伸。

　　出于这种考虑,关于气候变化的不确定性通常并不是决策制定者面临的最大或最重要的不确定因子。这表明在其他不确定性背景下,适当地提出关于气候变化的不确定性的描述,这可能构成有效的沟通,会加速气候变化知识在决策中的使用和有效性。

　　决策者使用关于气候变化不确定性的方式,使得有效传达信息的问题复杂化了。普通直观的交流语言是必要的,但还不够。必须考虑决策者如何看待不确定性的定义和作用。模式发展者可以指出与模式和观测对比有关的不确定性和模式中没有包含过程的不确定性。气候信息的使用者将获得与模式评估或评价过程理解相关的不确定性。如以上讨论的,气候模式者提及的其他不确定性源包括侧边界条件、初始条件、物理过程、参数化、数值方案、降尺度等。描述不确定性源的不同方式都是有用的,在他们的环境中也许是确定的,但共同地放大了传达的挑战。

不确定性类型的复杂的特征表明传达需要多种策略。上述不确定性传达默认是传达给非科学家的决策者。然而,当为推动美国气候模拟事业而献计献策时,信息传达的对象和后续使用信息的项目管理者也很重要。受减少不确定性指导的科学计划看起来有吸引力,但在解决复杂问题时,用系统的方式可能无法实现。同样,这符合朝着不确定性量化研究的科学文化,减少不确定性的定义至不展现气候的复杂性的一小组数字。当然,这可能是必要的,但它肯定是不够的。这并不代表"专家判断"形式的不确定性。

调查结果 6.3:并没有简单、公式化的方式传达不确定性。为了发展有效的和一致的传达策略,需要基于经验研究的社会科学。

当前传达不确定性的例子

希望未来十年传达不确定性的方法变得更加精细,不同科学和政策群体对定量化的不同需求更为清楚,展现不确定性的方式将更为先进,以便满足特定群体的需求,给大众和决策者传达不确定性将发展更多创造性的方式。这些进展需要更大的跨学科——结合气候模式开发者和气候分析师、量化和传达不确定性和决策制定的专家,以及目标听众本身。传达中需要更有策略的方法,正如 Pid-geon 和 Fischhoff(2011)总结的:

传播气候变化需要跨学科团队的持续贡献,该团队在为他们的工作提供支持的研究机构的框架下工作。这样的团队需要包括至少有气候和其他专家、决策科学家、社交和沟通专家,以及项目设计者。一旦召集,这些团队必须协调使得他们可以聚焦于传达过程的各自方面。例如,主题专家应该为事实编辑,而不是风格;他们还应该检查社会科学家是否混淆事实,并试图使它们更加清晰。这样的协调必须保持非说服沟通的反问姿态,相信证据本身而不添加任何色彩。

通过资源中心的创建，为气候模式者提供设计和经验评估沟通（包括不确定性的传达）的支持，将促进这些进展。有些萌芽的活动开始关注气候科学的有效传播，如气候变化传播耶鲁计划①，名为气候变化传播的非营利科学和延伸计划②和 RealClmate 的评论网站③。这些活动将因致力于报告科学的媒体的更加活跃参与而深入，这些媒体包括美国生态环境记者协会④、气候变化和媒体耶鲁论坛⑤、气候中心⑥。

　　虽然这些和其他的资源（Somerville 和 Hassol，2011；Ward，2008）正在进行，很少有项目旨在培训在公众传播的科学家或培训对公众传播中起了更大作用的专家（如天气预报专家）或科学家。一个最著名的项目是来自国家科学基金会的气候变化教育团队（CEEP）计划。CEEP"旨在建立一个致力于普及与气候变化科学及其影响有关的、有效、高质量的教育计划和资源的使用的区域或主题伙伴式的联合国家网"⑦。这个计划开始于 2010 年，将气候科学家、学习科学家和教育实践者联合在一起，为区域或主题气候变化影响问题工作。

　　调查结果 6.4：将不确定性传达给广大范围的听众，这问题在过去几年得到越来越多的重视——例如，在年度科学会议上一但进一步发展成熟的传达策略是必须的。

　　调查结果 6.5：不确定性的传达是气候模拟界的挑战：更加精细

---

　　① http://environment.yale.edu/clime/about/（查阅于 2012 年 10 月 11 日）。

　　② http://climatecommunication.org/（查阅于 2012 年 10 月 11 日）。

　　③ http://www.realclimate.org/（查阅于 2012 年 10 月 11 日）。

　　④ http://www.sej.org/（查阅于 2012 年 10 月 11 日）。

　　⑤ http://www.yaleclimatemediaforum.org/（查阅于 2012 年 10 月 11 日）。

　　⑥ http://www.climatecentral.org/（查阅于 2012 年 10 月 11 日）。

　　⑦ http://www.nsf.gov/funding/pgm_summ.jsp? pims_id = 503465（查阅于 2012 年 10 月 11 日）。

的方法包括不同学科专家的参与及在某个基于气候模式的研究项目或计划的初始便考虑传达的问题，这有助于解决这个挑战。

不确定性和决策制定

虽然本报告关注气候模拟的进展，但考虑气候模式的结果用在什么方面也是很重要的。许多论述都指出具体的区域信息对涉及处理气候变化的决策制定的重要性。但是决策制定的情形是复杂且多变的。对于决策制定者的需求，很难提出一些可靠的结论（NRC，2010d）。

对于资源管理者，如何处理关于现代气候的不确定性与处理关于近期和长远气候和其他重要要素的不确定性，有着很大的区别。考虑到管理的资源（如，水资源、人类健康和交通设施）、决策框架的空间尺度（城市、区域或者国家），以及与决策相关的时间范围（年或半个世纪），不确定性如何处理也有相当大的区别。

决策制定新方法和决策制定方法在新的环境的应用有着快速的发展。在这些环境下，已充分认识到，管理决策涉及不确定性，并且在许多情形下重要的不确定性都无法消除（NRC，2010d）。关于可靠的决策制定（RDM），有相当多的研究（Lempert 等，2004）。在这种方法下，面对未来的不确定性（如，气候、人口、政府结构等），做出的决策是可靠的（Lempert 和 Groves，2010）。RDM 方法尤其应用在水资源环境下，因为与水资源管理相关的基础设施生存期长（如，大坝的生存期为 100 年）。一个相关的方法是重复风险管理（IRM），这种方法认为随着时间的发展，我们对未来的了解将更为深入，因此当得到关于未来的新信息后，现在制定的决策可以修改和改变（NRC，2010d）。减少区域气候变化不确定性的重要性，依赖于在不确定下决策制定所用的方法。RDM 或 IRM 方法较之需要高确定性作决策的方法,对减少不确定性的急需较少。当没有实现减少不确定性的承诺时,代表着管理不善、错误的科学方法或科学的完全失败。针对具体应用(如,模式发展),不确定性的有效整理和解决这些不确定性的发展重点的密切合作,将改进对政治决策者关于气候变化的传播和组织模式发展重点。有新的、涉及决策者的评估直接讨论了气候变化不确定性和对不确定性定量化的决策需求。例如,利用集成的区域地球系统模式(iRESM)的工作中,区域决策制定者和其他来自试点地区的利益相关者一起参与模拟过程,以指导与他们决策制定相关的不确定性的描述(Rice 等,2012)。

用于 IPCC 第五次评估报告的与典型浓度路径相关的共享社会经济路径的开发,可能对量化未来可能的社会经济条件的不确定提供了一个新的机会。通过对贡献温室气体和气溶胶含量的表面过程(包括土地利用变化)的更好地描述,亦是减少未来温室气体浓度有关的不确定的方法。

调查结果 6.6:资源管理者和决策者对处理气候变化的不确定性有多样和变化的方法。

未来之路

关于未来气候的认识在过去二十年中增长很快,许多关于未来气候的事实都是可靠的,如全球温度将增加、陆地增温比海洋增温更大、海平面将上升、水循环将有很大变化。尽管如此,仍存在重要的不确定性,尤其涉及气候敏感度、温室气体排放及气候变化的局地细节等。当地球系统的新分量引入模式时,可能会增加(尤其是短期)模式间某些预测的离散度,因为先前不包含在模拟框架的不确定性其实是内在固有的(如舍弃耦合模式的通量调整)。一些不确定性在未来十年左右的时间不可能减少(例如,未来排放的不确定,长期气候变化的非常重要的分量),但由于模式不足或不完整所致的不确定性在未来 15～20 年应该会减少。另外,模式中增加新的分量有助于减少它们对扰动气候响应的不确定性。例如,在气候模式中增加一个性能良好的海冰描述,对减少气候变化期间海冰融化速度的不确定性(即使不能减少相伴随的全球平均增暖的不确定性)是一个很好的策略。对于美国气候模拟,委员会的策略意在促进这些发展,并改进对气候模式预估不确定性的理解(第 14 章)。

虽然对不确定性描述和定量化的改进正在进行(尤其在多种气候模式集合的背景下),仍不清楚能否发展能够联合已知的定性不确定性(如结构上的)与定量方法的可信方法。此外,尽管近来发展不同权重不同集合的方法受到很大关注,对于如何继续,我们尚未达成共识。显然,可预报性的上限限制了不确定性的减少,这是年代际预测的可能问题。利用概率框架而不是定量预测的方法将更好地描述不确定性。关于更好地描述不确定性的工作需要在一个持续的基础上进行。委员会建议,在提议的年度气候模拟论坛上,一个工作组将是探索这些问题的合适的方式(见第 13 章)。

建议 6.1:不确定性是气候模拟的重要方面,且气候模拟团队需要合适地解决不确定性。为便于此,美国应更加蓬勃地支持关于不确定性的研究,包括:

- 理解和量化未来气候变化预估的不确定性,包括如何最好地使用当前所有时间尺度上的观测记录;
- 在气候模拟过程中包括更加完整的不确定性描述和定量化;
- 给气候模式输出的使用者和决策制定者传达不确定性;
- 加深对不确定性和决策制定之间关系的理解,以便气候模拟的工作和不确定性的描述更好地与决策制定的真正需求保持一致。

(邹立维 译,邹立维 校)

7 气候模式发展的人力资源

当前从事气候模式发展的科研人员数量尚不足以满足日益增长的模式发展需求（Jakob，2010）。绝大多数模式中心都只有少量人员直接参与气候模式发展。由于此前尚未针对从事气候模拟的科研人员开展系统调研，因此难以量化美国气候模式研发人员的数量。委员会估计，目前全职从事气候模式发展的雇员人数大约有几百人[①]。

目前气候模式开发人员的主要问题

气候模式最初源于天气预报模式和非常简单的辐射平衡模式。最早期的气候模式（1980 年以前）采用了非常多的简化，例如固定的云量，海洋中不考虑洋流等。但之后，气候模式的复杂性持续增加。不仅空间分辨率增大，对海－陆－气－冰的刻画更接近真实，而且不断引入新的分量模式，例如大气化学和气溶胶、海冰、陆地和

---

① 国家研究理事会（NRC）报告"改进美国气候模拟的效果"（NRC，2001b）估计，美国共计约有 550 名雇员全职从事天气和气候模拟。委员会也从几个主要的模拟中心获取了它们的人员编制情况。国家环境预报中心（NCEP）约有 63 名全职员工从事全球预报系统和气候预测系统的相关工作。美国航空航天管理局（NASA）大约有 7 名全职员工使用 Goddard 地球观测系统模式开展模拟研究。地球流体动力学实验室（GFDL）共有 169 名雇员，包括联邦雇员、合同工和国家海洋大气局（NOAA）合作研究所。这其中约有 70％从事模式发展、应用、分析和解释。我们很难围绕这些数据展开进一步的分析，因为很难将人员进行分类，哪些发展模式，哪些开展试验，哪些进行分析。很多情况下，某个人可能参与多方面的工作，且在不同的时间点，参加的工作也可能不同。

海洋碳循环、海洋生物化学循环等模块。这些变化增加了对模式发展和分析人员的需求,但是相关的人力资源并没有跟上模式复杂性增大的脚步。

美国发展和综合应用模式需要大量高精尖的科研人员从事如下领域的工作:

- 增进对气候系统的理解,以促进新的模式参数化方案的发展或者模式其他方面的改进,要改进各个模式分量,例如海洋和陆地生态模式,需要不同学科背景的科学家参与其中;
- 开展精心设计的数值试验,并深入分析模式结果,以便更好地理解模式性能,最终达到既提供模式输出结果,又促进模式改进,同时提供其所需的科学依据;
- 研究全球模式模拟结果的区域特征及相关的降尺度模拟结果,并分析这些特征在不同模式中的差异;
- 支持科学家和程序员在各种科学计划的支持下,开展大量广泛的数值试验,并保证它们的科学完整性;
- 软件工程师开发高效的、可移植的底层程序代码,其中包括发展和使用通用软件平台;
- 软件工程师和科学家建立简单且开放的网络端口,方便通过网络技术访问模式输出结果;
- 硬件工程师维护高端计算设备,为模拟事业提供硬件保障;
- 气候释用员将模式输出结果转化为决策者可以理解的信息。

美国的研究机构和资助系统对上述某些方面的关注多于其他方面。例如,美国科学家致力于模式诊断和针对某些区域的分析,而对模式发展的投入较少。这导致许多气候模拟研究方向的研究力量不足。特别是一些长期困扰海-陆-气-冰耦合系统模拟的问题一直未能解决。由于模式的复杂性仍然在增大,这些问题甚至已经逐渐被忽视。例如:几乎所有的气候模式模拟的热带东太平洋辐合带都与观测不符；几乎所有气候模式模拟的赤道大西洋的海温都呈现西低东高的特征，与观测特征完全相反。这些对热带气候平均态的模拟偏差可能影响对整个气候系统的模拟。

目前最重要的任务之一就是创立一种途径，使得美国气候模拟研究能够拥有足够的人力资源，以满足各个重要研究领域的需求，其中就包括上文提到的一些长期、持久的问题。第4章提到的一些科学问题尤其需要投入大量人力，例如气溶胶对云的影响（气溶胶的间接效应）或者陆地和海洋碳循环过程，它们是气候变化预估不确定性的主要来源。此外，只有持续发展气候模式，才能为政策制定者提供高质量的区域气候模拟结果（详见第10章）。

调查结果7.1：从事气候模拟研究的人力资源已经无法跟上模式真实性和综合性提升的脚步，导致多个气候模拟核心领域的研究人员数量不足，对模式发展产生非常不利的影响。

建立并维护发展气候模式的人才通道

目前的人才通道

从事气候模拟的研究人员多数都曾获得研究生学历。为了向气候模拟研究输送足够的研究人员，美国需要保证目前和未来对研究生和博士后提供充足的资金支持，包括扩大针对国家实验室和研究机构的项目。

目前尚没有关于气候模式发展方向学生数量的统计[①]。为了了解气候模式研发人员培养情况，委员会分析了相关学科，例如计算科学、地学、数学和物理等的数据作为替代。气候模拟相关领域教育通道的数据表明，有些相关领域获得博士学位的人数是增加的，但是，获得硕士和

---

① Jill Karstern，国家科学基金会（NSF），私人通信，2011。

学士学位的人数并没有增加。过去十年女性和少数民族学位获得者的比例仍然很低,且没有显著增加的迹象。如上所述,虽然这些数据不是专门针对气候模式发展方面的人才培养,但本委员会推断,它们已经表明气候模式发展方向的人才培养通道并不通畅。

调查结果 7.2:从有限的数据推测,美国气候模式开发人员的培养,不论是在总数还是在多样性方面,都没有增加。

克服困难的途径

发展气候模式是一项非常具有挑战性的工作。它需要开发者具有广泛且精深的专业知识,将科学和算法结合起来的能力,良好的团队协作能力。因此,这个行业需要吸引顶尖人才。但目前事实上很难将气候科学或相关领域的学生吸引到气候模式发展方向。这种困境主要是由美国对科研新人的激励机制造成的,它非常偏向有第一作者论文的人。从事气候模式发展的周期很长(长于典型的博士培养周期),如果学生从事模式发展就不可能发表很多文章,因此学生不愿意从事模式发展工作[①]。这已经成为这个学科系统性的问题:气候变化研究的可信性非常依赖于所使用气候模式的可靠性,但是从事改进气候模式工作却不利于年轻学生的个人职业发展。例如,一个科研人员花了两年来分析现有的模拟结果,并撰写了论文,而另一个科研人员花同样的时间来研究模式物理参数化的细节,前者获得收益会显著大于后者。从学科发展的角度,后一个科研人员从长远的角度看可能更为重要,但前一个科研人员获得奖励反而更多。这种激励机制应该改变,对从事气候模式发展的科研人员,特别是对那些直接参与模式程序编写和模式试验运行的科研

---

① 该结论主要来自传闻,尚待进一步的定量调查,以确定目前学生不愿意从事模式发展是否可信。

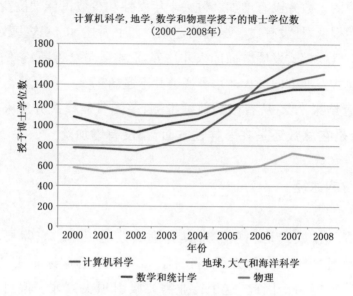

计算机科学, 地学, 数学和物理学授予的博士学位数
(2000—2008年)

授予博士学位数

—— 计算机科学   —— 地球,大气和海洋科学
—— 数学和统计学   —— 物理

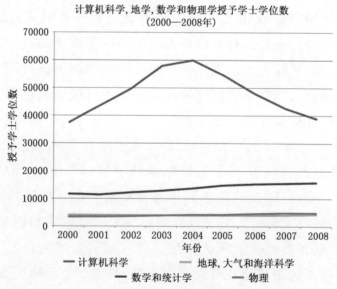

计算机科学, 地学, 数学和物理学授予学士学位数
(2000—2008年)

授予学士学位数

—— 计算机科学   —— 地球,大气和海洋科学
—— 数学和统计学   —— 物理

图 7.1(彩) 与气候模式发展相关学科的数据表明,培养气候模式研发
人员的通道并没有变宽。最上面两幅图表明,过去十年,地球、大气和海
洋科学这一学科门类中获得博士(第一幅图)和学士学位(第二幅图)的人
数没有增加。第三幅图表明,过去十年,对于几个与气候模拟有关的学科,

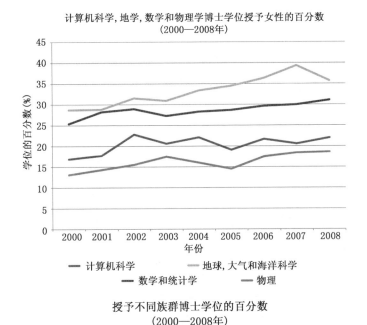

计算机科学, 地学, 数学和物理学博士学位授予女性的百分数
（2000—2008年）

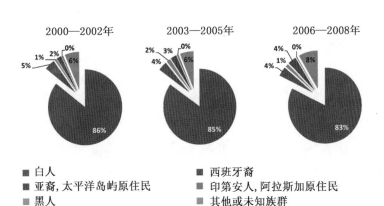

授予不同族群博士学位的百分数
（2000—2008年）

获得博士学位的女性所占的比例较低（低于50％）。第四幅图给出了获得
地学学士学位的各个族裔的比例,表明种族多样性缺乏,这与整个高等教
育的情况是类似的。这些图虽然都来自于同一组数据,但是给出的博士、
硕士和学士学位的变化是一致的,因此具有一定的可信度。资料来源:国
家科学基金会、科学资源统计部门、教育部特别小组、国家教育统计中心、
高等教育综合数据系统,调查时段:2000—2008年

人员的激励应该增多。这包括强烈呼吁模拟研究中心及其合作研究结构、模式结果的用户在撰写论文时引用模式研发人员的工作成果,将模式研发人员署名为共同作者等。

另一项有挑战性的工作是,让软件工程和计算科学方向的学生在选择职业道路的时候,能够选择从事气候模式发展。相比于从事发展气候模式,有前途的年轻程序员如果选择大型软件公司或者选择自己创建公司都可能获得更有利的职业机会。从事气候模拟研究比较有竞争力之处是,职业上升的前途较为稳定,能够获得与各个领域的科学家展开跨学科合作的机会等。另一个有效的方法是在大学加速发展计算方法这个学科(而不是计算机科学),它培养的学生将更适合从事气候模式发展中与计算相关的工作。

调查结果 7.3:目前过分强调发表论文的评价体系已成为阻碍年轻科学家从事气候模式发展的主要障碍。

以欧洲中期天气预报中心为例

欧洲中期天气预报中心(ECMWF)提供了一个如何吸引更多人才从事气候模式发展的范例。ECMWF 是一所政府间合作机构,它由 34 个国家联合支持,从事业务中期天气预报和延伸期预报,并兼顾相关的科学研究。ECWMF 雇用了大约 150 名固定成员,并从成员国和合作国家聘请了咨询专家大约 80 人。这些成员和咨询专家并非严格意义上的工程技术人员,而都是相当有成就的科学家,他们不仅为成员国提供终端产品,同时也使用超级计算机和多个数据中心的海量数据为中心的尖端科研计划工作。模式应用与研究工作紧密结合,并为后者提供验证。ECWMF 给予模式开发人员5 年的工作合同,远长于美国的典型研究资助周期(一般为 3 年)。ECWMF 为顶级科学家提供强大的激励机制,例如完美的工作环

境、最佳的研究工具（例如,世界上最好的天气预报模式）和高额的
免税薪水等。

未来之路

为了未来从事气候模拟的研究队伍能够保持稳定,并且能够胜
任这一任务,最重要的是保证该领域内的年轻科学家和软件工程师
的利益,使他们能够得到合适的训练,并拥有非常有吸引力的职业上
升通道。这需要科研资助机构、大学和国家实验室之间的通力合作。
大学能够为气候学和计算机科学两个学科交叉的学生和博士后提供
创新性课程、学位通道和研究机会。国家实验室可以招收博士后,并
和大学联合培养研究生。这些单位能够提供更加稳定的工作,改变
当前的评价和奖励机制,鼓励研究人员从事周期长、风险高的团队研
究项目。为了保障上述目标的实现,需要资助机构资助人才培养,为
那些在国家实验室或其他研究机构从事气候模式发展的研究人员提
供稳定的支持,使这些顶级科学家和工程师不需要另谋出路。

如上所述,无论是关于现有的,或是未来需要的从事气候模式
发展的人力资源的统计数据都非常有限。为填补这方面信息的缺
口,对于大学、国家实验室和资助机构更好地规划未来非常重要。

建议 7.1:美国应该通过多种方式吸引更多的优秀学生从事气
候模式发展事业,例如,提供更多的研究生和博士后位置;提高对气
候模式发展的社会认知程度和职业发展机会;提供更丰富的激励方
式来吸引那些本来可能选择其他行业的软件工程人员等。

建议 7.2:为了评估未来从事气候模式发展所需要的人力资源,
美国应该获取支持气候模式发展所需要的人力资源和专业基础的
定量数据。

（吴波 译,邹立维 校）

8 美国气候模拟界和其他国际国内工作的关系

　　气候模拟领域在过去几十年飞速发展，这多得益于国际组织。第一次政府间气候变化专门委员会工作报告期间（IPCC，1990），仅有3个海洋－大气耦合模式用于评估全球温度对变化的温室气体的瞬变响应。这些模式全部来自美国（地球流体动力学实验室[GFDL]，国家大气研究中心[NCAR]和Goddard空间研究所）。自此之后气候模式得以充分发展——2007年第四次IPCC报告中，来自11个国家的23个模式参与其中（第四次评估报告中表10.4），并且可能将有更多的模式应用于即将到来的第五次评估报告，此报告计划于2013年完成。更广范围的国家的气候模拟中心将参与其中，包括加拿大、英国、德国、法国、挪威、俄罗斯、意大利、中国、日本、韩国和澳大利亚。伴随这些国际中心的计算资源亦相应地发展起来，包括例如日本的地球模拟器的计算设施①。

国际合作，尤其是与政府间气候变化专门委员会有关的国际合作

　　系统地比较利用这些模式的模拟结果，已被证明大有裨益。自1990年代以来，世界范围内领先的气候模拟工作已经在相互交换

---

　　① http://www.jamstec.go.jp/esc/index.en.html（查阅于2012年10月11日）。

信息，并在世界气候研究计划（WCRP，联合国世界气象组织的一个研究项目）的支撑下展开相互合作。许多工作组已经寻求气候模拟活动的相互交流与合作。数值预测工作组（WGNE）已组织了包含天气预报模式的协调活动。季节－年际尺度预测工作组（WGSIP）一直致力于发展并利用耦合海洋－大气模式进行季节－年际预测，主要关注厄尔尼诺－南方涛动现象。耦合模拟工作组（WGCM）协调了主要发展并用于年代－百年际尺度气候变化预估的耦合海洋－大气模式。作为 WGCM 的一个分支，海洋模式发展工作组促进了全球范围的耦合模式海洋分量的发展，改进了耦合模式海洋分量的性能。

在 WCRP 中 WGCM 与 WGNE 的支持下，整个气候模拟界与国际地球——生物项目合作，发起了一致认为有助于推动科学理解的一系列试验。WGCM 发起的耦合模式比较计划（CMIP）致力于利用全球范围内的气候模式，在一个共同的试验协议下，培育并协调数值模拟的设计和执行。Meehl 和 Bony（2011），Stouffer 等（2011），与 Doblas-Reyes 等（2011）评述了当前的试验协议及其发展演变历程。参与制定试验和协议的所有主要模式组同意将 CMIP5 试验[①]作为推动当代气候变化、评估年代际可预报性等科学研究发展的良好基础（Taylor 等，2012）。使用共同的协议是为了便于不同模式间的比较。模式输出可以在网上免费获得。在这些模式输出的存储和方便其广泛公开发布方面，美国能源部发起的气候模式诊断和比较计划（PCMDI）起到了关键作用。

这些年上述的共同试验发展显著。首次试验开始于 1990 年代初期，仅使用了大气模式，成为大气模式比较计划（AMIP）的一部分。此次初次尝试为未来的成功设定了基调，一个关键的方面是强调模式输出可以为广泛的用户群体使用。在早期 AMIP 工作之后，

---

① 目前该报告正在进行中。

涌现了大量的模式比较计划,包含海洋模式比较计划,古气候比较计划及广为人知的 CMIP 计划。

除了这些协调试验的输出外,许多工作组成为了世界各地模式科学家交换信息和想法的重要机构。美国科学家在此交流过程中获益颇丰。这些工作组发起了气候模式的国际协调试验、模式间的诊断计划和国际研讨会,综合了模式结果并增进了对其的理解。

季节内—年际委员会对利用相似的多模式方法进行季度预测达成一致,例如通过 WCRP 中 WGSIP 和它的气候系统历史预测计划①。然后,一项全球协调的系列试验开始运行,其结果为相当广泛的模式研究所共享。

所有这些协调组织所产生的资料存档,在多模式集合的解释研究中孕育了一个全新的研究领域(如 Reichler 和 Kim,2008;Santer 等,2009),包括模式家族和分类研究(如 Masson 和 Knutti,2011),以及不确定性定量化研究(Tebaldi 和 Knutti,2007)。这些资料存储在以千兆(相当于 10^{15} 字节)尺度(马上将以艾字节尺度存储,相当于 10^{18} 字节,见 Overpeck 等,2011)分布式的档案中。为用户,尤其是非气候学家的用户,提供获取资料的方式是近十年面临的重要挑战之一。

调查结果 8.1:美国气候模拟学者广泛地参与到国际协调活动的,包含耦合模式比较计划,IPCC 以及一系列观测和模拟计划,这些观测和模拟计划旨在通过增进对气候系统重要方面的过程的理解(例如云及其对气候系统的反馈),而推动气候模拟的发展。

调查结果 8.2:利用气候模拟的国际资源,国际合作的参与极大地促进了美国气候模拟的发展。

调查结果 8.3:模式比较计划产生了大量的资料,需要策划、管

---

① http://www.wcrp-climate.org/wgsip/index.shtml(查阅于 2012 年 10 月 11 日)。

理、容易获得和被分析。

基于过程的研究和观测系统的国际活动可推动模式发展

在 WCRP 的资助下，同样有大量的国际活动致力于考察和验证模式在某些特定物理过程中的模拟能力，例如海冰、来自植物覆盖表层的二氧化碳（CO_2）通量、气溶胶输送或者热带卷云。此类活动中的范例有全球能量和水循环试验（GEWEX）协调的全球大气系统研究、GEWEX 大气边界层研究和热带对流年（YOTC）。

通常来说，这些活动通过比较一套相对新的资料与一系列的模式结果（例如，来自某领域的试验、一套地面观测网或者卫星观测）来评估对某个物理过程的模拟能力如何。参加者都是自愿的；通常是某件事情的领导人一般会明确模式如何试验的细节（时间、边界条件、输出场），然后处理模式输出用于直接与观测进行比较。

上述过程很少像它看起来那样直接。聚焦某个过程（如卷云微物理），需要利用观测或者相关气象学中的最优猜测，约束其他相关物理过程（例如首先生成卷云的积雨云对流）；通常模式结果自身会提示如何更好地进行比较。一项国际比较项目需平衡涉及的观测和模拟协议之间的工作。一旦试验确定之后，大多数模式组可以花费较小的努力，利用基本免费的结果，获得有价值的分析。

很多最近美国主导的外场试验从一开始便部分地为了这样的（观测和模式的）比较而设计。这当中的部分计划包括 DYCOM-II（第二次海洋和层积云领域研究的动力和化学研究）、国家自然科学基金会（NSF）发起的海洋积云降水计划、北美季风试验（NAME）、热带暖池国际云试验、及 VAMOS 海洋－云－大气－陆面研究（VOCALS，美国季风系统变率[VAMOS]计划的一部分）。比较工作同样基于观测网而开展，例如大气辐射测量点、AERONE 气溶胶监测网(AEROsol 自动网)、CO_2 监测网的 AMERIFLUX 队列,或者利用新的卫星资料(如云反馈模拟比较计划[CFMIP]中的观测模拟包)。

由于这类计划可能加快确定用于检验模式的新观测资料和改进模式中对过程的描述,美国基金机构业已支持了此类型的计划(如作为 NAME 与 VOCALS 研究计划的部分内容)。在一些个例中(如国家海洋大气局/NSF 气候过程团队),美国气候模拟组,例如 GFDL、NCAR 与国家环境预测中心(NCEP),也已经获得了专门资金,利用这些比较计划来极大地改进他们自己的模式。

模式比较使模式开发人员发现在共同设置中他们模拟的不足,以及发现其他参数法方案是否具有明显优势。这仅仅是实际模式改进中的一部分,因为不同的过程参数化强烈地相互作用,以至于同样的参数化(如积云对流)应用在不同的模式中,对整体结果可能产生不同的作用。然而一流的模拟团队,如美国的 GFDL 和 NCAR,位于欧洲的英国的 Met Office,马普研究所和欧洲中心的中长期天气预报中心,通常都参加了任何一次的许多国际比较项目。他们的模式发展团队在此过程中获得巨大收益。可能由于人手不足,NCEP 的参与较少。总体而言,本委员会的评价是自愿的面向过程的国际比较,大大有利于美国气候模式而非分散的资源消耗。

调查结果 8.4:由于国际模式比较计划在涉及观测和用于检验的模拟协议的设定方面起到了重要的杠杆作用,它们已被证明是推动气候模式发展的重要机制,并且使得模式开发者发现在共同设置中自己模式模拟的不足。

当前 CMIP/IPCC 的工作

为了支持 IPCC 第五次评估报告,CMIP 已建立了一套广泛的公共模拟试验,全球的诸多模式中心将参与其中。其中一项目标就是使得这些试验结果可以广泛并容易地被用户获得,以便全球的科学家可以及时分析模式结果来报告给 IPCC 第五次评估报告(在撰写此书过程中,能被下次 IPCC 报告引用的文章在 2012 年 7 月 31 日之前必须送投)。然而,为了 IPCC 之后其他使用这些资料的研究工作可能很好地开展,CMIP 数据库在未来很多年都是可以获得的。到 2012 年 1 月份之前[①],2005—2005 年已经有 595 篇文章用到了 CMIP3 的模拟数据,而且目前仍被极大地应用。CMIP3 数据有超过 6700 个注册用户,且新的用户仍在不停地增加。CMIP3 资料的下载速率近 160 TB/年,从 2005 年 CMIP3 计划开始到现在,已有近 3 百万个文件 1 PB 的下载量[②]。

　　CMIP 组织的公共试验,从开始仅利用大气模式,到后来利用包含了海洋、相互作用的气溶胶和生物地球化学循环的完整地球系统。如后面所介绍,当前的 CMIP 试验包含了不同复杂程度的模式,从仅有大气模式到中等复杂程度的海洋—大气耦合模式,其中包含了生态系统参数化和含有碳循环的各种生物地球化学循环。除了模式的综合性,CMIP 的一系列试验这些年发展呈现多样化。虽然初始的试验协议只包含非常简单和理想化的试验,但是 CMIP5[③] 的完整协议非常复杂,产生数以千计的数值试验(然而,需要注意的是 CMIP5 试验中有几层模拟的不同优先级,这当中最高优先级层对计算要求较小,即使对一流的模拟中心也没有要求执行所有的模拟试验)。这使得能够对模拟进行更全面的分析,但是也会产生大量的花费。大致地简单介绍如下:试验协议既包含长期和

---

　　① http://www-pcmdi.llnl.gov/ipcc/subproject_publications.php(查阅于 2012 年 10 月 11 日)。

　　② Karl Taylor, PCMDI,私人通信,2011。

　　③ http://cmip-pcmdi.llnl.gov/cmip5/experiment_design.html?sub-menuheader=1(查阅于 2012 年 10 月 11 日)。

短期的气候变化预测和预估试验,同时也关注评估生物地球化学循环和在气候系统中心的变化及其在未来可能的变化中的作用。该档案中的模式输出用来研究一系列问题,其范围从为了评估模式可靠性而对模式中物理过程的详细分析,到利用这些模式输出评估预估的气候变化对不同地区的影响以估计气候脆弱性和适应性[①]。

调查结果 8.5:CMIP 输出,包括美国模式之外的模式输出,是一种广泛活动的有价值的资源,包含评估气候变化影响和适应性计划。

国际合作工作的效益和代价

在利用气候模式预估未来变化的过程中,一个重要的挑战是对任何单独模式预估内含的不确定性了解甚少。一个气候模式的建立和使用代表了一系列诸多选择,包含物理参数化和辐射活跃的大气成分排放的未来情景。其中每项都是高度不确定的,并且由于诸多资源的限制,我们的选择也制约了气候模式发展者。所以,基于一个气候模式的预估仅代表了非常大参数范围中的一个点。

一个更可靠的未来气候变化评估来源于对上述的模式中参数不确定和未来辐射强迫变化情景不确定的更完整的考虑。所以,很多最新的未来气候变化评估不仅仅基于一个模拟输出,而是基于诸如过去 CMIP 试验档案中全套的结果。虽然这样的评估仍然离全方位的未来气候可能变化的满意评估还很远,但是它代表的是一个非常宝贵的指导。所以,来自世界各地的模拟中心参与 CMIP 试验,不仅有助于更好地评估未来气候变化,也有助于模式开发与改进。这样的国际合作和信息交换为美国和全世界的气候模拟提供

---

① 例如,利用 CMIP3 结果的项目列表见网页 http://www-pcmdi.llnl.gov/ipcc/diagnostic_subprojects.php(查阅于 2012 年 10 月 11 日)。

了重要的思路和技术。

模式比较计划如 CMIP,为模式发展和协调试验的执行提供了时间表。但模式发展的过程通常没有明显的终点。模式可以一个几乎连续的方式改变,每次改变会产生新的模拟结果,必须经过仔细评估。这个过程通常没有自然闭合点,一般随着模式变得更加全面而变长。然而,参与如 CMIP 等活动会为模式发展过程提供明确的时间表,实际上被模拟中心用来确定模式开发周期的结束。事实上,全球的许多模式发展周期在为 IPCC 评估报告的日程而调整时间。虽然在为模式发展周期提供了明确的最后期限上,这样的时间表具有一定益处,但是它人为地制约了模式发展过程,并且给资源已然不足的模式发展工作上施加了巨大压力,它也会是一个非常严重的损害。

参与 CMIP 一类的活动,可以在国际和国际模拟中心间产生一种健康的竞争意识。这些协调试验的输出经常提供给世界各地的研究人员,他们为模式提供评估和比较。这些活动会展示出哪个模式是世界的"精英",这在未来的模式发展过程中将产生非常积极的反馈作用。

调查结果 8.6:美国气候模式的参与 CMIP 有诸多裨益,例如为模式发展设定时间表,在模拟中心间建立健康的竞争。

然而,参与这些工作同样会带来巨大的代价。在任何时间结束模式的发展都是一个艰巨的任务,特别是因为模拟中心想让他们的模式中尽可能有最好的物理过程和数值方案。这些通常包括基于最新的观测和理论研究发展的物理参数化,并且在复杂的模式中它们的性能很难预测。如要求定版的模式需具有优于其前版本或者其他竞争模式的模拟效果,新发展的模式过程通常难以预测(性能)的特点,将带来巨大压力。在 CMIP 为协调模式试验而设置的时间表的压力下,上述压力会被加剧,并且会导致模式的抉择极大地受制于人为产生的时间压力,而不是可能最优的科学结果。这一过程的影响可能导致深入参与模式开发过程人员的"烧伤"。

此外,如第 7 章所阐述,模式发展是一项艰巨的任务,要求巨大的人力和自然资源,然而,大部分的工作,包含 CMIP 模式试验产品,并没有产生经过同行评议的论文。因为论文通常是评价科学家们的指标,参与模式开发过程有时会损害青年科学家的职业生涯,至少在以论文作为评价指标的短期内如此。如第 7 章所指,模式开发者为共同作者的一种氛围及模式开发文章的认真引用可能会改变这种局面。

CMIP 相关的模式试验的益处必须与失去的机会成本相权衡,尤其是对于直接参与模式开发的科学家而言。根本性的发展和新发现通常是受一个想法或问题的好奇心驱动而进行研究的结果。一个科学家参与大规模科学(体现在如 CMIP 的项目和活动中的科学)的时间越多,他用于小规模科学或好奇心驱动的研究时间就越少。除此之外,全套 CMIP 试验要求大量的计算工作,在 1 年或更长时间内,可占用模拟中心的大部分计算资源。

调查结果 8.7: 伴随着参与 CMIP/IPCC 的工作和时间压力的一项代价是时间和计算资源的减少,使得模式开发者投身于获得基础研究的结果不得不需要更长时间。

未来之路

几十年来,美国一直保持着世界上最大的气候研究事业。第一个气候模拟模式在美国开发,美国持续不断地支持各种不同的方法,以更好地理解未来的各种空间和时间尺度的极端天气和气候。一个强大的国际气候模拟团队已经逐步形成,包括欧洲的区域和全球模拟的先进的模拟工作,以及通过新的计算项目所支撑的不断发展的亚洲工作。这使得有了更加准确和全面模拟当前气候的地球系统模式,并且将地球系统模式和更加细致和专业的区域模式应用于许多社会和科学问题,尽管在未来气候预估中模式相关的不确定性依然存在。响应于 IPCC 类型的评估,由美国领导的国际组织为国际模式开发了用于推广一套不断增长的输出标准的机制。这是美国气候界的一个重要资源。

协调 CMIP 活动对美国气候模拟活动具有明显的积极作用。这些活动有助于保持美国的模式和基于模式的研究工作在全球的领先位置。但是,与这些活动相关的成本意味着需要在各种模拟中心的活动之间加以平衡,以获得最佳结果,尤其是考虑到 CMIP 试验快速增长的范围。这些活动足以重要到可以视为模式开发过程的一个可预料的部分,所以需要保证足够的支撑。这包含参加 CMIP/IPCC 活动的支撑,和为用户自由和方便获取模式输出的系统方面的支撑。这些支撑包含(a)数据存储的开发与维持,和为满足气候群体需求的分配系统的软件专家,(b)必需的硬件,包含存储、传输和分析能力。这种支撑可能会包括运行气候模式模拟的模拟中心资源,和对在美国协调这些活动的集中能力的支持。

除此之外,可以预见未来几十年,将会开展美国全国和区域的气候变化评估工作,同时不断增加对适应性的关注。通过积极使用来自美国和世界其他研究所的气候模式,将极大增强该评估的效用。通过提供气候变化预估不确定性可能的改进评估,大量的数值模式应用将增加评估结果的可靠性。美国对 CMIP 及相关活动的参与大大方便了美国和国际模式合作的多模式集合的应用。

应鼓励美国模式中心参与国际活动,包含执行如 CMIP 类的国际协作数值试验,并鼓励将数据公开。此外,应该为美国科学家参与支持气候模拟和气候模式应用的国际活动(如 WCRP 组织的活动)提供持续的支持和鼓励,同时亦应为美国一流的气候模式的输出存档,并使得模式输出可免费且易获得的(这将在第 10 章介绍)系统提供持续的支持和鼓励。

建议 8.1:为了未来 10～20 年的发展,美国气候模式工作需要继续支持且在以下几个方面寻求平衡:

- 利用当前模式支持气候研究活动的应用工作和各种国内国际计划,如 CMIP/IPCC;
- 能为模式及其预测产生增加的但是有意义的改进的短期发展活动;
- 投入资源执行、利用长时间周期的研究,此类研究将为气候模拟更为根本和转型的发展提供潜力。

建议 8.2:美国需继续支持美国科学家和研究所参加国际活动,如模式比较计划,包含对模式输出归档系统的支持,因为在稳步地解决用户对气候信息和对美国模式发展的需求方面,这些活动已被证明具有非常有效的作用。

建议 8.3:为了加强他们的可靠性,国家和区域气候变化/适应性的评估工作需要与来自国际领先的气候模式和美国开发的模式的预估的合作。

(张丽霞 译,邹立维 校)

9　业务气候模拟和数据分发战略

　　有能力进行动力气候模拟(Philips，1956)，到现在不过是 50 多年而已，如果将气候模拟定义为海气耦合模式模拟(Manabe 和 Bryan，1969)，那么这个时间更短。基于观测给定初始条件，利用动力的海洋－大气模式，将气候模拟应用于季节－年际气候预测问题，仅在过去 25 年进行了尝试(Cane 等，1986)。与相对"年轻"的气候预测相比，对天气预测信息的需求在美国正式启动可追溯至 1970 年代，当时国会通过授权管理呼吁成立国家气象局。从此气象局的任务逐渐发展并包含大量产品，包括公民、企业和研究人员每日应用的气候监测和展望。用户复杂性亦随之增长，从对即将来临的风暴预警的简单期望，发展到能从大气和海洋数值模式中获取和解释数以千兆的原始数据（第 12 章）。在过去二十年里，对未来气候信息的需求已扩展至对长期预测、季节展望和气候变化预估的需求。这些产品对大范围领域和地区均具有重要价值。

　　随着人们对气候预测产品的需求日益增长，以及气候模拟与预测已成熟至有明显有用的技巧，亟需一个业务气候模式战略。而且，由于用户群体的复杂性，以及因模式复杂性和分辨率不断增加而导致的气候资料产品的数量和复杂度的快速增长，此战略需考虑向各种社会经济部门和基础研究用户群体分发资料的问题。

业务预测模式的发展

　　过去几十年，空间分辨率不断增加的复杂气候模式已发展成研究科学问题的科研工具,如研究气候变率、气候变化和可预测性产生的物理过程等(如 Delworth 等,2006;Gent 等,2011;Kiehl 等,1998)。除了季节预测工具的发展外,直至今日上述进展的主要目的仍是增加对物理过程的理解、并减少模拟偏差,而并非用于某些气候预测的特定社会需求,尽管研究人员意识到这些结果可能具有一定的社会价值(NRC,1979)。近来,为了满足更好地理解人为气候变化的综合影响的需求,气候模式受之驱动并得以发展,最新几项报告(如 NRC,2010b,推动气候变化科学发展)与美国全球变化研究计划 2012－2021 战略报告(USGCPP,2012)已指出,科学进步和特定社会需求均可视为气候模式发展的驱动力。

用户群体需要容易获取的和大量定期更新的气候信息。对年代际和更长时间尺度的用户而言,一个重要资源是一系列的气候模式比较(或相互比较)计划(MIPs),这些计划由国际研究组织创立,主要用于指导政府间气候变化专门委员会定期进行的国际气候变化评估(IPCC,2007a,b,c)。MIPs 的详细信息见第 8 章。他们鼓励参加的模式发展组遵循指定的协议开展一系列的数值气候变化模拟,将标准输出的数据放置在一个分布式的准公共存档处。这些模拟不仅被 IPCC 和科研人员越来越多地使用,也被更广泛的用户用作评估气候变率和变化的权威性资料,亦作为其他专门针对特定应用的模式的输入场。

针对用户的第二个资源是提前几个月至几天的"业务"气候预测(见知识窗 9.1)。世界上一些天气服务机构已经发展了专门用于定期实时预测产品的气候模式。例如,美国国家气象局已经发展了气候预测系统(Saha 等,2006,2010),发布最多提前 9 个月的业务气候预测产品。该系统的第二代已于 2011 年 3 月开始使用。欧洲中期天气预报中心已经发展了一个季度气候预测系统,短期内将进入其第四代系统（System4①）。某些其他国家也同样地发展了季度气候预测系统，系统中包含了专为此目的而发展的气候模式。

　　如业务数值天气预报一样，业务气候预测的一些特质使得它区别于气候模式研究与发展。首先，业务的目的受用户群体需求并非科学进步驱动。这里没有任何价值评判，蕴含的含义是需要定期评估用户群体需求，业务产品必须响应于用户需求，并期望随时从用户"经验"的不同角度来加以提高。其次，业务必须遵从生成产品和交付产品的特定时间表。用户希望可以及时、准时、随时获得产品，这需要一种在科研和模式发展中不适用的心态和工作协议。第三，业务预测需要专用资源和应急（故障安全）规划。模式开发人员使用的资源是在特定基础上通过竞争或者意外获得的，但是这些获取方式对于业务要求来讲非常不可靠。业务预测必须有一个功能齐全的产品生产平台，当平台出现故障时，能够有适当的利用备用资源进行的计划。最后，业务计算代码需遵从严格的软件工程标准，该标准或许适用于研究型代码，或许不适用。许多气候预测研究组正转向使用更加标准的软件工程方式（第 10 章），这主要考虑到广泛研究人员和模式开发者的输入的需要，但是，大部分模式开发组中仍存在一种更非正式的方法，他们允许甚至鼓励承担风险，因为这在科学研究和发展项目中是合理的。

　　对政府提供气候服务的期待日渐高涨（如 Jane Lubchenco 博士

---

　　①　http://www.ecmwf.int/products/changes/system4/（2012 年 10 月 11 日查阅）。

在国会前的证言,在此听证会期间国会批准她成为海洋和大气的商业部副部长和美国海洋大气局局长[Lubchenco,2009]),受此推动,研究界希望将试验的气候预测模式移植至业务应用(如将美国海洋和大气局[NOAA]的气候试验平台工作建立为一个多模式集合[NOAA,2011]),通过从更广泛研究界发展的试验模式上移植模式分量和/或者参数化方案来提高业务模式。将试验模式到业务应用的移植,可能会有效地让美国气候研究界提供更有技巧和全面的气候预测。由于研究目标与业务需求之间的差距(如改变一个业务模式需要比科研模式更加认真和复杂的过程),维持业务模式的资源需求与当前在研究、开发和业务资源分配之间的不匹配,使得这种转变非常困难。很明显,当前亟须给予气候模式研究、业务气候预测和二者之间的有效交流方面充分的支持。

调查结果 9.1:季节一年际业务预测的相关工作已经开展,同时也有关注年代际至百年际气候模拟的、来自研究型国际气候模式比较计划的模式输出数据,但这些数据并不能满足气候信息用户的全部需求。

业务气候模拟的有关问题

当前气候模式的配置和运行主要由少数模式发展人员和项目人员完成,且对严格的代码发展和支持方面缺乏足够的支撑。当模式配置和运行需要少量的人员完成大量的工作时,气候模式发展和应用的很多工作(如设置模式试验和调试气候模式参数)不能正常开展。这种做法也不利于严格保障可重复性,以保证结果可信性。最后,像目前的这种单向的做法无法充分支持开发者和用户①之间就需求、期望和用法等

① 对将气候模式输出应用于气候变化社会效应的应对方法上感兴趣的个人和组织。

方面必须开展的、持续的双向交流。目前已开始鼓励模式开发者和研究人员的其他群体、业务人员和决策制定者之间的交流,如地球系统模式计划最近加入了一个关于社会方面的工作组①。

调查结果 9.2:当前一系列气候模式开发研究的工作向业务气候模拟的转变并不乐观。

过去几十年,一直存在业务数值天气预报(NWP)、气候预测组织、模式研究和开发组织之间的不匹配。衡量受某项短期(如 3 年)研究计划资助的工作成功与否的主要标准,是受此项目资助的论文的数量、质量和影响力。科研人员未得到"业务化"发展的资助,所以几乎没有动力从事将科研成果转化成业务方法或程序的额外工作。目前的观点是学术出版物为他们代言,称之为"卸货码头"观点——科研成果以经过同行评审的文章(留在卸货码头)的形式被业务预测组织获得,并且靠读者自己辨别如何利用该成果。一些新兴的工作,如 NOAA 的气候测试平台活动②,把向业务的转化作为目的而不是一个科研副产品。

从业务界的角度来看,业务中存在大量的局限性,需要从事提高业务预测工作的研究人员加以考虑。为了实现科研向业务的转变,业务人员认为研究界需要改变他们的发展,以适应业务局限性,使他们的结果变得有用,而且业务中心需要为研究界利用业务模式进行科研提供平台支持。这两个领域的期望之间的不匹配被称之为"死亡之谷",也就是交流和合作之间的鸿沟。很明显亟须两个领域更好地结盟并提供足够的资源,这样好的理念才会更快更有效地转变为业务应用。

---

① http://www.cesm.ucar.edu/working_groups/Societal/ (2012 年 10 月 11 日查阅)。

② http://www.cpc.ncep.noaa.gov/products/ctb/ (2012 年 10 月 11 日查阅)。

调查结果 9.3：科研界和业务预测界之间的期望未能很好地结盟。

如此报告所指（第 1 章和第 10 章），气候模式信息市场已然存在。鉴于对气候模式模拟的未来气候信息需求的日益增长，私营部门的参与可能是有益的。私营部门已经以提供"用户化"的和降尺度的气候信息的咨询公司的形式参与进来了。大量私营公司成功销售了依赖于气候模式的气候信息。例如预知天气有限公司[①]，大气和环境研究有限公司[②]，风险应对方法有限公司[③]，层云咨询[④]和 ICF 国际渔船安全证书[⑤]。目前需要解决的一个重要问题是私营部门和政府组织结构（如国家气候服务业务）之间的合理平衡。

私营部门更直接地参与气候模拟能否带来潜在益处？能否建立一个气候模拟信息市场？目前工作已进行至何等程度？

天气领域的这种平衡已遭到打击。1800 年代天气公司兴起之初，它就包含了三个部门：国家气象局、学术界和私营部门。每个部门在天气服务行业中均起到重要且独特的作用，它们之间的竞争引导了繁荣而广泛且有价值的天气服务。然而，它们之间同样存在大量的摩擦与冲突。20 世纪后半叶，为了确定不同部门的作用与使命，相关政策应运而生，然而各部门之间的界限从来不像人们所期待的那样明确，冲突仍然继续存在。

2003 年一篇题为"公平天气：天气与气候服务的有效合作关系"的 NRC 报告得出如下结论，较之严格地界定私营部门、公共部门和学术部门的作用，设定一套评估和评定各部门作用的程序更为有效。此程序促使了美国气象学会（AMS）的成立，它是一个中立党派，为三

---

① http://www.prescientweather.com/（2012 年 10 月 11 日查阅）。

② http://www.aer.com/（2012 年 10 月 11 日查阅）。

③ http://www.rms.com/（2012 年 10 月 11 日查阅）。

④ http://www.stratusconsulting.com/（2012 年 10 月 11 日查阅）。

⑤ http://www.icfi.com/markets/climate（2012 年 10 月 11 日查阅）。

个部门之间文明的交流和讨论举办专题研讨会。AMS 成立了天气与气候企业委员会,包含三个董事会和一些委员,致力于合作关系的各方面工作。该委员会的存在已明显缓和了三个部门之间的冲突气氛,使之进入一个合作的新时代。私营部门、公共部门及学术部门的合作关系产生了更好的资料覆盖面、更广泛的信息发布、更合理和可扩展的模式、更多尖端技术的输入和专门产品(NRC,2003)。

调查结果 9.4:私营部门至少已经在提供气候模拟信息方面起到了一定的作用。这开创了诸如国家气象局如何与私营部门合作的先例。

如第 10 章所述,来自国际领先气候模式的标准化模式输出结果,通过耦合模式比较计划(CMIP)而结合在一起。CMIP 模式结果在为 IPCC 评估,及为更广泛的用户和科研人员提供气候模式模拟方面做出了极大贡献。集中式数据存档最先由气候模拟诊断与比较计划发起于美国 Lawrence Livermore 国家实验室,但是随着模式输出量的不断增长,国际协调合作得以建立,称之为地球系统网格(Earth System Grid)。如第 2 章所述,自发组织的基层工作,如地球系统科学门户网站的全球组织(GO-ESSP)[①],地球系统网格联盟(ESGF)[②]和短期赞助项目(如 Metafor[③] 和 ExArch[④]),负责 CMIP5 旗下数据基础建设的大部分工作。这些 CMIP 工作是为不同用户群体高效地提供当前气候模式输出的重要支柱。然而,尽管付出了巨大努力,但是模式数据集的大小和复杂性都在不断增加,用户获取的方式甚至更为复杂了。在这些网络上所给予的需求远远超过志愿者精力的范围:现在应该是时候将全球数据平台视作"业务的"和资源充足的。

---

① http://go-essp.gfdl.noaa.gov/ (2012 年 10 月 11 日查阅)。

② http://esgf.org/ (2012 年 10 月 11 日查阅)。

③ http://metaforclimate.eu/trac (2012 年 10 月 11 日查阅)。

④ http://proj.badc.rl.ac.uk/exarch (2012 年 10 月 11 日查阅)。

调查结果 9.5：用于模拟和数据分发的全球平台目前是一个由社会团体拥有的联盟，且没有正式管理方式。

　　气候模拟人员愈发认识到需要关注结果的可重复性，以及从结果到方法和模式的可追溯性。例如，利用 Metafor 项目开发的调查表，CMIP5 计划记录了模式出处。实际上，记录出处及提供产生特定结果的代码等是非常有可能的，这样借助于软件工具如 OLEX[①]，第三组织可以实际地尝试重现或者改变其结果（Balaji 和 Langenhorst，2012），然而该方法仍需要在这些领域的积极采纳。

　　调查结果 9.6：气候模拟团队尚未普遍地优先考虑工作流程出处问题，工作流程出处指的是从模式配置到一个特定输出资料或图像的记录步骤，可以使过程透明化和可重复。

未来之路

　　在业务气候预测中充分利用科研成果，需要在科研、模式发展界和业务预测界之间，从共同的目标、决策制定和资源分配等方面建立紧密的联系。从科研进步到业务的转变需为外围科学家和业务中心提供专门的资源，以使之分别用于业务模式工作和加快业务转变的进程。将模式与观测进行比较，对于推进和可能改进气候模式发展大有裨益（如通过业务资料同化和预测）。

　　充分利用学术界最新的科研进步成果和模式发展，实现科研向业务快速和有效地转化的策略，需要模式开发人员、气候模拟器、资料同化专家和气候分析之间更加复杂的合作。这样的策略应该包含科研与发展群体和业务预测群体在目标与预期上的亲密联盟，还应包含奖励体系的变化，即认识到对业务气候预测贡献的价值。目前亟需一个考虑到如下问题的系统方法：(1)科学进步的严格需求，

————————

　　① http://olex.openlogic.com（2012 年 10 月 11 日查阅）。

(2)气候模式信息的社会需求,(3)气候模式资料的复杂性和数量,
(4)政府实验室、大学研究组、私营部门和气候模式信息可能用户之
间的复杂关系。一项有意义而可靠的个人交流有助于上述策略的实
施,如通过让研究型科学家在业务中心访问足够长时间,以帮助预测
科学的发展。业务中心可能会充分推动此策略的进展,通过提供业
务模式、数据资料和用户友好模式测试环境,该测试环境指的是在业
务环境中允许外部研究人员检测试验参数和/或者模式分量等。

如要缩小科研和模式发展与业务预测之间的差距,亟需建立工
作流程出处和哪里可行、哪里合理的自动分析方面的能力,这是科
研和发展人员所需要的。

气候模拟研究和业务会定期产生大量且复杂的数据集,委员会认
为从重要性和资源供应来讲,该数据集的管理应同科研与发展、模拟和
预测等付出的工作相提并论。数据分配,包含为大量不同的利益相关
组织的远程分析提供的可靠技术报告,应被视作业务中一件必不可少
的事情,而不是一项研究计划,且应采用合理的管理和资源配置。

委员会的远景目标是,未来二十年,年际至年代际和百年际时
间尺度的气候模拟将会形成一个强大的业务分量。模式预测亦会
更加可靠,且可提供相当丰富和更加复杂的产品,这些产品与气候
模拟界最新的科学研究发展紧密相连。尽管此前曾呼吁美国利用
基于模式的全球气候预估结果,得到业务气候数据产品(第2章),
但是委员会发现承诺十年至百年际预测还为时过早。研究和利益
相关组织之间需要大量的交流,来决定在哪些可以预测和哪些需要
预测之间是否存在重合,尤其是年代际尺度预测。

**建议9.1:为了更好地处理短期气候预测的用户需求,美国和国
际模拟委员会应继续推进更强大的季节气候预测、年代际尺度的气
候变化和变率的定期试验模拟等方面的业务部分。**

(张丽霞 译,邹立维 校)

第三部分

推动气候模拟的战略

本报告的最后一部分将审视美国气候模拟事业的几个关键问题，委员会对这些问题提出了新颖的建议并提出了未来二十年推动美国气候模拟的总体国家战略。

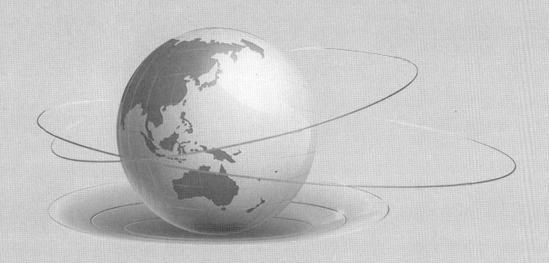

10 计算平台——挑战和机遇

基础设施在正常工作时往往被我们忽视。但一旦它们崩溃，将会造成依赖它们的其他环节瘫痪甚至崩溃。计算平台是整个气候模拟研究的基础。本章将回顾由于技术革新当前气候模拟计算平台所承受的风险，并且提出计算平台的发展方向，这些可以极大地改变气候模拟的格局(本章所使用的专业术语请参考知识窗 10.1)。

未来的气候模式对计算平台的需求越来越高。科学上也需要更高的水平分辨率(例如，云解析大气模式、涡分辨率海洋模式、植被陆面模式)，更高的垂直高度(例如，整个大气层)，更复杂的模式物理过程(例如，参数化过程和其他模拟分量的加入，如海洋和陆地生态系统分量)和更多的模拟样本量(例如，50～100 个样本)。上述过程的改进和发展对于提供更准确、可靠、有科学依据的气候预估和预测来说，是必不可少的。当前的超级计算机大多用于气候模式计算，例如美国国家海洋大气局(NOAA)的"Gaea"超级计算机和美国大气研究中心的(NCAR)"Yellow Stone"。超级计算机为气候模拟研究向预期目标发展提供了必要平台，但这仅仅是提高气候运算能力的第一步。科技进步和应用势必会促进气候模式使用这些新的计算资源；在未来的二十年间，气候模式代码的多样性和复杂性使得其与这些硬件进展的结合，将是一个非常有挑战性的工作。

大体而言，要使得气候模拟的问题更易处理，一个自然日的时间模式必须计算 5～10 模式年①。在该要求下，当前高性能计算系

---

① 气候模式通常积分数百年，这意味着一次试验需要几天或者几周时间。

统已允许全球模式的分辨率达到 50 千米。即使不考虑附加的复杂性,单纯考虑分辨率增加 10 倍就会使计算时间增加 1000 倍。最近的历史已经证明,随着模式变得更加复杂,任何给定的模式版本的测试、调试和评估都需要更多的计算时间(例如,参加正式的模式评估计划,诸如耦合模式比较计划第五阶段 CMIP5)。总之,气候模拟的发展依赖于超级计算机性能的进步,气候模拟界必须在战略上自我定位,充分利用这些计算资源。

知识窗 10.1:本章使用的术语表

计算平台:在计算机和数据存档库的全局网络上编译、配置、运行和分析气候模式所需的软件基础。Edwards(2010)深入讨论了基础设施和软件作为计算平台的概念。

代码重构:重写一个软件以改变其内部结构,却丝毫不改变其外在功能。重构经常被用在提高传统软件效率,使之易于使用和维护。

核芯:计算硬件之一,可以处理计算指令。当前的一些计算将几个这样的"核芯"放在单个芯片上,形成"多核"(通常每块芯片 8~16 个的核心)和"多核芯"系统(每块芯片上几十个核芯)。

节点:网络上的对象。在高性能计算(HPC)体系结构的背景下,它是分布式内存计算机的单位,节点间使用网络信息协议通信,如"message passing"。节点是可以作为独立计算资源的集群内最小的实体,有自己的操作系统和设备驱动程序。在一个节点内部可能存在一个以上,通常许多个,集成但不相同的计算单元("芯"),这些单元可以使用更先进的细粒度的通信协议("线程")进行通信。

并发性:同时执行同台计算机上的多个可能交互的指令流。

每秒峰值速度:每秒所能进行的浮点计算次数,计算硬件性能的标准。通常用量级度量,"千万亿次"是 10^{15} 次/秒浮点计算和"亿亿次"是 10^{18} 次/秒。

亿亿级:计算机运行能力达到亿亿次,存储在艾字节(exabytes)的范围内。

线程:处理器上执行的指令流,在并行系统上通常与其他线程并发。

调查结果 10.1:随着气候模式的发展(高分辨率和复杂性等),对计算资源的需求增加。

早期硬件的发展历程

如第 3 章和第 4 章所述,更高的模式水平分辨率是提高气候模式的保真度和实用性的一个重要因素,但同时也极大地增加了它们的计算需求。因此,气候模式一直以来是推动高性能计算发展的主要因素。在《自然杂志》(Nature)的调查中(Ruttimann,2006),第一个"海—气"耦合模式(Manabe 和 Bryan,1969)被认为是科学计算领域的一个里程碑。

对天气、气候研究和气象业务单位而言,通过调试使模式能充分发挥出最新、最先进的计算资源优势具有重要的意义。在 1980年代到 1990 年代初,气候模拟很大程度地受益于计算平台在高性能存储系统方面的改进,特别在构造向量计算方面(一种最先由 Seymour Cray 创始的阵列并发细粒度的技术)。多家模式机构的模式都能够持续积分至接近模式自身体系结构的极限。在 1990 年代后期,专有的矢量超级计算机体系结构开始被普通商品化体系结构所取代。这在一定程度上是迫于市场竞争力,使美国专有体系结构制造商退出这一领域的结果。然而,仍有不止一家公司仍然在坚守专有体系结构的 SX 系列计算机,并成功地更新换代且沿用至今,例如日本、澳大利亚和欧洲。

在 1990 年代末,发生了一次颠覆性的革新,它推动气候模式向并行和分布式计算方面转变。这在当时被视为铤而走险的尝试(NRC,1998,2001b;USGCRP,2001),从 2011 年的优异表现可以看出,模拟界事实上经受住了计算机演变的考验。然而,气候模式代码的实际表现相对于硬件的理论峰值表现,却下降了一个数量级,通过不断开发技术提高大型并行效率能解决这一问题。适合并行计算的体系结构确实需要重构更成熟的代码。在重新编码过程开始之前,必须建立一个编程环境标准(例如,进化到 SHMEM 共享式并行内存指令)(Barriuso 和 Knies,1994)和分布式内存法(如并行虚拟机)(Geist 等,1994),它最终演变成的信息传递接口(Message Passing Interface)标准(Gropp 等,1999)。在发展新模式前,淘汰原有模式已经成为以前体系结构演变过程中的关键。但是,与其说这些新方法植入模式代码,还不如说天气和气候模式开发人员已经开始把这些方法看作模式基础的一部分。大部分机构开发中高端模式依靠高标准的程序库,在这些库中囊括了标准高且可重复利用的计算方法。科学家和算法开发人员能够使用科学直观的程序检索调用程序库中现有算法,而且关于并行编程的具体细节被有效地隐藏了起来,使模式结构具有更加直观的科学性。如此一来,即使硬件改变,模式基础随之改变,但是科学模式代码仍可以基本完好地保留延续下来。

调查结果 10.2:气候模拟界通过向共享软件平台的过渡,很好地适应了早期的硬件演变。

现在我们同样面临一个严峻的时刻。如在下一节所述,所有的迹象表明,在随后的二十年里,计算性能增加并不以更快的芯片形式出现,而主要通过大量的、复杂的并行计算实现。复杂的内存层次结构和进程单元数提高了当前并行编程标准的极限,这给应用程序开发人员带来了巨大挑战。在这一章中,委员会认为成功地引导本次气候模式变革必须在气候和天气领域内共享软件平台,本次变革可能比向量到并行的变革更具颠覆性。事实上,由于缺少明确的技术途径、模式编程和性能分析工具等,从高性能计算领域的传统见解来看(如 Zwieflhofer,2008;Tarkahara 和 Park,2008),下一次变革明显会比前次变革更加复杂和不可预测。因为在矢量计算向分布并行式内存变革的过程中,实际持续性能和硬件的理论峰值之间的比率曾出现过暴跌,在本次变革中该比率可能会再次大幅降低。

模式基础的第二个要素现在遍及整个领域,即模式全球数据平台。这种大规模的全球数据平台过去只网罗全球观测,现在也囊括了模式(Edwards,2010)。委员会指出该平台是无形的,但如果未来对此没有进行适当地配置,它可能会由于预期增长和对数据的访问需求而变得不堪重负。

新的体系结构和模式编程

本节概述了高性能计算硬件的发展趋势,在这种平台上建立的模式,使用这种平台的编程模式和系统软件预计将主导未来二十年。

硬件评估:未来二十年体系结构的发展展望

传统的高端多核微处理器技术正在接近它们极限,包括能耗、处理器速度、单核心的性能、可靠性和并行。硬件评估表明,当前技术导致 ExaScale 机的配置可不遵守单独基本功耗,而达到 100 兆瓦左右,如橡树岭国家实验室(ORNL)的"Jaguar"或 NOAA 的"Geae" (如 Kogge,2008)。下一代机器的替代技术还包括蓝色基因芯片系统设计(Blue-Gene system-on-chip)。如果用瓦特作为一个关键参考指标,这项技术路径在能效方面表现更好。然而,最新和最大的此类机器仍然需要 6 兆瓦的运行功耗,如劳伦斯利弗莫尔国家实验室(Lawrence Livermore National Laboratory,LLNL)的 20 千万亿次超级计算机平台——红杉(Sequoia) [①]。

第二种技术旨在当前图形芯片中引入高细粒度并行。图形处理器(GPU)已经被用来实现非常高并发性的专业图形操作(例如,在二维屏幕上渲染三维物体)。最近,GPU 已经成为传统高端微处理器(CPU)的替代品,这一部分因为它们的高性能、可编程性和在科学计算及其他非图形应用领域编写并行程序的高效性。这种加速方法已经扩展到可以通过结合可编程平台和 GPU 所支持的高精度并行计算技术,在图形处理器上实现常规计算(GPGPUs)。这种方法允许标准计算的概念映射到具有专门功能的 GPU 上(Harris,2005)。2011 年的超级计算大会上发布的英特尔 Knights Corner 芯片,是 GPGPU 技术的最新扩展,称之为集成众核心体系结构(MIC),它通过一些低能耗的核心实现并行。这样的计算机体系结构如 GPU 与 MIC 预计将成为在未来几十年间实现 ExaScale 级别计算的重要一步。

其他新技术也在考虑范围内,如原件可编程逻辑闸阵列(FP-GA)等新兴技术并没有足够证据表明其非常适用于类似地球系统模式等复杂得多的物理过程计算。它们更适合用在单一数据流的重复上。甚至那些基于生物学、纳米技术和量子计算方面的更实际的方法也不适合在传统代码上展开。如果要在其基础上进行开发,

---

① http://nnsa. energy. gov/blog/sequoia-racks-arriving-llnl(查阅于 2012 年 10 月 11 日)。

则必须对现有地球系统进行几乎完全和彻底的重构。

虽然有不同的解决方案来提高系统的性能,但是它们都具有统一特性,那就是性能提升源自在节点上使用额外的并发形式。预计在 1010 赫兹的单线程时钟速度进行亿亿级浮点计算(1018 次浮点计算)并发性因子必须达到 $10^8 \sim 10^9$。(Gaea,当今最大的机器,完全用于气候模拟,额定在千万级浮点计算到 10^{15} 浮点计算之间。)

目前没有任何综合的气候模式(相对于过程研究模式而言)能达到或接近这种级别的并发。关于并行并发的最好例子是,CMIP5 数据库报道的最大处理器进程只是约 105(模式描述参考互联网[①])。综合气候模式中的并发滞后于领导级机器的硬件并发的至少 100 倍。根据以往颠覆性的技术革新的经验,以往革新导致持续和理论性能峰值之间的比率从 50% 下降到 10%,类似的现象再次出现在未来的革新过程中,不足为奇。上述问题不得不依赖在基础数字估计、计算上的巨大投入,然后必须迅速应用到模拟团队中。

调查结果 10.3:气候模式不能充分利用当前并行硬件的优点,实际性能和最大可能性能之间的鸿沟可能会随着硬件发展进一步增大。

未来二十年、三十年间的模式编程

此时,许多新兴的体系结构不遵循常见的模式编写。但是,实现快速并行的新方法可能在近十年里引领进步,从科学应用发展者的角度来看,这或许是一种演变途径也未尝可知。

由美国国防部先进研究项目局(DARPA)和美国能源部(DOE)(如,美国能源部,2008;Kogge,2008)开展的评估工作表明,如何编写一个囊括多核芯片、联合处理器和加速器的未来系统还存

---

① http://q.cmip5.ceda.ac.uk/(查阅于 2012 年 10 月 11 日)。

在着很大不确定性,并且下一代硬件拥有前所未有的核数需要同时管理数千万并发线程。总统科技顾问委员会(PCAST)呼吁国家"进行硬件、算法和软件系统结构方面的大量和持续基础研究计划,以应对潜在的游戏变革和高水准的高性能计算"(PCAST,2010)。在未来十年的后期,该挑战将增长到十亿个线程。当今并行系统的编程标准基于 MPI(Lusk 和 Yelick,2007)、直接共享内存(如 OpenMP,Chandra 等,2001)或两者同时兼备。这些可能都不适用于下一代系统。因此,产生了一些新方法:如全球地址空间分区语言(Yelick 等,2007),它是由美国国防部先进研究项目局高生产率计算系统计划(HPCS)开发的"高产出"编程方法发展而来(Lusk 和 Yelick,2007)。新方法中的一些完全属于全新语言,例如 X10(Charles 等,2005)和 Chapel(Chamberlain 等,2007);另一些则是对现有语言的改进,如 Co Array Fortran(Numrich 和 Reid,1998)和 Unified Parallel C(Carlson 等,1999)。

在长时间尺度上,开发精密并行、最大限度地减少数据移动将是必要的。对于某些硬件开发潮流而言,精密并行迫在眉睫,如 GPU。有必要建立适合于 GPU 和多核芯片的编程标准(OpenCL:如 Munshi,2008)。用基于特定硬件编写的模式进行试验会由于细晶粒而获得明显的潜在加速,如 CUDA Nvidia 显示芯片(如 Michalakes 和 Vachharajani,2008),但将这些加速扩展到整个引用程序上需要广泛的协同干预。一些正在进行的工作意欲引入基本指令法,这样做可能会与 OpenMP 达成统一。这方面,最有前途的似乎是 OpenACC[①],但是它仍然还处在其自身发展的萌芽阶段。

气候/天气模式一直都在使用尖端技术和新型算法进行试验来实现需要的模拟效果。但是,这对目前的体系结构特别具有挑战

---

① http://www.openacc-standard.org/(查阅于 2012 年 10 月 11 日)。

性,因为目前还不清楚未来硬件将向何方发展。国际 ExaScale 软件计划(Dongarra 等,2011)提供了到 2013 年的"路线图"。目前的挑战非常明显,因为必须共同努力发展算法和模式基础的并发才能满足需求。

调查结果 10.4:在未来的十年内计算机性能的提高并不在增加计算机芯片的速度,而在于使用更多的芯片,处理更多的复杂并发事件。值得注意的是向这种新形式的转型,软件和硬件的需求都具有很高的挑战性。

系统软件

诸如操作系统、文件系统、shells 之类的软件会随着硬件的革新而产生非常明显的变化。输入输出(读取/输出)将对气候模拟造成巨大挑战,端口要传输的大宗数据将以指数增长(Overpeck 等,2011)。另外,近十年间,由于原件的数量增加迫使并发处理器的可信度降低,这一冲击可能比前者更显著。由于信度降低,误差恢复软件会减少计算速率,因为其中许多的方法都包含了大量计算(Schroeder 和 Gibson,2007)。

由于误差修复的存在,高度并行的构架和其复杂性可能无法保证程序每次都会以相同的方式执行。这种不可重复性计算的存在,对模式结果的测试和验证产生了挑战。如果给予足够的时间,对初值条件敏感的混沌系统可能会偏离得远远超过所能承受的范围。解决这个问题的关键,在于了解计算过程是否随着微小变化而变化或者这些小误差是否会使得这个气候系统进入某种"不同的气候状态"。目前除了进行长时间的控制气候试验(通常为 100 年,考虑到气候的缓慢变化),没有其他的方式来证明硬件体系结构或者软件平台的改变并不会使得气候系统进入不同的气候状态。这也需要非常昂贵的代价和克服很大的阻碍才能实现。

气候模式能否适应这样一种环境：硅片试验更像体外试验、重复试验在统计上基本相同？适应与否都会对气象学带来非常深刻的变革，并且它也将是未来十年内重要的挑战性研究。

在误差修正软件方面必须取得实质性的进展。容错意味着冗余，会进一步减小执行效率。目前，高端计算的发展一直强调"浮点计算峰值速度"，气候模拟团队也会从这种强调纠正容错系统的软件和计算方法中获益，这与之前美国国家研究理事会（NRC）提出的支持平衡软件生命周期的观念相吻合。总之，硬件并行数量的增加预计会导致可靠性的大幅降低。对系统软件可靠性的投入与对执行效率的投入两者需要相互平衡。

采用这些方法将会涉及气候模式团队在不同层次的工作，他们可能对硬件或软件设计路线有一定的影响。针对 ExaScale 计算的各种研究表明，气候学的计算思路是非常独特的，因为它紧密地结合了自然界不同尺度的物理过程。

管理模式层级的软件平台

对于气候模式团队而言的最好方法是采用特定领域技术平台，在这个平台上进行研发。在单一实验室的规模上，这个方法一直都被广泛且成功地采用。比如，在大多数模拟中心的科学家并不直接运用 MPI 或者学习那些复杂的并行文件系统性能调试，而是用实验室常用的模式平台处理来处理并行、读取/输出、诊断、模式耦合等，以及模式工作流程（对模式结果的配置、运行、分析的过程）。大多数常规进行的事情，如添加新模式组件，采用新硬件等，它们都不得不依赖共享计算平台。

早在十年前，我们就已经认识到在气候模式团队间共享、开发软件平台是非常有益的。最有代表性的工作,即地球系统建模框架（ESMF;Hill 等,2004）。它引入了超级体系结构的观念,即让模式各组件在一定的规律和条件下相互耦合,进而达成组件在模式间相互变化的一种构建方式（Dickinson 等,2002）。在知识窗 10.2 中将进一步介绍 ESMF 及其在未来十年发展。ESMF 和其他平台都广泛地应用于 CESM 和欧洲模式耦合器 OASIS,例如地球流体动力学实验室（GFDL）发展的柔性建模系统（FMS）①,模式耦合工具包,这在 Valcke 的对比性调查中有进一步说明（Valcke 等,2012）。

参与 ESMF 或其他单一机构框架发展的委员会成员们发现,框架的设计理念和其他基于组件的设计将不再新颖或者有说服力。然而在功能一样的框架之间切换是需要付诸代价的,必须克服一些技术障碍。

随着 ESMF 和其他平台的发展,气候模式团队见证了基础平台运用的自然发展历程。个人、团队乃至机构看到了这样的优势。委员会认为对现阶段气候模式设计团队而言,从向通用软件平台移植中得到的利益要大于对其的投入。有了过去十年或成功或失败的经验,气候模式团队现在正处于加速实施基础平台的状态。现在进行跨实验室协同已经是定期的计划,并且更重要的是该计划在将来还要延续。终端用户要求气候模式提供可信、可靠的信息。通用的平台加强了进行科学方法的能力（如控制试验、可重复性试验、模式验证）,也是增强模式可靠性的重要着力方向。

但目前还没有一个普遍标准的软件框架,因为在一个软件框架上搭建的模式核心并不能轻易地移植到另一个框架上。不过我们相信接下来的统一步骤为两个战略性要求,一是在美国气候界需要更有效的合作,二是采用一波颠覆性的新计算技术。向量到并行的混乱迫使独立研究机构广泛采用框架技术。气候模拟团队现在可

---

① http://www.openacc-standard.org/（查阅于 2012 年 10 月 11 日）。

以构想一个框架。该框架能被所有主要的美国模式研究组认可,能支持可以组件互换的层级性模式,且保证在这个新高性能平台上能有效地拓展高分辨率和复杂性。这个构想将在下面进行探讨。

知识窗 10.2 地球系统模拟框架(ESMF):案例介绍

2001 年的美国气候模式的报告中提到,联邦机构在软件计算平台和信息系统的建模和分析上进行了大量投资。ESMF 是 2001 年由美国国家航空和航天局(NASA)资助并一直在美国国防部、NASA 和美国国家科学基金会(NSF)、NOAA 项目资金支持下进行的高端研究。第一个阶段,资助 ESMF 成为针对天气和气候团队的计算技术。第二阶段,使之从技术层面拓展到形成多部门协同的层面上。正如第 2 章讨论的,它主要目的是要达到资助者和用户的期望、要求并且交付他们使用。

在 GFDL 和戈达德太空飞行中心(GSFC)以前的工作基础上, ESMF 引入上层构建(Collins 等,2008;Hill 等,2004)的观念,提供一个统一的概念来描述模式成分(例如,海洋、大气或数据同化包),运用自己的网格和时间步算法及交换领域。这种统一的概念使得各分量能相互结合(即使关于它们之间相互作用的了解相对较少),而不是将它们直接暴露在接口处。这个方法已经被证实是非常有用的,并且对于依赖分量间相互耦合的工作组有很大吸引力。特别是在数值天气预报(NWP),美国国家多模式集合方法的开发者利用 ESMF 作为基础的一部分构建国家统一业务预报库[1]。

ESMF 也使用一些单一机构的框架,如 NASA GSFC 的 GEOS 系统和大气海洋耦合预报系统。

NCAR 和 GFDL 并没有采用 ESMF 作为其中心框架。GFDL

---

[1] http://www.nws.noaa.gov/nuopc/(查阅于 2012 年 10 月 11 日)。

已经有内部开发的 FMS,其中借鉴了 ESMF 的观点。NCAR 也在积极地测试另一个框架作为第二个选择,也就是耦合模式工具包(MCT),但 ESMF 也还在继续发展,并且出于节约的角度,NCAR使用 MCT 完成一些高层次耦合的同时也使用了低级别的 ESMF功能。不过,他们自己的框架体系结构与 ESMF 保持兼容,事实上在 NCAR 的分量被其他工作组的使用时,ESMF 常被调用(如GFDL 的模块化海洋模式)。

调查结果 10.5:共享软件平台为在未来二十年面对硬件和模式编程演变中的大量不确定性提供了一个有吸引力的选择。

气候模式的国家软件平台

复杂模式有很多意料之外的表现,理解这些现象需要能够在简单模式里再现这些现象。第 3 章给出了为应对不同气候问题将模式分类的例子。从计算角度看,一些模式可以通过粗略的执行需求进行划分(如,单位计算机时所能模拟的模式时间),以达到有效的科学进步:

- 过程研究模式和天气模式(单或者较少分量;快过程主导;1 年/天);
- 全面物理过程的气候模式(海气、陆地、海冰;包括年代际到百年际时间尺度上的重要“慢”气候过程;10 年/天);
- 碳循环研究的地球系统模式;古气候模式(包含大多数复杂的物理过程;慢过程主导和千年际变率;100 年/天)。

单一的国家模式框架允许气候模式团队从大量不同复杂度、分辨率和支持高端模式的可用组件中配置所有模式。这个想法在过去就已经提出了:第 2 章列举了前人的努力。委员会相信,无论优点和缺点,在我们的方法倡导下经过一致的努力可以实现这个目标,原因如下。

相关方法的优点是多模式集合和模式比较计划,在发展气候科学包括短期气候预测方面已经成为普遍方法。在世界气象组织的世界气候研究项目的支持下,两个工作组(气候模式工作组和数值实验工作组)在一系列可以帮助我们科学地理解在气候的数值试验上达成了共识(更多信息在第 8 章)。所有主要的模式团队都认同,以当代模式间比较计划(CMIP5)所倡议的一系列数值试验作为推进长期气候变化研究、评估年代际预测等、参加试验和制定协议的坚实基础。解决季节内、季节和年际气候变率的研究团体也支持在季节预测方面采取类似的多模式方法。全球协调的试验正在进行,其结果共享用于模式比较。

模式间比较计划(MIPs)有时被称为"机会的集合",没必要检取足够的样本不确定性。第二个主要担心的问题是数值试验的科学可重复性。即使用不同的模式运行相同的试验,它们之间总会有系统性的差异,而这些差异不能简单地归为单一原因。Masson 和 Knutti(2011)指出,就算集合样本数非常庞大,模式间差异要比单一模式各集合成员之间的差异大很多,如大样本数的 QUMP(Collins 等,2011)和 CPDN (Stainforth 等,2005)。仅举一个例子就能说明这个问题,那就是为什么基于 CMIP3 探讨针对撒哈拉干旱的不同研究会如此困难。GFDL (Held 等,2005)和 CCSM (Community Climate System Models;Hurrell 等,2004)两个模式在模拟 20 世纪后期撒哈拉干旱有着相似的模拟技巧,并都能用大西洋经向温度梯度对模拟结果做出解释。但是它们在未来情景预估试验下的表现却大相径庭,21 世纪情景预测的撒哈拉干旱信号完全相反。Hoerling 等(2006)在研究 CMIP3 模式对撒哈拉干旱的模拟时,就意识到了这种差异,而且不能简单地把产生这些差异的原因归结于任一模式过程:这些差异既不能简单地归因于模式间任何单一物理过程的差异,也不能武断地得出哪个计划更可靠之类的结论。Tebaldi和Knutti(2007)同样指出了这一现象,即无法解释甚至分析模式间差异。

上述方法上的不足,需要气候模式团队去解决科学可重复性的问题。气候模拟机构应有能力能独立地复制出有科学意义的结果,这是科学方法的基础,但目前还没有一个可靠的方法使一个模式可以重现类似另一个模式的结果。计算科学团队已经开始认真、严肃地看待这个问题,包括科学和工程计算(Computing in Science and Engineering;CISE,2009)在内的专有方法已经被应用到了这个学科上。Peng(2011)对此总结如下:

"计算科学已经有了长足进步,但是工作的本质已经暴露了我们在对已发表结论的评估能力方面所具有局限性。当不可能完全独立地复制一个研究的时候,可重复性是判断科学主张的最低潜在标准。"

让所有国家的模式处在通用的框架下,将使这项研究系统化。保持利用不同级别的模式在改变系统成员的情况下运行试验的能力,将加快科学进程。

使设想成为现实,需要对耦合科学进行研究。现有的软件框架不能指定模式该如何耦合。软件标准只是耦合科学一部分,但它们对耦合算法的选择、交换变量等领域有些贡献。

高效的通用模拟计算平台应包括:

· 通用软件标准和技术平台接口(如读取/输出和并行);
· 适合一整套不同复杂程度模式分量的通用耦合接口;
· 处理模拟结果工作流程和来源的统一方法;
· 通用的检测和验证方法;
· 通用的诊断框架;
· 耦合资料同化和模式初始化的框架。

ESMF 和其他框架可以满足部分上述需求（但不是全部）。围绕着上述要求构建计算平台，还有很大的创新空间：

- 全球和区域模式的不同动力框架和离散方法；
- 不同垂直坐标；
- 新的物理内核，物理方程本身还存在不确定性（结构性的）；
- 不同模式团队基于自身关注领域所贡献的不同方法（如，数据同化）。

调查结果 10.6：了解气候模式结果的进展需要维护具有层次结构的模式群。理解不同模式在相同的实验设计下产生的结果间差异仍然有障碍。软件框架可以提供一种贯穿整个层次结构进行系统性实验的有效方式，通过它可以更好地认识和量化不确定性。

数据共享问题

国际领先的气候模式的标准输出为 IPCC 报告做了很大贡献。他们使得气候模拟结果被更广大的用户和研究人员接触。在 LLNL 展开的美国能源部资助的关于气候模式诊断和比较计划（Climate Model Diagnostics and Intercomparison PCMDI）为此做出了贡献。最初集中的数据归档已经开发完毕，但模式输出量急剧增加，现在国际协调的模式数据集只好分布在地球系统数据网站上——Earth System Grid[①]，它提供数据链接。PMDI、模式比较和地球系统网都很脆弱，由志愿者和一些捐款一起维护，但它们却是将模式数据有效地提供给用户的支柱途径。数据计算平台得利于"网络效应"（随节点增加呈指数增长，Church 和 Gandal，1992；Katz 和 Shapiro，1985）。它涉及 PB 级（2 的 50 次方）分布式档案系统的业务计算平台的发展。这种计算平台在国际基层工作组（如地球系

---

① http://www.earthsystemgrid.org/（查阅于 2012 年 10 月 11 日）。

统科学门户网站和地球系统网等)的努力下已经发展起来。

一般来说,随着模式的高分辨率和复杂度提升,对数据存储、分析、分布的需求会显著且持续而快速地增长,来自日渐增加且更加多样化的用户群的需求也会变得越来越成熟。此外,科学研究、观测设备和计算资源也逐渐变得非本地化。NCAR 最近建立了NCAR-Wyoming 超级计算机中心以容纳超级计算机和数据库。NOAA 把 Gaea 超级计算机安置在 ORNL 以供全国的研究实验室使用。许多来自非本地机构的科学家远程修改或加强模式,并且分析其他单位模式结果的现象越来越普遍。对大容量远程数据存储的需求极大程度地限制了系统,需要作为气候模式战略的一部分有系统地投资和规划。这与第 5 章处理观测数据的需求相似。

快速增长的气候模拟数据和日渐分散的超级计算机、数据库相结合,需要气候模式团队基于不同于互联网的专用光纤,将分散的主干数据密集型网络计算平台和数据密集型的终端用户链接起来。过去几十年,在气候团队之外,这些数据"高速通道"已经向国家化(ESnet,Internet2,国家计算机网络;图 10.1[彩])、国际化(全球计算机综合设施)发展,能提供 10~100 Gbps/秒的数据传输。专用10 Gps 光学通道能在 15 分钟内完成两个站点间 1TB 的数据传递,而通过分享互联网资源的方式(10~100 Mbps)传递同样大小的数据则需要1~10天。使用这些超速网络的一个例子是 NOAA 10-Gbps 的光学网络,用于在核心计算设施(包括 ORNL 和 GFDL)和用户之间进行大规模数据传输。新型的高级网络倡议①已经准备好开发原有网络使其可以达到 100 Gbps/秒的传输速度(Balman 等,2012)。

调查结果 10.7:观测和模拟会产生大量的数据,需要一个专用的共享数据计算平台实现气象界数据访问,这就需要一个数据密集

---

① http://www.es.net/RandD/advanced-networking-initiative/(查阅于2012 年 10 月 11 日)。

图 10.1(彩)　N-Wave，NOAA 研究网络。专门用于环境研究的高性能
网络，链接 NOAA 和网络群的其他研究机构。N-Wave 网站，http://
noc.nwave.noaa.gov/

型的信息计算平台。

未来之路

　　气候模拟是困难的，因为它涉及许多物理过程在广大的空间和
时间尺度上相互作用。过去的经验表明，通过模式网格增加尺度范
围最终导致更精确的模式和了解低分辨率模式的发展。因此，为推
进气候模式发展，美国气候科学需要有效地利用最好的计算平台和
模式。为迎接气候模拟领域的巨大挑战，支持国家利益（第 4 章），
需要增加模式分辨和复杂性，这反过来会导致对计算机性能要求的
增加（即，新的硬件）。因此，委员会建议增强气候模拟能力，包括三
个主要方面：(1)在全美国气候模拟工作组实现通用软件平台共享；
(2)制定战略投资，用于发展气候研究专用的超级计算资源和研发基于通用软件平台和新计算资源的模式；(3)建立全球数据共享的计算平台。在气候模拟界，全球数据共享的计算平台已经实现，但由于对它在资源分配方面重要性的空洞认识，所以仍存在风险。

发展通用软件平台

委员会认为现在正是时候投入力量组成一个系统的、交叉的协作的美国通用软件平台，使之紧密配合主要模拟中心（例如，CESM、Goddard 太空研究所、全球模拟和同化办公室、GFDL 和国家环境预测中心）。通用软件平台没有理由不实现全球共享，但是组委会还需要和美国模拟中心讨论任务声明（附录 A）。计算平台需要支持交互性操作的气候系统模式组件和常见的数据处理标准，这有利于比较不同模式开发机构的分量模式和实现不同复杂程度模式的交叉，包括区域模式。在这样的一个框架内，仍有机会通过系统地比较对过程的不同描述找出结构的不确定性（第 6 章）。通用软件平台将遵循编码规范和标准，使小范围模式的多层次结构在宽广的计算平台上运行（深层讨论见知识窗 10.3）。

然而这种投入仅致力于未来潜在的高效使用、比较、检测和发展模式，致力于即将到来的高端计算机换代才是更为紧迫的。这种换代是基于更高级别的并发性（图 10.2）。特别是，美国气候界需要额外投入力量来重新设计气候模式，使之能高效地应用于高端超级计算机，因为在这样的系统上可以不用大量额外付出即可以完成单独模式分量的多个科学可信版本的配置。

知识窗 10.3 软件平台系统类似智能手机的操作系统

本章中所描述的软件平台可与智能手机操作系统类似。软件平台在一定的硬件平台(类似于特定的手机)上运行,并且气候模式研发人员发展的模式分量(类似于手机中的应用 apps)在软件平台上运行,用来模拟气候系统的不同方面(例如大气或海洋)。

当前,在美国不同的模拟中心有着在不同类型硬件上运行的不同软件平台(操作系统);这类似于 iPhone 和 Android 的对比。这意味着,适用于一种软件平台的气候模式分量(apps)将不能在另一个软件平台上运行(类似于 iPhone 的 apps 不能直接在 Android 上运行)。

最终的目标是,美国气候模拟界可以推动使用通用软件平台(操作系统),使得模式分量(apps)能够互换并且可以直接相互比较检验。这也意味着,当硬件(手机)改进后,软件平台(操作系统)能够直接更新继续用于新的硬件,而不需要完全改写模式分量(apps)。

该委员会建议实现通用软件平台的最佳途径应包括以联合为基础的决策过程。如第 2 章和知识窗 10.2(ESMF)讨论的那样,那些上级支配的向特定计算平台的转换往往不如那些由底层发起的转换成功。第 13 章会进一步讨论国家气候模拟论坛年会的形成。向通用模拟平台进化将需要持续的工作,该年会的工作组可以提供场所。

向通用软件平台进化将面临风险和庞大的开支。单一的计算平台能够减少对可能发展途径、软件设计和开发方面的探索。多目标、大规模计算是一个不断发展的问题,即用之适应一个已经存在的团体框架是具有挑战性的:以团队为基础的决策过程需要培植,它们效率低下并需要承诺约束。说服单独模拟团队从当前的计算平台上迁出可能并不容易。然而,在十多年的经验的基础上,再加上自下而上的团体设计过程,该委员会认为气候模拟是已经有能力

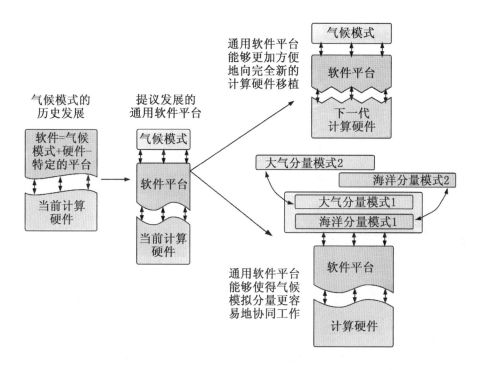

图 10.2　发展通用软件平台,将有利于模式向下一代计算平台移植,并使得模式分量间互联互通

开发一个强力且宏伟的通用软件平台。这个计算平台带来的收益远远超过其建造成本。

　　上述进化只能在充足、持续的资源支持下取得成功。进化将受利于财政部门的协调参与,来组织和支持发展新平台及其在美国全球、区域模式中的实施,正如它在模式比较和国家模式数据存档中的应用那样。美国全球变化研究计划(USGCRP)将在其中发挥重要作用,在其最近的战略计划书中指出:"推动发展和广泛应用这种框架是 USGCRP 的核心任务,以便达到最大限度地协作,共同发展的模式,并最终协调研究工作"(USGCRP,2012)。

应对气候模式计算的硬件要求

如本章前文所述,决策者和其他用户未来对美国气候模拟提供数据的需求将非当前的计算能力能及。第 13 章将在现有气候模式、区域模式与需求相互作用的基础下,进一步讨论如何满足这些需求。

全球数据共享平台的运作

对当前分散性的气候科学可以得到两点结论。

首先,气候模式数据档案是呈指数增长的。如果没有新的存储方法、数据抽取、数据语义学和可视化方面的实质性投入,同时所有行为都旨在分析和计算数据,而不是试图本地下载、分析数据,用户很可能无法访问数据。美国国家科学基金会、EarthCube 和一些由 NOAA、DOE/SciDAC 资助的次级项目的研究工作正尝试解决这个问题,但是这个领域将得益于国际网络和多机构的共同努力。全球联合数据库需要对等的联合响应,这就产生了挑战。

其次,全球协调数值模拟已成为气候科学研究的核心。气候科学和政策的科学性、决策越来越依赖于这些实验结果。整个气候模拟界依赖于全球数据平台对模拟结果的传播。依靠由分散、独立和不稳定的捐款资源所支持的专职技术人员团队来开发、运行数据平台是不现实的。欧洲模拟界正试图通过欧洲地球科学业务网络来构建数据平台。(请参阅第 9 章什么是"业务"计算平台的详细讨论。)

委员会认为,在各研究机构研发的小型但多样的模式间,进行全球范围的协同数值模拟试验,将会推动气候科学继续向前发展。

对支持国家政策和决策、气候及其影响下的科学、应用而言,这些实验的结果无疑是宝库。在本章提及的模拟数据和第 5 章提到的观测数据的需求,都急需加强用于气候数据的信息技术平台。该委员会认为,现有数据平台方面的工作非常重要,以至于需要借助志愿者的努力和稳定的资金。

建议 10.1:为了促进协作和适应快速发展的计算环境,美国气候模拟界应共同努力,建立一个通用的软件平台,促进美国所有层级上的全球、区域模式和模式类型的分量交互性操作和数据交换。

建议 10.2:为了应对气候决策者和其他用户的数据需求,美国应该投入更多的研究,旨在未来 10~20 年改善气候模式在高度并行计算机体系结构上的性能,还应保持国家最先进的计算系统可用于气候模式。

建议 10.3:为了使预估的数据变得有用,美国应该支持转型的研究,而不是其他方式。

建议 10.4:支持国际、国内气候模式比较计划和其他模拟关注点(包括向科研用户团队存储和分发模式输出)的数据共享平台对于国家气候模拟领域而言非常重要,应被当做气候研究和服务用户团队的业务基石来支持。

(郭准 译,郭准 校)

11 天气和气候模拟间的协作

虽然天气和气候模拟从根本上说,都是求解控制全球大气和海洋环流的地球流体动力学方程组的数值解,但是数值天气预报(NWP)和气候模拟界长期以来有着不同的支持群体、不同的技术细节,甚至不同的术语。然而,近年来认识到这两个分支学科有着共同的基础,目前有工作正在将它们结合在一起以解决预测问题(Brunet 等,2009;Hurrell 等,2009;Palmer 等,2008;Shapiro 等,2010;Shukla 等,2010;WCRP,2005)。对于天气和气候预测,该"无缝隙"方法的实质在于二者有着共同的过程和机制,并且各时间和空间尺度的相互作用对气候系统都是重要的。

多种"无缝隙预测"策略正被用于不同的方面。它们包括:(i)利用恰当初始化的 IPCC 类耦合模式进行时间尺度从日到年代际的回报和预测;(ii)在全球气候模式中嵌套高分辨率区域模式或局地加密的网格,以更好地描述天气事件及其统计性质所需的小尺度过程;及(iii)使用业务天气预测模式的改进版本进行季度和年代际预测。所有的这些方法都试图在时间和空间尺度上将天气和气候联系起来。

无缝隙预测的最终实现是一个单一的"统一"模拟系统,目的是在广泛的时间尺度和空间分辨率(从初始化的天气预测到长期预估)上运行。对于一个统一的天气气候预测系统,有几个要求:

· 数据同化能力,如最充分地利用可用的观测产生初始条件,以便分析模式参数敏感性和量化不确定性,以及评估新观测带来的改进。

- 可应用于所有尺度的统一的物理参数和数值算法；
- 在天气及季节内到年际时间尺度上模式有预报技巧，模式对长期气候模拟可靠；
- 有足够的模式研发人力及技能，能够及时处理包括天气和气候应用方面的挑战；
- 能够高效执行的计算平台及在所需的网格距和时间尺度范围内的模拟数据管理。

无缝隙预测和统一模拟对于更好的模式工程而言是一个策略，其旨在约束不确定参数和利用天气和气候模式内部结构间相当大的重叠性。确实，随着这样的工程得到更有技巧的气候模式和气候一质量再分析，这些策略无疑对气候科学和应用界有价值。这些进展，包括应用于广泛尺度上的参数化方法及模式检验和评估新方法，也可以在模式间转移。

无缝隙预测的优势

观测的气候系统包含了在一系列时间和空间尺度（从云冰晶到中尺度天气系统，到洋盆尺度海洋环流过程，到大陆尺度冰盖）上演变的重要特征和过程。所有这些过程，某种程度上产生了所看到的一系列时间尺度上的天气和气候现象。鉴于该系统总体上的复杂性，构建仅聚焦于对于特定应用最为关键的那些过程的模式，这种策略是行之有效的。例如，用于日一周预测的天气预测模式，聚焦于大气中的高空间分辨率和大气物理过程，对海洋的详细描述便不太重视，这是因为海洋的许多变化并不在 1 周或 2 周的尺度上影响天气。同样的，用于年代际到百年尺度预估的气候模式因考虑到计算效率，其空间分辨率相对较粗，因此并不需要精确模拟在小空间和时间尺度上重要的现象（如中尺度对流辐合体或热带气旋）。这些选择反映了如计算机性能的资源限制及对所考虑问题的简化。

　　然而,这种方法是有缺陷的。气候系统中的物理和化学过程对许多时间和空间尺度都有影响。例如,由白天陆表加热驱动的小积云会改变下午陆表温度,并有利于激发大雷暴(天气效应)。它们同样影响了大尺度的反照率和陆表蒸发(气候效应),因此对气候系统在年代际和更长时间尺度上对温室气体浓度和气溶胶变化的响应,也有影响。另一个例子,在过去十年,用于预测热带气旋的天气预测模型通常也包含了一个动力或上层海洋混合层模型(一个传统的气候模型分量)。这些例子都增加了这样一种共识:由于气候和天气有着同样的物理过程基础,因此对于模式发展和应用而言,一个更加统一的方法会有许多优势。

　　对于气候模式,一个更加统一的方法使其能够针对与天气过程相互作用的"快"物理过程参数化,进行更严格的测试和改进。例如,云的偏差及云对温室气体和气溶胶变化的响应的不确定是预估21世纪气候变化的大挑战。在气候模拟中云的偏差出现得非常快,通常在模拟的最初几天或几个星期就出现了。因此,在天气背景下测试云的新参数化方案是很有趣的。在天气背景下,从气候系统观测状态初始化后的相对短的模拟中,能够更快地评估模式参数化的优劣。

　　为此,可以利用观测的过去天气变化的大量数据检验天气或者气候模式的回报试验。这样的测试可以利用来自另一个模式的初始化完成。在本报告中,这样的测试被认为是"无缝隙预测"而不是"统一模拟",因为它并不需要(模式具有)数据同化能力,而统一的天气－气候预测模型需要进行实时预测。在过去十年,随着诸如气候变化科学项目－大气辐射测量参数化测试平台的软件平台的建设,这种方法开始广泛用于支撑气候模式大气分量的源于格点再分析资料的初始化过程。例如,Hannay 等(2009)和 Wyant 等(2010)

利用卫星和现场观测结果,评估了 NCAR 和 GFDL 气候模式的全球回报试验对特定区域副热带边界层云的模拟。热带对流 MJO 年工作组①正在组织全球气候模式对过去 MJO 事件的几周回报试验。国家多模式集合计划②中,美国和国际的几个全球气候模式也进行了一系列的季节—年际回报试验(及实时预测)。

统一模拟方法的实施有更大的科学上和组织上的挑战,但有相当多额外的益处。对于天气预测模型,可以减少由于平均态漂移导致的系统性偏差并得到更有技巧的数据同化。天气预测模型通常受到平均态偏差的问题,当它们运行几天或更长时间后,会飘移至其内在有偏差的气候态,而产生预报偏差。当天气预测模型设计和测试用于气候模型后,减少这种气候态的偏差是发展的重点;最终这将导致更好的中期预报。一些量,如土壤湿度,影响天气预测但并没有常规测量。因此它们特别容易由于模式漂移而有很大的误差。同样,以气候方式的模式测试可以暴露这样的漂移;减少它们会使得预测更有技巧,并且近地表观测(如近地表湿度和温度)能够更有效地同化。系统性偏差更小的统一模型可以支持更准确的数据同化和更好地分析及再分析资料,这些资料将有助于其他气候模式的测试。

统一模型将促进适用于一系列格距和时间尺度的参数化方案的发展。结合天气和气候模型资源和其他模拟平台,最终对参数化方案的发展更为有效,并导致天气和气候模式研究和发展的知识交叉互补。

调查结果 11.1:无缝隙预测的一个有益之处是以天气预测方式测试气候模式。统一的天气—气候模拟有更多潜在的益处,包括改

---

①　http://www.ucar.edu/yotc/mjo.html(查阅于 2012 年 10 月 11 日)。
②　http://www.cpc.ncep.noaa.gov/products/NMME/(查阅于 2012 年 10 月 11 日)。

进天气预报、数据同化、再分析和资源的更有效使用。

统一天气气候模拟的科学挑战

本节将专注于统一模拟的科学和技术上的挑战,下一章将讨论管理和组织上的挑战。用于天气预测的模式需要模式的初始化方法。对于实时预报,这通常涉及数据同化系统,这是很大的工作,并需要大量的基础设施。因此,一个挑战是,优化来自新模型的信息用于短期预测,而不是被与数据同化和模式初始化有关的必要的基础设施建设所压倒。

对于天气预测,需要大气观测状态的详尽分析,但初始状态的不确定性在几天后增长得很快。气候系统的其他分量通常都固定为观测值。而对于气候预测,大气的初始状态与天气预测并无多大差别,但气候系统其他分量的初始状态是必要的。对于一个季度到一年左右的预测,上层海洋状态、海冰范围、土壤湿度、雪盖和陆表植被状态都是重要的。对于年代际预测问题,海洋整层的初始状态都很关键(Meehl 等,2009;Shukla,2009;Smith 等,2007;Trenberth,2008)。全球海洋的初始条件可由现有的海洋数据同化系统提供。然而,21 世纪初之前差的重建盐度数据严重阻碍了 20 世纪回报预测试验,该试验是检验模式需要的。20 世纪初以后,Argo 浮标开始提供近全球上层 2000 米海洋的温度和盐度更好的数据。有挑战性的研究工作是,利用当前观测网发展初始化气候模式预测的优化方法,及发展识别海洋观测的最优集的方法用以初始化气候预测(Hurrell 等,2009)。

海冰和雪盖的质量、范围、厚度和状态在高纬度是关键的气候变量。土壤湿度和陆表植被对于理解和预测暖季降水和温度异常及陆表的其他方面是尤其重要的,但它们很难量化。当模拟演变为系统性的边界和外部影响变得更为重要时,不正确的初始条件造成的误差将变得更不明显,但它们在整个模拟过程中仍然很明显(Hurrel 等,2009)。大气系统性变化的任何信息(尤其是成分和火山爆发的影响),以及外强迫,例如太阳的变化,也是需要的;否则这些都固定为气候平均值。

调查结果 11.2:当前的观测对于气候模式的完整初始化而言还不足够,尤其是季度到年代际预测;那些观测较少的变量场将有更多的初始化偏差和不确定性。

气候模式较之数值天气预报模式网格距更粗,这是因为它们必须进行多年的模拟。一个统一的模式必须使用能够支持这个范围分辨率的参数化方法和动力框架,其中还包括了分辨率的"灰色区域",在该分辨率下,大气积云对流或海洋中尺度涡可以模拟但不能很好分辨。虽然 ECMWF 和 UKMO 对此有些成功经验,但尝试发展 10~200 千米无缝隙、横跨天气—气候范围的次网格参数化(尤其是深对流)的复杂理论和物理研究仍是必需的。研究中,亦需要相当的计算资源以便显式模拟小尺度过程及其与大尺度过程的相互作用。这些对所有气候模拟都是有益的,因为不同的格点分辨率已用于不同的应用研究中(如,较高分辨率的模式已用于年代际预测问题[Meehl 等,2009]和区域气候模拟,或者 10~20 年的片断全球模拟以考察未来气候的天气变率概率分布和极端事件)。此外,在十年内,气候模式将使用当前 NWP 模式的分辨率,所以 NWP 模式对于发展未来气候模式是一个很好的测试平台。

调查结果 11.3:对于统一模拟(及气候模拟作为一个整体)的一个重要挑战是发展改进的、适用于天气和气候应用的一系列尺度的参数化方法。

模式评估的挑战也相当艰巨。当前气候模拟界使用的指标在变量、时间尺度、空间尺度或者性能表现都差别很大。但在天气预测中就不是这样,在天气预测中,可以确定预测限制和不同天气预测指标的影响。日的天气预测的技巧可以被验证多次,并且模式技巧的定量化是相对直接的。模式技巧的定量化对于季度预测将更加困难,因为大量的季节和预测状态必须变化以便建立预报验证统计量。

对于年代际或更长时间尺度,预测技巧的量化变得更为困难,并且这些指标将可能涉及在应用中将如何使用这些预测。即使可以用过去十年期刊文章中提出的、所有可能的气候指标校验长期气候模式,针对预测的未来温度、降水、土壤湿度和其他对于社会重要的变量的未来气候变化,当前也没有方法对这些指标在度量(这些未来气候变化)不确定性中的影响进行优化或给予权重。

当前例子

几个主要的数值天气预测中心已经将统一系统用于气候模拟。这些中心包括 UKMO/Hadley Center、ECMWF、欧洲的 Metro-France,以及美国的国家环境预测中心(全球预报系统[GFS]/耦合预报系统[CFS])。发展这些系统的初始动机包括季度—年际预测(NCEP 和 ECMWF),或是外部团队对于将天气模式发展为一个新的气候模式感兴趣(EC-Earth)。从他们的经验中我们能学到什么?

UKMO /Hadley Centre

最成熟的统一模拟系统是由 UKMO 和它的气候模拟部门——哈得来中心运作的。Cullen(1993)首次描述了气象部门的统一模式 MetUM,并自那时起它便是全球天气预报业务模式。它也是 HadGEM 系列气候模式的大气分量(Collins 等,2008;Martin 等,

2006)。最近,MetUM 的区域版本被用来进行英国的高分辨率天气预测、空气污染扩散模拟和区域气候模拟。因此在统一模式的"大伞"下,UKMO 支持了共享物理参数化、动力框架、数据同化和软件平台的一个模式层级。

Senior 等(2010)描述了 UKMO 在统一模拟方面占绝对优势的正经验。他们指出了代价(对某个时间尺度模拟性能的改善可能需要作出妥协,需要模拟和数据同化系统额外的复杂技术),但他们也指出"利用 MetUM 我们遇到了相对少地需要做出妥协的情形,更典型的是由于缺少某个特定时间尺度的性能,模式的一个改变的实现会延迟"。他们强调了模式严格检验的优势,利用多个时间尺度上的多种观测,尺度识别的参数化发展,同样的软件平台,较早植入新物理过程实现交叉受益(如把针对气候发展的化学模式嵌套在天气预测模式中进行空气质量预报)。他们还介绍了学院外应用团队对 MetUM 的大量使用情况。

Martin 等(2010)展示了几个例子,在这些例子中对几天和气候尺度上误差的联合分析,促进了积云对流参数化的发展,改善了热带降水型的模拟,促进了气溶胶和陆地反照率参数化的发展,改进了在两个尺度上陆表气温的预测。他们还报告了 UKMO 正朝着季度/年代际气候预测的完全统一而努力,因其当前的模拟平台还有些许不同。

在过去五年,UKMO 和 ECMWF(在下面讨论)在全世界所有模拟中心中,有着最高的 5 天天气预测技巧(标准中纬度指标,500百帕高度的全球均方根误差)(图 11.1[彩])。两个中心都在减少预报中的系统性误差方面投资很大;在这方面,统一模式对他们的天气预报有明显的好处。Gleckler 等(2008)发现 HadGEM 气候模式的总体气候模拟偏差在 CMIP3 气候模式中是最小的,显示统一模拟策略也产生了有竞争力的气候模式。

北半球(20°—80°N)500百帕高度5天预报的月平均距平相关系数(1:2:1平滑)

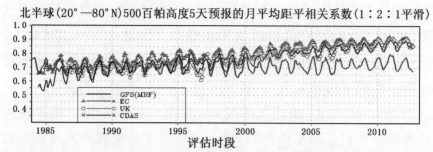

南半球(20°—80°S)500百帕高度5天预报的月平均距平相关系数(1:2:1平滑)

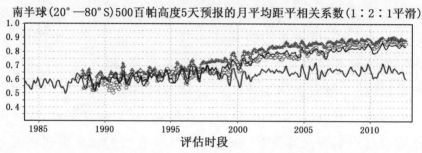

图 11.1(彩)　GFS/中期预报,ECMWF,UKMO 和 CDAS(NCEP 零版模式)自 1984 年北半球(上图)和南半球(下图)500 百帕高度 5 天预报的月平均距平相关系数时间序列。ECMWF 保持了所有业务模拟中心的最高预报技巧。来源:http://www.emc.ncep.noaa.gov/gmb/STATS/html/aczhist.html(查阅于 2012 年 10 月 11 日)

ECMWF

　　ECMWF 由欧洲共同体创立于 1975 年,致力于发展一个中期(5～14 天)全球天气预报模式,并于 1979 年开始业务预测。自1980 年代后期起,ECMWF 便保持了所有业务模拟中心最高天气预报技巧(图 11.1[彩])。该性能使得德国汉堡的马克思—普朗克研究所利用 ECMWF 模式的一个版本作为新的气候模式ECHAM4 的基础。这并不是一个真正的统一模式,因为 ECHAM4加入了很多新的物理过程参数化方案,并且 ECHAM4 和新版本的

ECMWF 模式也没有尝试保持和谐一致。然而，ECHAM4 是 CMIP3 耦合模式中模拟当前气候最好的模式之一（Gleckler 等，2008）。

同时，ECMWF 发展了自己的季节－年际预测模型。2005 年，一个新的基于几个大学的更小的欧洲气候模拟团队共同体，在一个名为 EC-Earth 的项目中联合 ECMWF，其旨在更加完整地实现统一模拟的远景目标。这个项目采用了一种更加聪明严格的方法。其中，快物理过程（响应大气变化只需几天的过程，如云过程或近地表土壤湿度）只用天气预报进行优化（Rodwell 和 Palmer，2007）。长期气候态和季度－年际预报则用于优化慢物理过程，如影响的时间尺度在月到年的海洋湍流混合或海冰耦合过程，以及影响两种时间尺度过程但对气候偏差最为重要的物理过程，如陆地的雪密度。调试后的模式略微改进了原始 ECMWF 模式的天气预报技巧并且显著减少了气候偏差，模拟的气候偏差低于所有 CMIP3 耦合模式的平均水平（Hazeleger 等，2010），显示了无缝隙方法的价值。

NCEP

为了响应对 ENSO 和季节预测进行潜在的耦合模拟的日益增长的科学共识，NCEP 于 2004 年实施了 CFS（Saha 等，2006）。大气模式是 GFS 业务天气预测系统的低分辨率版本，并耦合了外部发展的海洋和海冰模式。CFS 第二版本是基于 GFS 的 2007 年版本，并针对改进气候偏差和季度预测技巧作了很多额外的改动，于 2011 年业务化。CFS 可以被认为是一个"松散的统一"系统，因耦合模式的发展和评估的指标都没有反馈给 GFS 天气预报模式。利用 CFSv2 的 30 年 50 千米耦合再分析 CFSR 已完成（Saha 等，2010）；其利用了带有"切尾"（cutting-edge）同化能力的耦合气候模拟系统的优势,这对于气候数据是一个重大的额外贡献,并将有助于其他群体参与 CFS 的工作。

调查结果 11. 4:考察现有的统一模拟系统可以得到以下三点:

· 一个统一模式对天气和气候模拟都可以是世界领先的;

· 共享统一或近统一模式的气候和天气模拟的成功团队,需要很强的支撑管理和充分的专用资源,用以衔接天气和气候模式间不同的目标和用户需求;

· 由于统一模式的灵活性和多尺度验证,其对外部用户也有吸引力,并且有助于提升模拟中心和大量用户群体的交互,用户群体的反馈亦可改进模式。

未来之路

统一模拟

委员会建议加快横跨天气到气候时间尺度的国家无缝隙模拟工作。达到这个目的的一种方法是培育一个美国统一的天气－气候预测系统,其对天到年代际预报、气候质量数据同化和再分析都是先进的。这个预测系统将是业务天气预报中心、数据同化中心、气候模拟中心和外部研究团队间的合作成果。研究和业务团队间的合作对于这个预测系统的发展是尤为重要的。这个统一模式可以用于业务预测系统的一部分,亦可为研究模式提供支持。

理想地,这样的模式将实现天气和气候团队的参数化发展的交叉受益,并自然地导致参数化方法适用于一系列的空间和时间尺度。委员会承认该方法有挑战和冒险。这需要一个清晰的国家层面的授权、强大且有技巧的领导,以及大量的新资源,并认识到这是一个能够惠及广大科学团队的研究工作。这些条件在过去并未满足。当前没有一个美国模拟中心有资源和能力凭自身实力实现这个远景目标。虽然 NCEP 的 GFS/CFS 朝着统一模拟的目标迈出了重要的脚步,但其未来的发展受到业务和资源的共同限制。过去的经验表明,只有给予强大的、持续的激励,并且提供吸引有才干的科学家和软件工程师明确的科学机会时,中心间的合作才会成功。

进一步的管理挑战是协调天气和气候应用的模式发展。对于天气应用,只要一个改变被证实能够改进预报技巧,就应及时改进模式系统,因为主要的应用是天气预报,其只有几天的生命期。对于气候应用,预报的提前时间可以是年到年代,并且模式输出可能是偏差订正的、降尺度的、或者是用于一个模式链中的一步。对于这样的应用,用户可能更希望在一个改进的版本提出之前,模拟系统能够在几年的时间内保持固定。因此,模式的天气和气候版本的分离研发,使其在短期可能会有所差别,然后模式周期性的、可能有挑战的重组变成单个主干模式(如 UKMO)。最后的一步是统一模式发展的必要特征。

委员会建议美国全球变化研究计划联合主要的国家气候和天气模拟研究所(如,NCEP,GFDL,NCAR 及全球模拟和同化部门)确定统一模拟策略并开始实施(或决定这不是一个好的方法)。这将利用通用的软件平台、广泛通用的代码及数据的优势。可通过在所有时间尺度上预报和气候模拟技巧是否同时改进来判定它的成功与否。

统一模拟的一个可能好处是将更准确地同化更多的观测数据。因此,这样的统一模拟工作可能包括研究和发展先进的数据同化方法,其目的在于产生过去 50 年(或者至少从 1980 年到现在)更完整的地球系统再分析。

美国气候模式的回报检验

委员会同时鼓励所有美国气候模式（不仅仅是统一模式）进行回报检验的全国联合研究工作。这比统一的天气－气候模式更容易实施；每一个气候模式可以在它最优的网格分辨率运行，并且不必需要有数据同化能力。该工作可以联合天气时间尺度（上限到15天）的几年回报试验和耦合模式对季节内到年际时间尺度的回报试验。模式可以使用外部初始化场，或某些形式的松弛方式，或数据同化方法进行模式初始化。利用标准协议、输出和诊断的联合严格检验过程，有助于模式比较和加快进展。测试可以包括扰动初始条件、扰动参数集合回报能力和可能的集合 Kalman 滤波数据同化，用以指导"快物理"过程参数的选择。主要的目的是检验和改进模式对"快物理"过程的再现能力，并优化这些过程的不确定参数。

建议 11.1：为探索多尺度方法用以模式发展，美国应培育一个统一的天气－气候预测系统能进行天到年代的先进预测、气候质量数据同化和地球系统再分析。

建议 11.2：为减少气候模拟的不确定性源，美国应开展联合研究工作，其中使用天气和/或季节/年际回报试验系统地限制不确定参数和改进主要气候模式的参数化。

（邹立维 译，邹立维 校）

12 与用户和教育界的联系

虽然气候资料最广泛的用户群体是气候研究领域本身,但本章关注的重点是气候研究人员之外的其他用户群体。这些群体对获取气候数据充满兴趣,例如在"影响、适应和脆弱性(IAV)"研究群体中,气候数据直接用于他们自己的研究,或者(在其他例子中)为某些层次上的决策提供依据。这些群体的专业是非气候学领域,但在一些重要环节与气候学密切相关。例如,基础设施建设如电厂选址涉及数十亿美元,并且可能在很多方面受到气候条件的影响,如海平面上升、冷却系统要求和区域电力需求。除此之外,更好的理解气候变化可能带来的后果,对美国和其他所有国家都具有战略利益,因为气候变化可能会影响到美国和其他国家,以及国际陆地和海洋。

目前的挑战是如何使得气候数据、模式和数值模拟在未来十年或更长时间内对多用户群体是有用的。以下是主要的用户群体:基础设施的决策者和保险业、国家安全规划者、公共政策制定者、气候影响研究者及教育工作者。这些团体对气候数据、模式和数值模拟有不同的需求。

气候数据用户

基础设施规划、能源和能源政策

基础设施决策者需要能够直接影响投资决议的各种不同形式的信息及其与气候的关系。港口基础设施建设需要的信息与电厂冷却系统设计者需要的不同。这些决策所需的各种信息跨越一定的时间和空间尺度。比如金融决策，需要一定的概率信息，或至少对相应的信息不确定性有明确的描述。

气候模拟结果对一些长期基础设施决策非常重要。一些港口设施规划和沿海地区管理活动与潜在的气候和海平面变化密切相关。但气候和海平面信息是随时间变化的，很多重大的国家层次和私人投资决策并没有考虑到这些计划会因气候和海平面的变化而发生变化。

气候预估对正在进行的能源决策也非常重要。例如，太平洋西北地区冬季电力需求、春季及全年电力生产与厄尔尼诺—南方涛动（ENSO）和太平洋年代际振荡（PDO）有关，因为 ENSO 和 PDO 影响了当地的冬季气候（Voisin 等，2006）。太平洋西北地区和加利福尼亚地区发电量和需求之间的反相关系（尤其在春季、夏季），为在两个地区之间进行水电传输提供了可能。因此，对 ENSO 和 PDO 的预测，可以产生经济效益并作为一种规划工具。

保险和再保险

保险业的一个重要功能是管控不利天气事件造成的风险。该行业确保了保险人的财产不因洪水、飓风及其他严重风暴等而受到损失。灾害事件发生的频率和/或强度的系统变化，对保险行业的财产稳定性具有直接利害关系。气候变化（特别是无法预料的气候变化）造成的损失，可以从保险部门的经济状况反映出来。

由于保险业对气候灾害造成的经济损失进行补偿，它因此会受到气候变化的影响。该行业已经意识到，气候变化造成的严重影响可能会持续几年。这个认识是在政府间气候变化专门委员会（IPCC）第二次评估报告中产生的（IPCC，1995）。保险和再保险公司已经注意到与天气有关的灾害正在呈上升趋势。总部设在德国慕尼黑的一家再保险公司已经表示,灾害天气的上升趋势与气候变化有关,并对这一趋势进行了密切监控①。目前关于上升趋势在全球范围内是否显著存在较大的争议,但有一点可以肯定的是,这个上升趋势在美国是明显的(Barthel 和 Neumayer,2012)。

恰当地评估气候变化对保险行业造成的影响,需要对大量潜在的保险资产和活动进行评估。该行业面临各方面的挑战。很多可能会受到气候变化影响的部门会购买保险产品。为了设置适当的保险费,保险部门需要像 IPCC 那样进行全面的评估,尽管该部门侧重的是短期气候变化影响而非长期。原则上来说,这意味着要将保险期内影响保险资产和活动价值的不同因素分解开来。准确地评估气候变化对所有保险资产带来的风险是非常困难的。

目前不完全清楚的是保险部门是否有足够的资源来完成这一工作,或者该部门在多大程度上将其当成了主要研究工作而不是辅助工作。Mills(2005)总结如下:"虽然保险公司对气候变化的关注度超过三十年前,但很少有人认真研究过气候变化对业务的影响,更少有人在公开的文献中展示他们的研究结果"。但目前比较肯定的是更好的评估气候变化对保险行业的正常运行和效益是非常重要的。

国家和国际安全

美国国家安全部门必须做好准备应对与气候变化密切相关的突发性事件。国家安全任务的某些方面,如港口和沿海设施,直接受到气候变化和海平面的影响。其他因素可能会间接受到气候变

---

① http://www. munichre. com/en/media _ relations/company _ news/2010/2010-11-08_company_news. aspx (查阅于 2012 年 10 月 11 日)。

化的影响,如农业和水文系统中断造成的动荡可以威胁到美国的国
家利益。2003 年的五角大楼报告指出(Schwartz 和 Randall,
2003),气候突变是造成地缘政治环境不稳定的潜在因素,可能会导
致由于资源限制带来的小冲突、战斗、甚至战争。其中的资源限制
包括食物短缺,重点地区淡水资源的可用性和质量下降,更频繁的
洪水和干旱,以及极端天气导致的能源获取中断。维护美国国家军
事设施、资源和培训计划的完整性也同样受到关注(如战略环境的
研究和发展计划,SERDP①)。

　　《四年防务评估报告》(DOD,2010)中清楚地阐述了针对气候和
能源的战略方针。我们可以清楚地看到,气候变化正在成为影响未
来安全环境的一个因素。气候信息正在被人们用于制定针对民用、
军用设施及全世界的战略要点的策略中,来应对气候变化带来的影
响。最近的气候变化集合模拟结果(如 CMIP3)已被使用。例如,美
国橡树岭国家实验室(ORNL)最近向国防部提供了 CMIP3 数据分
析结果,用来评估气候变化可能带来的影响。国防部还与环境保护
署和能源部进行联合,共同提出军事上如何适应气候变化的研究申
请(通过 SERDP);通过这个项目,以适应气候变化为目的的方法和
气候产品将产生。

公共政策制定者

　　公共政策面临两方面的挑战:制定干预措施以控制人类活动对
气候的影响(如温室气体排放、土地利用和气溶胶排放),决定如何
对目前已有的及未来潜在的气候影响作出合理的反应。这需要多
种不同的气候信息。一般来说,公共政策制定者对专业的分析、评

---

　　① http://www. serdp. org/Program-Areas/Resource-Conservation-and-
Climate-Change/Climate-Change (查阅于 2012 年 10 月 11 日)。

估和解释的兴趣要大于对原始数据的兴趣。主要的公共决策,如减排的幅度、速度和时间,一般是由国家单独或联合制定(减排的决策也可以在州或地区层面上制定,尽管这些缔约方的减排量可能很小,可能很难对地球的行星能量平衡产生显著影响)。减排决策需要气候变化信息,公共政策决策影响气候变化的能力,以及其他可选的政策干预,如(减排决策)在地区和全球范围内的相对成本和收益。很明显,决策团队需要已经汇总、解释和评估的信息。建立一个连接数据、模式和用户的权威接口非常重要。

公共政策制定者有一套发展相对完善的资源,专门负责信息的产出和传递。IPCC 是政府用来评估已知的、未知的气候变化及气候变化的不确定性的组织。该组织已经进行了四次完整的评估报告和一系列专题报告。第五次评估报告目前正在进行中。此外,各国政府开始组织自己的科学家进行针对本国的评估报告。国家研究理事会在美国发挥了重要作用。1990 年的全球变化研究法案委任了一组气候变化影响的评估,简称国家气候评估(NCA),该评估每四年进行一次。NCA 已经完成两次完整的评估及一系列综合和评估产品。美国全球变化研究计划(USGCRP)正在进行新的评估活动①。这些评估报告反过来也依赖气候信息产品。IPCC 和美国政府能够召集全世界的科学家,因此能够给出权威的气候和气候系统信息。

相反,制定如何适应气候变化的公共决策则有着更广泛的参与者,这些参与者可以从国际机构到当地社团。决策者需要了解主要的气候变量及这些变量的可能变率,但与研究领域不同,公共决策的制定者需要可付诸行动的信息。尽管一些决策者可能有足够的专业知识去使用原始数据,但大多数人需要专业可靠的接口将数据

---

① http://www.globalchange.gov/what-we-do/assessment(查阅于 2012 年 10 月 11 日)。

和模式转化成可用信息。

影响、适应和脆弱性研究团体

该研究团体简称为 IAV 研究团体。IAV 研究团体关注的重点是理解人类活动和自然变率对气候变化的影响。IAV 研究团体对气候数据和模式有高度多变的需求。位于这类研究序列的一端是全球生态系统研究人员,他们需要全球尺度的信息;而不同的模拟团队对时空分辨率的要求是不同的。精细的范围和较长的时间尺度都是模拟人员需要关注的。在另一端的是个例分析研究人员,他们将研究一个具体的地点,比如一个村庄,通常他们研究的时间尺度较短(10 年),但具有较精细的空间分辨率。IAV 研究团体需要主要的气候变量的信息,如温度和降水,但也需要这些指标的变化信息。在某些情况下需要特定的指标,比如雾的持续天数或一年中温度超过 35℃的天数。将具体的模式和集合运算的不确定性告知 IAV 用户团体是很重要的(第 6 章)。

IAV 研究团体的高度多样性意味着他们需要使用的气候信息也是高度多样的。对一些研究人员而言,"气候模式比较和诊断计划"和"耦合模式比较计划"(CMIP)是非常重要的数据资源。最近参与 CMIP3 的数据非常完整,涉及了来自 11 个国家的 16 个模拟团队,共利用 23 个模式提交了 36TB 的模拟数据(Meehl 等,2007)(详见第 8 章)。对其他研究人员而言,气候数据产品的使用相对较少。

IAV 研究团队研究的重点是当今社会应如何对气候变化做出响应。但是,越来越多的研究关注未来气候变化的影响和适应。这不仅需要气候数据和模拟结果,同样需要强迫未来气候发生变化的社会经济和生态系统信息。在 IPCC 第四次评估报告中,气候模式采用的社会经济情景来自《排放情景特别报告》,从而使 IAV 研究人员能够把未来气候变化和这些情景对应起来。IAV 研究团队发现设置这些情景是有用的,但同时也注意到这些情景所涵盖的社会经济状况的多样性并不足够丰富,这可能限制了它的效用。IPCC 第五次评估报告中,未来情景采用四种"典型浓度路径"(RCPs)表述。正在重新设计的 RCP 情景将囊括更加广泛的社会经济和生态系统发展途径。然而,如何将没有用于驱动气候模式的社会经济和生态系统情景与 RCPs 对应起来将是一个问题。目前有研究正在设计与 RCPs 对应的社会经济发展途径。这的确是个复杂的问题,但对有效探究社会经济未来发展情景的多样性非常关键。

对未来气候变化信息的需求在 IAV 研究领域差异很大,因此很难总结出对未来 10～20 年的气候变化预估需要进行哪些改进。IAV 研究团队的一些研究者,比如侧重于气候变化影响分析的团队,可能需要高分辨率的气候变化信息,并对不确定性有准确的估计。这个问题将通过对气候模拟的改进来解决,包括提高模式分辨率(第 3 章)。对于其他研究人员,比如侧重于脆弱性分析的团队,可能需要关于人类和生态系统脆弱性本质和原因的非常细致的信息。总体来说,气候模拟团队和 IAV 研究团队之间更多的协调和协作,有助于改进对未来气候研究的合作创新。

教育工作者

这里讨论的最后一个用户群体是教育工作者。他们需要理解气候信息,并将这些信息传授给学生和公众。为这个群体服务,首先要制定培养教育工作者的方案。发展一套科普知识,使得公众能够理解气候变化及其驱动因子,以及天气和气候的区别,是一项长期的事业。

气候科学的快速变化使教育界面临一个特殊的挑战。新的研

究成果的发现可能会使教科书变得过时。NRC 报告中"有效应对
气候变化通告"（NRC,2010d;第 11 章）详细地讨论了目前关于气候
变化教育的现状,可用的教材,以及教育课程要跟上科学研究进展
的必要性。此前的 NRC 委员会推荐了几个优先发展措施,本届委
员会也表示赞同,包括改进"国家、州和地区级别气候教育标准、气
候课程发展、教师专业发展,以及支持性印刷和网络材料的创作"。
他们还推荐了"发展国家战略和网络以协助面向决策者和公众的气
候变化教育和宣传活动,包括对基本信息需求的识别;发展相关、及
时、有效的信息产品和服务,建设和整合信息传播和共享网络,建立
持续的评估与反馈系统来找出何种情形下使用何种方法最有效"
（NRC,2010d）。

如上所述,美国国家科学院的"美国的气候选择"（NRC,2010a,
b,d,e,2011a）和世界气象组织的"全球气候服务框架"（WMO,
2012）共同指出,气候数据用户直接地或者通过联系组织将各种气
候数据转换成有用的信息。

发展针对特定用户的气候信息需要首先认识到用户群体的需求是复杂
和多样化的。气候信息和产品用户可以按多种方法归类:全球、区域和国家
范围的气候产品用户,不同行业的用户,公共决策与规划和私人用户,为最终
用户开发产品的中级用户,具有良好组织的团体用户到个人用户,熟悉气候
数据和产品的用户和外行。与此同时,我们必须认识到"用户"工作的时空分
辨率变化很大——从个体农民到城市规划师、河流域管理者、国家规划和国
际发展组织——在时间尺度上,从周和季节－年代际尺度预测到长期预估。
他们工作的经济和环境条件不同,经济动机也不同。尽管会有一些共同需
求,但总的要求、看法和与他们进行互动的方式在不同情况下会有所不同。

调查结果 12.1:各类用户群体对气候信息存在着广泛而多样的
需求,他们使用不同气候信息机构提供的服务,在许多方面都取得
了成功。

为用户群体提供更多可用的信息

委员会期望美国的国家决策者将继续拥有世界上最先进的气候科学和最优秀的气候科学家,关于气候科学状态的信息将继续由美国的顶尖科学家提供。一些组织机构,如美国国家科学院,将继续为不断变化的气候科学和决策者提供联系。国家决策者也将继续能够直接召集在美国各大学和气候中心工作的首席气候科学家。

其他的决策者无法召集美国的首席气候科学家,也不需要他们的服务。用于用户群体决策(而不是国家决策者)的气候产品的需求在不断增加,这些气候产品提供者的技术和背景显著不同。许多用户面临的问题并不是他们想要亲自去理解气候变化研究的前沿、意义和不确定性(见第 7 章),而是他们需要找到一个能够与之合作的人,这个人了解气候科学研究现状,能够使用气候数据并根据用户的特定需求进行解释,能够帮助用户理解这些数据的意义和不确定性。例如,委员会提到博士后应用气候技能计划(PACE①)能够填补这方面的需要。

提高气候数据用户获取最好的现有信息的能力,是提高国家制定良好决策能力的一个重要步骤,包括公共决策和私营部门决策。尽管有实体帮助用户合理地使用和理解气候模式输出数据(如IPCC 气候影响评估情景工作组②),用户群体依然需要更细致的帮助。Overpeck 等(2011)得到了几乎一致的结论。他们指出气候模拟领域面临的两个重要挑战是确保"不断扩大的数据量可以被简单、自由地获取,并用于新的科学研究",以及"确保这些数据和基于

---

① http://www.vsp.ucar.edu/pace/(查阅于 2012 年 10 月 11 日)。

② http://www.ipcc.ch/activities/activities.shtml#tabs-4(查阅于 2012 年 10月 11 日)。

这些数据的分析结果对于广泛的、跨学科的用户是有用的并可以理解的"。

委员会认识到把模式输出的气候数据转变为可用知识意味着要对衍生的数据产品进行转化和创新。转化过程的每一步都需要专业的气候知识,包括理解数据的意义及伴随着它们的不确定性。虽然气候数据最初可能来自于某一气候中心的资料库中,但它最终可能会转化为一所大学的研究员办公桌上的派生数据,或者是私营部门的可行信息。

调查结果 12.2:尽管存在大量可用的气候模式输出数据,但为更多用户提供可访问信息及为特定用户定制信息的需求却在不断增加。

很多公共和私人机构已经开始将模式输出结果转化成不同用户群体所需要的更有用的产品。这项工作需要理解气候模拟方法和针对某一特定问题的模式输出数据的优缺点,了解不同的降尺度方法及如何正确使用这些方法,以及具有传达气候模拟预估的局限性和不确定性的能力。无论是作为国家气候服务还是当地政府机构、私人公司,以及咨询团的一部分,这项工作必须由专业人员来完成,以确保用户得到最准确的和适当的信息。目前做这项工作的人员来自不同的背景,如天气模拟、工程、统计和环境科学。目前还没有标准帮助潜在雇主评估这些人员是否具备正确使用气候模式信息的技能,以确保他们可以为终端用户提供最准确的和适当的信息。这表明培训和认证计划在该领域没有被满足。

为了提高人们在此框架内所需具备的能力,必须审查气候从业人员的学历和在职培训要求。很多国家已经开始提供气候服务功能,因此,发展、生产、评估、理解和分析全球和区域气候产品,包括为评估气候变化影响进行降尺度气候情景预估,需要在更大范围内开展。在世界各地举行的一系列

CLIPS 培训讲习班,帮助当地人们取得了一定程度的气候和气候预测知识①。这些能力必须通过将气候预测和服务的基本要素纳入到世界各地的(尤其是WMO 区域培训中心,RTCs)大学基本课程中进行扩大和补充(WMO,2012,39～40 页)。

如下所言,委员会预见到目前不断增长的"气候释用"活动的需求,在未来将持续增长下去,并且可以设想一个受过训练的人员可以在气候研究者和气候数据用户群体之间扮演"气候释用人员"的中间角色。另一种正蓄势待发的方法是邀请气候模式用户参与到模式发展的讨论中来。这种方法首先在美国国家大气研究中心地球系统模式社会层面工作组②开始,并被一些气候应用群体看作是一种有效的方法(如自来水公司气候联盟③)。另一个成功的例子是美国国家海洋大气局的"区域集成科学和评估计划"(RISA④),这个方法开始于 1990 年代中期,目的是为了将美国的气候研究与用户需求更好地结合在一起。自那时起,遍布美国大陆、阿拉斯拉和夏威夷的很多大学和研究所获得了为期 5 年的 RISA 资助,并与对评估和适应与气候变化相关的风险感兴趣的利益相关者在相关领域进行了密切合作,包括渔业、水、野火、农业、海岸恢复和人类健康等。在英国,有"英国气候影响计划"(UKCIP⑤),该计划协调各项研究并将其导向到对气候变化的适应方面,并为利益相关者提供工具和共享信息。

---

① 气候信息和预测服务。

② http://www.cesm.ucar.edu/working_groups/Societal/（查阅于 2012 年 10 月 11 日）。

③ http://www.wucaonline.org/html/index.html（查阅于 2012 年 10 月 11 日）。

④ http://www.climate.noaa.gov/cpo_pa/risa/（查阅于 2012 年 10 月 11 日）。

⑤ http://www.ukcip.org.uk/（查阅于 2012 年 10 月 11 日）。

调查结果 12.3：需要更多的气候释用人员将气候模式输出数据转化为对于不同决策者有用的信息。

未来之路

Overpeck 等(2011) 总结到：

一种新的范式是将气候适应、服务、评价和应用研究与传统的气候研究联合起来，这需要加强对气候模式发展和分析及更多的气候数据机构的资助力度。基金管理机构增加的资助需要用在以下几个方面：改善数据的获取、操作和气候模拟；提高对气候系统的理解；阐明模式的局限；确保必需的支撑性观测。否则气候科学将处于不利地位，社会需要的气候信息——气候评估、服务和适应能力，不仅不会降低人类和自然系统面对气候变率和变化的脆弱性，还会使社会在不断变化的环境中错失良机。

委员会认识到，对于提高用于公共和私营部门决策的现有气候信息的质量和可用性的需求在不断增加。好的天气信息的重要性已经建立。气候变化将引发天气事件的系统性变化。尽管精确预报天气型的变化还不可行，这篇报告建议的研究可以确保随着时间的延长，可从日益增多的数据集里统计得到更好的信息。气候统计的多样性与气候科学目前向前发展的态势相结合，要求必须发展受过训练的专业人员，他们需要同时具备使用先进的气候数据和模式产品的能力。

委员会建议为气候"释用"颁发学位或证书。气候"释用"计划将为研究生提供关于气候模式运作的培训，包括气候模式的组成、多种模拟方法的优缺点、区域模式和降尺度方法、气候模拟不确定的来源、处理大规模模式输出数据的方法、统计分析方法，以及如何获取观测数据和模式结果。气候释用人员能够将用户群体的需求表达给气候模拟人员。为使得气候释用人员能够得到气候科学和气候模拟不断发展的信息，需要为他们提供持续的受教育机会；比如在大型国家会议或国家气候论坛上的开设的短期课程(见第13章)。委员会还预计培养专业人员的专业机构的建立,将自然地促进气候研究者、气候释用人员和用户群体之间的双向沟通。释用人员的角色类似于 Dilling 和 Lemos(2011)提到的"信息经纪人",他们将担任用户与科学家之间的中介。这些中介人员的发展和培训被视为一个关键的创新机制,可以促进迭代的相互作用,从而更容易发展可用的气候科学。

委员会还设想,这种课程应该由大学提供,并由一个具有广泛影响力的国家性组织发放证书,该组织独立于任何国家机构或模拟中心,例如美国气象学会或美国地球物理学会。参加这种课程的毕业人员的就业去向有多种,比如地方、州和联邦政府;私营部门;机构内的边缘组织,如 RISAs;以及非政府机构。正如前面所讨论(第9章),委员会期望私营部门最终会承担起将气候模式输出数据转化为对一系列决策者有用的产品的大部分任务。

委员会预计这种课程将培养出在气候研究者和决策者之间工作的专业人员。这些人员将有能力为用户提供满足用户特定需求的信息,他们也将有能力与用户讨论他们期望的何种数据产品是可能并且有意义的。他们可以将用户的需求转达给气候模拟者,帮助气候模拟者为用户提供能更好地满足不断变化的需求、更有用的数据产品。这将演化成一个对气候科学家和用户都有用的、可以有意义地进行未来气候变化研究的系统。和其他任何专业证书一样,这种证书将建立良好的标准。后续教育和换证计划将保证专业人士的技能能够满足当时的标准。

此前的报告已经讨论和建议过,由联邦政府负责提供组织化的气候信息和"气候服务",作为一种策略使得用户更易获取从气候模拟中得出的结果(NOAA 科学顾问委员会,2008,2011;NRC,2001a,2009,2010d)。委员会讨论了关于气候服务的事宜但最终选择不再给这场论战添油加醋了。对气候释用人员的培训非常重要，不管他们是属于需要还是提供气候信息的机构。满足用户对气候信息的所有需求并没有被设想为唯一解决方案，但将气候模拟领域和用户群体连接起来是有利于任何社会制度的至关重要的一步。

如前文所述，委员会并没有设想国家决策者在有关气候科学及其对美国利益的影响方面不再利用美国顶尖科学家的指导。委员会期望这种联系会一直存在。同样的，我们期望跨学科的研究也会继续蓬勃发展。联合研究项目将不会受到影响，该联合项目将促进包含多学科科学现状的综合的地球系统模式的发展，并探讨对生物—地球—物理及人类—地球系统共同的影响。同样的，气候模拟者和利用气候数据的研究者（如 IAV 研究团体）之间的直接沟通也不会中断，尽管需要了解如何访问和使用现有数据产品的研究者会发现，气候释用的技能非常重要。不管国家决策者和协作研究者之间现有的沟通是否充分，经过培训的合格的专业气候释用人员将有助于对气候数据产品不断增长的需求，这些气候释用人员将协助建立并维持气候科学家和数据产品用户之间的双向沟通。

建议 12.1：为了促进气候模式的有效应用，美国需要发展气候释用认证和再教育课程以培训气候释用人员骨干，这些气候释用人员可以将气候模式输出数据转化成对于决策者有用的信息，也可以将用户的需求转达给气候模拟人员。

（满文敏 译，邹立维 校）

13 优化美国研究机构设置的策略

目前美国拥有多个气候模拟研究机构,它们各自独立发展和应用气候模式,并由不同的资助机构来支持。这种体系结构的形成有其行政管理和历史原因。完整的全球气候系统模式主要由大的模拟中心维护发展(将在下文详述)。大学内的研究则主要着重于理解气候系统的关键过程,提升对气候系统的理论认识,从而帮助改进模式参数化性能,因此他们主要使用大模拟中心提供的模式和模式输出结果。上述模式发展工作主要由美国国家科学基金会(NSF)和美国国家海洋大气局(NOAA)资助的气候过程团队(CPTs)支持。区域气候模拟则主要是大学和国家实验室的一些较小的团队在发展。

美国的气候模拟工作既关注全球模拟也关注区域模拟。这两者之间存在交叉且相互影响,但为叙述方便,下面将它们分开讨论。

目前美国从事全球气候模拟的研究活动

美国有几个核心的全球气候模拟工作,其他研究机构的科学家们都为它们提供辅助。本文中,核心气候模拟工作要满足如下大部分或者所有的标准:

- 建立完全的、能用于季节到百年时间尺度的气候模式。它必须能够完整地描述海—陆—气—冰系统,且包括碳循环和生物化学循环过程;
- 其发展的模式空间分辨率和模拟性能与国际上的主流气候

系统模式一致；

- 不同分量模式的发展工作不会一直分散，而是定期整合到统一的核心框架下，以保障稳定的合作发展。
- 本委员会经过评估认定，美国有多家气候模拟工作能够满足部分或者全部上述标准。其中能够满足所有标准的核心工作有两家：
- 国家大气研究中心（NCAR），由国家科学基金会（NSF）和能源部（DOE）资助；
- 地球流体动力学实验室（GFDL），由国家海洋大气局（NOAA）资助。

其他能够部分满足上述标准的模拟工作包括：

- GISS 空间研究中心，由国家航空和航天局（NASA）资助，主要关注年代际到百年时间尺度气候变化；
- 国家环境预报中心（NCEP），由国家海洋大气局（NOAA）资助，主要关注季节气候预测；
- GMAO 全球模拟和同化办公室，由国家航空和航天局（NASA）资助。

在不同机构的资金支持下，面向不同的模拟任务，经过三十多年的演变，美国的气候模式发展形成了目前的格局。早期的 GFDL 和 GISS 模式结果，为二氧化碳增加导致的气候变化（NRC）评估报告提供科学基础。NCAR 的全球气候模拟研究始于 1960 年代。同时代的许多大学，例如加利福尼亚州州立大学洛杉矶分校也开始了最初的全球模式发展。由于发展全球气候模式需要不断投入基础设施建设，美国的综合性全球气候模拟研究主要集中在少数几个国立研究中心，但同时也欢迎大学和其他合作者参与进来。NCAR 和 GFDL 主要关注季节到百年尺度的气候变率，其中特别强调长期气候变化的预估。NCAR 通过与能源部和大学建立合作，为模式发展提供稳定的科学和计算资源支持。NASA-GISS 的规模相对较小，主要关注长期气候变化，上述三个研究中心从一开始就为政府间气候变化专门委员会（IPCC）提供支持。GFDL 和 NCAR 在美国气候变化计划（CCSP①）2003 年报告（CCSP,2003）中被认定为美国两个主要的气候模拟中心。

美国其他主要的全球模拟中心也都有各自关注的对象：NCEP 关注天气到季节尺度的业务天气和气候预测；NASA 的 GMAO 关注通过同化卫星和其他数据，模拟生成网格化的全球气候数据。

这些研究中心也在不断调整它们投入气候模拟研究力量的规模和范围（详见第 7 章关于气候模拟人力资源的讨论）。最大的两家研究中心是 NCAR 和 GFDL。据 USGCRP 2011 年的估计，联邦政府每年投入气候研究的经费约为 21.8 亿美元，其中 11%"用于提高模拟和预测未来气候变化及其影响力"。这些经费支持大的模拟研究中心开展全球和区域气候模拟，也兼顾支持国家实验室、大学和私营研究结构开展较小规模的模拟研究。

调查结果 13.1：美国已经形成了分布式的全球气候模拟系统，其中包含非常少数的几个"核心模拟工作"。这几个核心研究工作都有很长的历史。他们内部体系结构的形成依赖于模式建模的需求和外部资金支持的结构。不同研究中心对不同时间尺度的气候模拟有较明确的分工，其中针对气候预测和较长时间尺度的气候变率或气候变化的模拟工作是明确分开的。

目前美国开展的区域气候模拟研究

区域气候模拟主要关注发展和使用较细分辨率的区域模式，这

---

① CCSP 已更名为美国全球变化研究计划（U. S. Global Change Research Program，USGCRP）。

种模式适用于模拟有限区域内、较小尺度的气候特征。这类模式包括两种,一种是定义在有限区域内的,其四周为给定的边界条件;另一种是空间分辨率可变的全球模式,在关注区域内空间分辨率较高。对于有限区域的模式,它的侧边界条件可以由再分析资料或者其他气候模式提供,例如,全球模式预估的未来气候变化等。

美国有多个研究机构从事区域气候模拟,其中一些属于大学,而其他则隶属于上述模拟研究中心。多数区域模式源于全球模拟中心发展的模式。例如,很多区域模式工作都基于 NCAR 和 NO-AA 发展的天气研究和预报区域模式(WRF)。各个研究机构根据他们关注的科学问题和目的改造该模式系统。WRF 支持多种可供选择的物理参数化过程。迄今为止尚没有定量的评估,哪一种选择更适合于区域气候模式。基于各自的历史和经验,不同研究中心形成了他们各自不同的选择。WRF 是一个"复合口味"的气候模拟平台。多个可用的选项能够促进创新,但也为保证这些区域气候模拟的可靠性带来了挑战。CORDEX① 和 NARCCAP② 等模式比较计划将有助于评估区域气候模式的可靠性。

调查结果 13.2:美国的区域气候模拟已经形成了一个分布式的系统,它从属于国家实验室或者大学。几个代表的模式被用于各种各样的应用,但它们并没有如全球模式一样经过系统评估和相互比较。

目前研究机构设置的优缺点

优点

目前的机构设置具有很多优点,它促成了美国具有世界领先水

---

① http://wcrp.ipsl.jussieu.fr/SF_RCD_CORDEX.html(查阅于 2012 年 10 月 11 日)。
② http://www.narccap.ucar.edu/index.html(查阅于 2012 年 10 月 11 日)。

平的气候模拟研究。优点之一是,让来自不同研究机构的优秀科学家都能为气候模式的发展和应用作出长期的贡献。模式发展是一个长期事业,固定资金支持下的稳定研究团队非常重要,他们能够帮助研究机构形成某一研究领域的传统。

目前的体制已经能够有效地吸引主要模式中心之外研究机构的优秀科学家参与到模式发展中来。如上所述,由 NSF 和 NOAA 资助的 CPTs 吸引大学和国家实验室的优秀科学家,在气候模式中存在不确定性的领域开展研究工作。

美国多个气候模拟研究中心共存的格局保证了科学研究的多样性,并使得每个研究中心都能够从竞争中获益。例如,NCAR 和 GFDL 在模式发展方面的竞争强化了它们各自在模式研发方面的投入。但是,我们也可以认为,这种良性竞争,都是为了美国能够作为一个整体与国际上其他国家研究机构展开竞争。

目前的研究机构设置已经使现有研究机构获得较稳定的资金支持。长线研究活动需要这种稳定的资金支持。但这种安排中也存在资金支持的短期波动,从而可能导致长期的负面影响。例如,短期预算减少可能导致聘用博士后和年轻科学家人数的减少,而错过了机会可能导致未来很多年的负面影响。

调查结果 13.3:目前美国的气候模拟机构设置的一些有利的方面是,为维护各种模拟研究,维护解决气候模拟问题方法的多样性,维护多个模拟研究之间的健康竞争,提供了总体上较为稳定的资金支持。

不足

美国气候模拟的主要缺点之一,是许多关键领域的模拟研究仍然不足。模式的复杂性和社会对气候信息的期待和需求日益增大,导致提升气候模拟能力的压力随之增大。然而,各个气候模拟团队的人力资源不足以满足这些日益增大的需求(第7章)。这主要有如下两个原因:

- 尽管经费的总量巨大,但是仍然不足以满足大量模拟研究的需求;
- 职业发展的激励不足,特别是对青年科学家。

科学和应用都需要增加气候模式的真实型和综合性,这就要求主要的模式团队积极寻求获得更加庞大的计算资源,这又伴随着对精细化软件开发的需求(第10章)。软件开发需要核心模式研发团队支持额外的人力资源。这些都是严重阻碍模式进步的因素。在国家层面上,维持现有的几个各自独立的地球系统模拟研究团队共存的格局,将研究资源分割到每个研究团队,这既推动了发展,也为它们带来了压力,需要研究团队将有限的资源再分配到非常广泛的研究课题上。

目前这种格局下,美国气候模拟的计算资源基本是在各个研究机构间来分配。这种安排有其优点,例如稳定性较好。多个计算平台能够保证美国总是有可用的气候模拟结果。即使某一个计算平台中断了,其他的计算平台也能够保证美国气候模拟不会中断。

但是这种格局带来了重复投资,并且不利于国家气候模拟计算资源的最优配置。

另外一个缺点是,在现有研究结构下,从事长期气候变化模拟的研究结构与从事天气预报和短期气候预测的业务机构(NOAA下属的NCEP)联系并不紧密。而在其他一些国家,例如英国,针对短期天气气候预测和长期气候变化的模拟研究都整合在同一个研究所下面。

在这种"统一"的设置下,虽然天气预报模式和气候模式关注的时间尺度并不相同,但它们可以共享同一个软件平台和相同的物理过程。如第 11 章所述,加强不同时间尺度模拟研究彼此之间的联系,可能能够显著提升美国总的气候模拟的实力。两个可行的策略是:a)增加从事长期气候变化、季节内到年代际尺度气候变化和从事天气预报的科学家彼此之间的联系;b)发展统一的模式框架,使之能够用于预测各个时间尺度现象(天气和气候)。

调查结果 13.4:目前美国研究机构安排的主要缺陷是:各个研究机构的技术力量和经费数量都处在不足的边缘,因此难以吸引优秀的青年科学家加入到模式发展中来。此外,针对业务和科研的模拟工作彼此割裂,成为发展的另一大障碍。

未来之路

提升美国气候模拟的关键策略是优化和改进现有组织结构,同时引入一些新的因子。以往美国气候模拟的相关报告也提到了类似的建议(第 2 章)。本委员会认为,要更有成效地在更高层面上统筹气候模拟发展,需要将高层的跨学科领导与基层的以科学为主导的科学研究结合起来。下面将阐述相关国家战略的要点。这些讨论不仅适用于核心的全球气候模拟,也适用于区域气候模拟。

定期的国家气候模拟论坛

在目前的分布式模拟系统的组织结构下,各个模式发展和应用研究机构以及用户群体之间需要定期交流进展、共享成果和规划合作。虽然模式人员可以通过会议或者学术期刊了解他人的进展,但是对于整个多样化的分散群体,这一过程可能非常缓慢、偶然且低效。因此,本委员会建议成立美国气候模拟年度论坛。在这个平台上,从事全球和区域气候模拟的模式发展和分析人员可以在一起集中交流美国气候模拟中重要的、新的跨学科问题。尽管 NCAR 召开过大规模的地球气候系统模式会议,但它主要关注的是 NCAR 的模式,因此对于委员会所预期的更广泛的目的而言,这并不适合。本委员会提议的气候模拟论坛将为从事全球模拟、区域模拟及业务预报的科学家提供标准的相互交流的平台。这个论坛也将包括气候模式输出结果的终端用户。委员会承认仅仅一个会议不能实现下面列出的所有目的,但我们需要开展实验,尝试怎样设计这个论坛,使所有气候模拟研究和应用的相关人员都能够参与到它的建设中来。

这个论坛的最低目标是,形成当前美国气候模拟能力的周期性综述报告,方便气候模拟工作者讨论近期工作计划。它也将成为气候模式研发人员和气候模式信息用户之间开展广泛交流的平台。虽然论坛的开展倾向于以基层的、科学主导的方式展开,但它也将推动整个气候模拟界为实现共同的科学目标而一起工作。值得注意的是,我们无法提前预测论坛将取得哪些具体的进展。论坛的具体任务是:

- 作为一个重要的信息传递机制,向整个气候模拟界通告核心的气候模拟研究中心和区域模拟研究单位正在和将要开展的研究活动;
- 提供交流的平台,支持从事核心气候模拟、区域气候模拟的科学家与其他研究所或大学的科学家开展交流;
- 推进全球和区域模式的合作发展和应用,合作方式包括,设计标准试验,多个模式都进行相同的试验,以提升对气候关键过程的理解和表述;共享这些试验的结果,建立联合工作组集中解决美国这一代气候模式共有的模拟偏差和缺陷(类似目前美国 CPT 的机制),通过多个机构竞争的方式对联合工作组给予资助;

- 提供交流的渠道,推进气候模拟研究中心和业务中心的交流,明确业务模式的地位和需求问题,建立可能的合作机制;
- 为发展和应用国家层面的通用软件平台创造机会,维持软件开发人员、模式发展人员和用户的长效交流机制,宣传通用软件平台的优点;
- 为气候模式信息的终端用户提供机会,使他们了解气候模式的优点和缺点,同时使模式研发人员了解终端用户的需求,并反馈到模式的发展应用过程中,这些交流也包括短期课程,以满足气候模拟用户继续教育的需求;
- 为定期广泛地讨论国家气候模拟事业的战略重点提供一个机会。

虽然目前的研究结构在许多领域力量仍不足,为解决所有美国模式的共性需求,有吸引力的、不断变化的重点专题的频繁互动,能够集中整个美国的科学家以合作的形式攻坚关键科学问题,同时也能够强化全球和区域模式研究领域的交流。这种互动也将包括针对主要模式研究中心和业务中心活动、进展和计划的深入交流,以促进美国气候模拟在某些专门方向的进展。

论坛将成为一个合适的平台,讨论和计划如何使用统一的准则比较和评估区域气候模式,讨论为搭建区域和全球模式之间的桥梁所制定的模式发展计划(例如,尺度自适应参数化)。论坛也将讨论如何评估模式的不确定性。

由于这个活动需要多个模拟研究中心的通力合作,因此需要一个强力的合作机构来承担组织工作。尽管美国气象学会、美国地学学会或者世界气候研究计划理论上都能够承担这个任务,但 USGCRP 可能更加适合来领导组织这个论坛,协调美国气候研究方面的合作工作。USGCRP 在他们的策划中宣称:"全球变化研究者都将从更广泛、更系统的对话中获益","USGCRP 将在对话的组织工作中发挥重要作用"(USGCRP,2012)。

会议的规模是一个值得关注的问题,它对论坛是否令人期待、是否有吸引力非常重要。但是,我们不希望所有的模式研究人员都出现在论坛上,相反论坛应该强调气候模拟领域的内部交流信息及与模式用户的交流。美国主要的模拟中心都应该派代表参加所有的会议,而普通模式研究人员只需要参加他们感兴趣的比较计划及相关主题的讨论。论坛的一个独特的潜在亮点,是将有大量模式用户的报告介绍他们使用气候模式输出结果的情况,及现有模式结构是否能够满足他们的需求。此外,这个论坛也将成为模式研究人员与国家气候评估组织交流的纽带,当然这也取决于后者发展的方向。

通用软件平台

在第 10 章中,我们提出搭建全国统一的计算和数据存储设施是气候模拟国家战略的重要组成部分。这里我们讨论该机构的一些优点和挑战。目前美国气候模拟机构组织体系的主要缺点是研究力量不足。现有分布式的气候模拟系统难免导致不同的研究机构在发展模式时重复其他研究机构的工作。一个通用的软件平台能够为全美国的模拟研究中心带来丰厚的回报。它的一个主要目的是方便模式分量的移植。例如,如果某个模式分量被认为是已经发展得相对成熟,或者某个研究机构被认为是发展某个模式分量的中坚力量(例如,海冰模式)。它发展的这个分量就成为事实上的美国气候模拟界的标准。其他研究机构就能将相当多的资源解放出来,投入到其他的关键领域,例如,云反馈过程。

曾经已经有过关于建立通用软件平台的建议(例如,Dickinson等,2012),一些模拟中心已经开始在各自单位内部发展类似的软件平台,方便他们的模式系统在不同的应用上采用不同的配置(见第10章讨论,包括知识窗 10.2 中介绍的,多个模拟中心共用的软件框架 ESMF)。在它们各自发展的过程中,已经积累了很多如何更好地使用这种框架的经验(详见第 2 章),因此,目前投资的时机已经成熟,在未来 5～10 年可以实现整个美国气候模拟界采用通用的软件框架的目标。委员会希望每年举行的论坛能够成为推动该工作战略的重要平台。

为了尽快实现全国通用的软件平台,需要有更强的激励机制,使所有的模拟中心都能够从中获益,而不仅仅限于促进合作和方便交换代码。如第 10 章所述,委员会相信跨实验室的模式比较试验,对于推动美国气候模式的发展至关重要,而全国通用的软件平台能够使得不同模式间的深入比较成为可能,其中包括互换单个模式分量的比较。另一个有吸引力的原因是,通用软件平台将推动采用全新的计算机体系结构,开拓新的高端计算效能。第三个原因是将促进采用标准的数据结构,方便用户使用一套通用的可视化分析工具分析不同模式的结果。有了各个研究中心的支持,气候模拟界和软件工程界就可以开始设计和测试通用软件平台,并将几个主要的模式移植到该平台下。采用通用的软件平台将使得在美国气候模拟各个层级中工作的科学家都能够相互交流,并使气候模式事业更好地、更有效率地为国家需求服务。

值得注意的是,通用软件平台应该既包括主要的全球气候模拟中心,也包括主要的区域气候模拟中心;既面向研究,也面向业务,促进不同模式类型及其发展人员和用户群体之间的相互交流。

气候模拟需要的计算能力

如第 10 章所述,为了满足决策者和其他用户对气候数据和信息的需求,未来 10～20 年,美国气候模式需要的计算量急剧增大。计算量的增大分布在多种模式和应用中,主要包括,为发展模式开展的试验性质的模拟、低分辨率模式的多个集合成员的模拟、非常长的古气候模拟、高分辨率的全球和区域年代际模拟等。大规模模式数据的存储和应用也需要重点考虑。如下所述,委员会建议采用双管齐下的应对方案,一方面继续使用和升级现有模拟中心的计算资源;另一方面,集中研发力量,提升高分辨率气候模式在超级计算机上的并行效率(详见建议 10.2)。另外还有一个更激进的措施,即建立一个新的国家气候模拟专用计算装置,并且让所有的美国气候模拟研究机构都能够负担得起。建议 10.2 也讨论该装置的利弊。

现在的气候模拟中心基本都使用专属的计算资源。这些计算资源是气候模式研发和应用的基础,它们具有一定程度的灵活性,能够为快速循环的模式试验和具有高风险、高创新性的模式发展提供支持,同时能够为研究机构的一些特定目标提供计算资源(例如,开展模式评估计划要求的模拟试验)。历史已经证明这种运行和支撑模式是非常有效的,因此需要继续坚持下去。这些专属设备需要持续维护和更新,因此需要国家大量的资金投入。例如,本委员会估计,维护 Gaea 级的超级计算机(专属于 GFDL 模拟中心)或 NCAR 的黄石系统(它优先用于气候模拟)每年需要超过 3 千万美元(包括购买、维护、电力、人员及 3 年的折旧率)。

但是,如前所述,这种专属的计算设备并不足以为富于开拓性、创新性的研究工作提供足够的计算能力,例如用于研究区域气候或极端气候事件的超高分辨率气候模式,研究海洋吸收热量和碳等过程对气候系统反馈的涡分辨率海洋模式,为深入理解对流和气候相互作用而开展的全球云解析模拟试验。各个研究中心所有的计算机能够满足它们各自多数研究任务的需要,但不足以满足上述开拓性研究任务的需要。对于 CESM 等气候模式,它们的主要计算密集型的模拟试验是在超级计算机上运行的(例如,能源部的超级计算机),这些超级计算机并非仅仅服务于气候模拟。这种策略有其优点,例如可以应用昂贵的外部资源,让气候模拟界能够在不同的计算平台下开展试验,而不仅仅限于自己内部维护的计算机。但是访问外部资源并不总是可靠的,例如,与外单位签署的计算机使用协议一般不适于开展长时间积分的模拟试验,而这恰恰是气候模式所需要的。此外,外单位很难根据某个模式或模拟试验对气候科学的重要性来分配计算资源。尽管有这些明显的缺点,这些外部计算设备仍然是重要的"机会资源",气候模拟界应该继续使用它们,以应对超大规模的计算挑战。

为了将来能够更加有效地使用各种内部和外部资源,气候模拟界需要加大投资,使得模式在这些系统上的运行效率能够最大化(HECRTF,2004)。但是,如第7章所述,这并不仅仅是气候科学的任务,气候模式程序的复杂性导致实现这一目标的难度急剧增大。方案设计的挑战主要来自各种可能平台的多样性,但根本问题与平台无关,我们需要通过代码重构、改进编译器、提出新算法的手段来提高模式程序的并行效率。这项投资将充分利用目前尚在建议中的国家软件工程,这将方便基于某一个模式开发的软件工具和方法移植到另外一个气候模式上,令整个气候模拟界能够成为一个整体,为硬件转型换代提供导向。

美国是否应该投资兴建国家气候模拟专用计算装置?

目前气候模拟计算采用的是研究机构专属计算机与外部计算资源相结合的方式。这是否是最优的国家气候模拟策略?委员会就此展开了讨论。我们对兴建国家级的专门从事气候模拟的超级计算机(称为国家气候模拟专用计算装置,NCCF)进行了展望。在这个平台上,我们能够开展超高空间分辨率的模拟,描述以往不可能分辨的物理过程,从而使整个学科发生突破性进展成为可能。值得注意的是,NCCF 并非是要成为一个新的气候模拟中心。我们设想它能够成为一个先进的气候计算资源库,使整个美国的气候模拟界都能从中获益,并拓展下一代气候模式的模拟能力。下面我们将列举这种方式的优缺点。

要对气候模拟产生足够大的积极影响,国家每年需要对气候计算投入 1 亿美元甚至更多的资金,这还不包括委员会提出的软件工程,针对超级计算机的气候模式代码优化等方面工作需要的资金。由于目前多个方面的巨大压力,例如模式发展所需的人力资源不足,让模式输出结果能够广泛用于其他应用领域,维持足够的气候观测系统等方面工作的不足,因此本委员会内部需要权衡对计算设施和上述气候模拟其他关键工作的投入力度,并就此达成一致。

NCCF 的目标是形成对研究机构专属计算资源的有效补充,而不是替代后者。NCCF 将集中运行美国各个模拟中心正在研发的先进模式,这些模式需要的计算资源超过了它们各自的内部计算能力。下面列出了可能适于 NCCF 的模拟研究,主要包括:

- 使用几千米甚至更高分辨率的大气模式模拟区域气候变化和极端天气事件,例如,台风、干旱、洪水等;
- 研究海洋小尺度过程,例如中尺度涡,对气候变率和气候变化的影响;
- 研究高分辨率的生物地球化学循环过程,包括碳循环和大气化学过程,以便更好地在模式中描述生态系统,并评估它们对气候变化的响应和反馈;
- 预估陆地冰盖的变化,研究其与海洋的相互作用,这可能影响未来海平面高度的变化;
- 在非常精细的区域尺度研究生态系统和气候变化的相互

作用。

这些模拟研究工作可能既包括全球模式也包括区域模式。

NCCF 所需费用取决于它的规模。为成为一种革命性的计算设备,NCCF 应该不仅能够提供数倍于研究所级计算机的计算资源,并且相对于其他非专属于气候模拟的国家计算资源,它应该更有用、更可靠,且访问更方便。根据前文提及的关于高性能计算平台的联邦计划(HECRTF,2004)和过去十年的经验,单一的专属计算装置不仅价格昂贵,且每年的运营费用都将超过 1 亿美元。

NCCF 的优势

如果美国的气候模拟界能够稳定访问 NCCF 这样的硬件平台,它将能够更容易地定制软件平台,以发挥硬件的最大效益。一个高性能的计算设备能够使得高分辨率模拟研究更加容易实现,同时加速模式引入更多的地球系统分量,开展更大的集合模拟试验。一个高性能的计算设备能够成为提升美国气候模式计算性能的集中焦点,它不仅将加速科学进步,也将惠及那些需要高空间分辨率气候信息的用户。将这种单一设备用于气候模拟将方便模式开发者和模式数据用户访问模式输出数据,开发数据分析工具。最后,采购这样一个高端设施具有显著的规模经济效益,因为显然统一采购所需费用会远低于分散购买。

NCCF 将推动本报告一直提议的对软件平台的投资。这个专属的软件平台将使得模式在 NCCF 上运行更具效率。此前,各个模拟中心都是各自开发不同的软件平台。一个高性能的计算设备将促使各个模式中心将自己的模式兼容于统一的软件平台。

NCCF 的风险

一个引领行业的气候模拟计算装置可能需要大量额外开支,并且包含大量潜在的关于平台和管理的风险选择问题。在整个经费预算紧张的大环境下,NCCF 可能要和研究所级别的计算中心展开人员和经费竞争,从而进一步分化气候模拟界,形成不同的利益小团体。此外,它也可能受到每年经费预算不稳定性的影响。

NCCF 必须在不同的计算机体系结构中做出选择,而这可能给气候模拟界带来额外的风险,特别是选择使用前沿的、未经过实际测试的计算机体系结构、编程环境和性能优化方案。我们可以采用经过严格测试的体系结构来规避这些风险,但是这可能需要牺牲系统的某些可移植能力。

NCCF 的目标是为其他研究中心补充计算资源,对于管理来说这是一个重大挑战。我们需要建立一个透明的,由整个模拟界主导的选择机制,来选择 NCCF 着重关注的模式和科学问题。这需要参与设备运行的计算专家和主导研究任务的气候学家之间保持密切的交流。最终达到科学目标和整个气候模拟事业的需求能够决定 NCCF 或类似设备的运行细节。

总的来说,在目前气候科学及其模拟相关预算持续增加的大环境下,NCCF 是最有吸引力,且风险最小的选择,它可以与本报告推荐的其他气候模拟的关键投资项目持续共同发展。

为什么美国不能只有一个模拟中心?

本报告一直陈述的各种解决方案都是基于目前美国分布式的气候模拟体系这一基本事实。但是这种分布式体系存在一些固有的问题。本报告试图通过如下手段来克服这些问题,例如推动成立美国气候模拟论坛,加强行业交流;采用通用软件平台,协调各个模式中心的模式发展、运行和分析等。上文我们讨论成立国家气候模拟专用计算装置(NCCF),作为推动气候模拟加速发展的一种可能方案。但如果这个方案可行,有些人可能会问:"为什么不干脆合并目前的所有模拟中心,建立唯一的美国气候模拟中心? 这样所有相关从业人员能够在"一个屋檐"下工作,自然也能够发挥 NCCF 的各种优势。

本委员会认为目前这种想法可能不合时宜,基于如下几个原因。

- 目前模拟中心承担着它们的资助机构给予的各种任务,主要包括业务预报和数据同化等。目前很难做到,在一个单一的新模拟中心中一视同仁地执行这些各不相同的任务。
- 培育多支力量解决共同关心的关键科学问题仍然是科学界的共识。但是,这种方案的弊端在于重复工作导致了潜在的浪费。本报告一直建议通过各种努力减少重复性的工作,例如加强交流、采用通用的软件平台等。
- 就近期来说,这种变革可能具有非常大的破坏性。除非存在一个非常强大且可持续的国家级跨部门协调委员会,这个新的研究中心不仅不能取代目前的研究中心,反而可能导致研究力量和经费的稀释。

委员会认为一个合理的分布式策略能够兼容科学的多样性,同时保证计算资源使用效率的最大化。计算资源效率最大化的基础是采用通用的软件平台,并使不同层级的计算能力,即各个研究结构自己的计算机和 NCCF 保持共存。对不同复杂度的气候模式的需求恰恰反映了让不同计算能力共存的必要性,它能够充分发挥这些模式各自的优势。

调查结果 13.5：委员会认为，建立单一气候模拟中心，并以此取代各个气候模拟中心的方案风险大于收益。

虽然很难客观评估美国到底需要多少气候模拟工作，但是采用委员会建议的策略有利于整合美国的气候模拟研究，并使之更加透明。这些行动将使得那些成熟的模拟分量逐渐融合，而保持那些包含科学不确定性关键分量的多样性和创新性。随着美国气候模拟研究变得更加整合，不同模拟中心或许将开始分工合作，各自关注气候模拟问题中不同的方面，最终形成比单个模拟中心更强大的分布式网络格局。

建议 13.1：为了加强气候模拟事业的交流和合作，每年应该召集来自不同研究机构从事全球和区域气候模式发展的科学家、分析模式结果的科学家和模式结果的使用者，召开美国气候模拟年度论坛。

建议 13.2：不同模式间的比较对于气候模式的发展非常关键。气候模拟论坛的一个重要议题是，讨论和制定出精心设计的标准试验，用来比较不同气候模式模拟结果之间的差别，及其与观测基准的差别。这项议题对于区域气候模式而言尤其紧迫。如果不同模式都基于通用的软件平台，这些模拟结果的比较将变得非常方便。

建议 13.3：为了促进未来 10～20 年美国气候模拟的发展，国家应该加大投入，通过构建不同模拟中心之间共享的通用软件平台，促使美国气候模拟界探索超大规模计算，从国家层面上推动气候模拟这一计算领域的前沿科学不断向前发展。

（吴波 译，邹立维 校）

14 推动气候模拟的国家战略

气候模式结果和来自温室气体排放及众多的气候指标的观测趋势都表明,未来几十年全球增暖及其各种影响将进一步展现并有可能加速。随着终年不化的海冰消失,北冰洋将成为一个新的运输通道和海洋资源开发的新前沿。格陵兰和南极冰原将以令人吃惊的速度、以令人吃惊的方式变化。在类似美国西南部和地中海这些沙漠边缘区,区域干旱现象将更为频繁,这和强洪涝事件的变化类似。大尺度的生态系统变化,及其相关的病虫害和疾病变化,将变得更难忽视。无论从国家层面还是国际层面,对水资源变化和农业战略都将必须制定规划,一些半干旱国家在适应这种需求上的能力都面临着挑战。用于减缓气候变化后果的气候工程"方案",将面临来自各方的更大的压力。需要制定规划,来明确如何减缓这种变化,以及如何适应那些很难预先阻止的变化,为此,来自美国乃至世界各地的民众和决策者,将对更为准确的全球和区域尺度气候预估提出更高的要求。

在未来二十年,美国气候模拟事业将必须快速发展以适应国家需求、保持国际竞争力。正如通篇报告所阐述的那样,这种变革的主要推动力之一,是需要和广泛的用户群进行更为有效和密切的合作,领域涵盖从模拟试验的设计到产品输出的选择、结果分析和分发的工具及对不确定性的转达。另外一个主要推动力将是高性能计算设计方面的变化。在未来十年乃至更长的时间,单个的计算机处理器或者核不大可能变得更快。取而代之的,计算机将拥有 10^7 ~ 10^9 个核,这对代码并行度的要求远超过现在的水平。以往的经历表明,更强的计算能力将带来更好和更为有用的气候模拟。然后,确保高端的气候模拟代码能够和这一架构协调工作将是第一个"大挑战"问题,对模拟试验产生的海量数据的管理将是第二个"大挑战"问题。

围绕如何改进美国的气候模拟事业,来自以往报告的经验教训(第2章)强调要给出有用的实践建议。本届委员会在这份报告中给出了大量的具体建议(见知识窗14.1),这些建议是我们向一个更大的战略迈上的重要台阶,该战略强调美国气候模拟体制的渐进变化,要从当前发展多个完全独立的模式,向协同发展转变,未来不同的研究组(围绕着同一个模式)研究其不同的方面和方法,这些内容事先是经过科学论证的。知识窗中给出的这些建议同等重要。本章试图对这些建议进行总结,从而形成一个更大的战略,给出在这些战略得到实施的前提下,未来10～20年美国国家气候模拟能力的展望。

推动美国气候模拟的国家战略的组成

委员会对未来十年美国气候模拟目标的展望是基于两项基本原则的:

- 美国的气候模拟界相互间必须更为紧密地合作,并积极吸引用户、学者和国际同行参与;
- 要在原领域和新的气候科学前沿取得进步,必须充分利用超大规模计算领域的技术进步。

作为向发展更为有用的气候模式迈出的关键一步,委员会预见美国的气候模拟体制,将逐渐从独立发展多个模式,过渡到协同发展一个模式。协同的方法并不是说只能有一个模拟中心,而是强调在一个通用的模拟框架之下,不同的模式研发单位围绕着经过科学

论证的内容,针对其中的某一个侧面或者方法开展研究。委员会的
中心目标,是促进分散的美国气候模式事业走向联合统一,这种联
合统一将是跨越式的模拟工作,跨越各种模式类型,跨越关注不同
时空尺度的各个模拟群体、跨越模式研发人员和模式产品用户的。

委员会针对未来二十年推动美国气候模拟事业的国家战略给
出如下建议,包括四个新的组成部分和五方面的支撑工作,这五方
面的支撑建议并非全新的,但却是同等重要的(图 14.1)。国家
应该:

(1)发展一个通用的国家级软件平台,用于支撑一系列的围绕
不同目的、不同层级模式的开发,该软件平台支持以在超大规模的
计算平台上改进气候模式性能为目标的积极研究计划(建议 10.1,
建议 10.2 和建议 3.2);

(2)组织年度气候模拟论坛,促进对美国区域和全球模式的紧
密、协调和更为连续的评估,同时推动模式研发和用户间的联系(建
议 13.1 和建议 13.2);

(3)培育统一的天气—气候模式,更好地利用天气预报、资料同
化和气候模拟之间的协同优势(建议 11.1);

(4)开发培训、委派和继续教育"气候释用人员",使其成为连接
模式研究和各种用户的双向界面(建议 12.1)。

国家应该加强努力,以推动如下工作:

(5)维持把国家最先进的计算机系统提供给气候模拟使用(建
议 13.3);

(6)继续支持强大的国际气候观测系统,以综合表征长期的气
候趋势和气候变率(建议 5.1);

(7)发展培训和奖励体系,以吸引最为优秀的计算机和气候科
学家从事气候模式发展工作(建议 7.1 和建议 7.2)。

(8)加强国家和国际的信息技术(IT)平台建设,更好地支撑气

候模拟数据共享和分发(建议5.3,建议10.3和建议10.4);

(9)追求气候科学和不确定性研究方面的进步(建议4.1,建议4.2,建议4.3,建议4.4和建议6.1)。

一旦组织实施,这一战略将为确保美国的下一代气候模式能够为国家提供最好的气候信息开创一条途径。

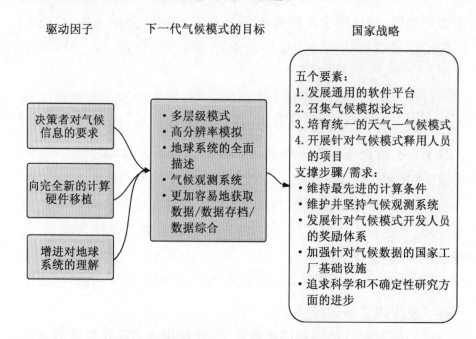

图14.1 当前对气候信息的需求日益高涨,受此驱动,委员会期待新一代的气候模式能够解决不同层次的气候信息需求。为实现这个目标,并做好向完全新的计算硬件过渡的准备,委员会推荐了一个国家战略,它包括了四个关键的组成部分和许多其他建议

对未来10~20年美国气候模式能力的展望

我们的国家战略对美国气候模拟界的定位是,要充分利用计算能力上的任何提高,确保未来十年美国的全球模式可以在5~10千

米的分辨率上进行业务运行、未来二十年内在 1～5 千米的分辨率
上进行业务运行。目前还需要参数化的一些过程(例如海洋涡旋和
包括飓风在内的大气对流云系统),未来将显式地模拟。山川的范
围和海岸线将在模式中更好地得到刻画。更高的分辨率将提高气
候模拟在各个方面的可靠性——云、降水、上层海洋结构、极端天气
事件等。

在未来 10～20 年,我们的全球气候模式将模拟更多的气候变
化和变率的结果,例如对冰盖和冰界进行更为复杂的模拟,模拟陆
地和海洋中生物过程对气候变化的响应。人类—气候相互作用模
式将变得更为复杂、更好地得到检验、使用得更为广泛。一个文档
规整的、国家级组织的、形成层级的模式,将被用于横跨许多时间和
空间尺度的研究中,把我们当前分散的模拟工作整合为一个更为强
大的整体。美国全国范围内的不同模拟群体,采用同样的资料输出
标准、尽可能地采用同样的模式分量,专注于这个模式的不同方面
研究,或者是针对存在很大科学不确定性的模拟问题研究不同的方
法。在这种协同形式下,全美国的各个气候模拟群体将很快共享模
式上的改进。

一些全球模式的网格将几乎达到局地尺度,许多用户在这一尺
度上有气候信息需求;插值或者其他简单的统计方法将足以适应这
种类型的需求。气候释用员使用高级的软件工具,将能够快速获取
和分析大量的、复杂的,但又很容易获取的模式数据,制作需要的局
地尺度气候信息,并帮助终端用户理解这些信息。区域气候模拟依
然有生存的空间,将主要关注全球模式所不能涵盖的其他过程(例
如冰川上的裂冰过程、河口生态系统等),这些过程或者需要的分辨
率更高,或者它们对气候的反馈不大(例如,对海岸带生态系统或濒
于灭绝的物种和动物的预估)。

对气候模式用户、利益相关者参与设计新的气候模拟试验、建

议新的气候模拟方向,美国需要有一个组织过程,该工作以美国气候模拟论坛为中心。美国还将继续支持更为广泛的气候模拟领域的国际合作,包括对持续观测活动的支持,这些观测对于记录气候变化、在模式中有效地加入新的过程都是必需的。

在美国,科研和业务领域的天气、区域气候和全球气候模拟,都将采用一个通用的软件平台,它有一套动力框架、一套物理参数化方案,适用于上述各种尺度。在十年之内,国际气候模拟界将明白对于时间尺度在 2～10 年的"年代际"气候变率的有效预测在科学上是否可行;如果可行,美国将在该领域的国际合作中扮演主要角色。

气候预估中的不确定性将依然是一个大问题。全球气候变化是区域气候变化的最为重要的驱动者。如果不能减少关于全球平均温度增加的总体速率的不确定性,就不可能很大地减少关于局地气候变化和变率在预估上的不确定性。全球温度的快速升高将导致海冰和冰川快速融化,海平面快速升高,区域和局地降水趋势受全球水循环变化的影响将增强。在几十年和更长的时间尺度上预估全球气候变化还与气候敏感度和排放上的不确定性存在联系。过去四十年的气候模拟实践表明,这两方面的不确定性在未来二十年将依然是很大的。我们希望在未来 10～20 年,即使模式不确定性不能减低,但通过持续的观测记录(如果全球气候观测系统得到足够好的维护和发展的话),气候敏感度依然可以得到一定程度的、好的约束。对区域降水趋势的预估不确定性依然将很大;我们预计未来 10～20 年在这方面将不断取得进步,因为通过模式改进和拥有更长时间的、高质量的观测记录,造成上述不确定性的许多因素都将被逐渐地减少。最为乐观的估计是,围绕着气候敏感度或者降水对给定的温室气体变化的响应,与模式有关的不确定性在未来 10～20 年可以减少 50%。

气候是复杂的、多尺度的和多方面的。即使有这份战略计划，我们预计气候模式的总体进步将可能是渐进式的、而不是革命性的。尽管如此，它们对于国家亦将有巨大的经济利益，因为气候变化影响着每一个人，应该是全国无数的规划决策中所需要考虑的因子。

结束语

气候模式是人类发展的最为复杂的模拟工具之一，我们正在被问及的、关于气候模式的"假设分析"（what-if）问题，涉及数量多到令人难以置信的相互联系的系统。由于气候模式的范畴在扩展，验证和改进模式的需求也在扩展。围绕着提高气候模式的效用和可靠性，过去几十年来取得了巨大的进步，但是随着决策者对依赖于气候模式的信息需求的不断增加，我们需要对气候模式做出更多的改进。

委员会坚信，走向未来的最佳前进道路，是实施以整合分散的美国气候模拟事业为核心的战略，这种整合跨越模拟工作，跨越各种模式类型，跨越关注不同时空尺度的各个模拟群体，跨越模式研发人员和模式产品用户的。在气候模拟的许多领域要取得进步需要有方法上的多样性，解决日益宽广的用户需求，也需要有多样性的方法。在多样性的基础上加强联合统一，这一战略一旦被采用，将使得美国能够更为积极有效地使用多样性，来满足未来十年乃至更长时间国家在气候信息方面的需求。

知识窗 14.1　本报告的特别建议

建议 3.1：为了应对日益广泛的气候科学问题，气候模拟界应该积极发展谱系完整的模式和评估方法，这包括进一步地系统比较随着气候模式分辨率的提高各种降尺度方法所带来的增值。

建议3.2：为了支持国家级的相互关联的多层级模式体系,美国应该培育一个通用的模拟平台及一个共享的模式发展过程,这将确保各个模拟组能够高效地共享进步,同时通过在必要的地方保持模式多样性来维护科学上的自由和创造力。

建议4.1：一般情况下,对强烈关注(i)能够解决需要从气候模式中得到指导的社会需求和(ii)给予充分资源后进展是有可能的,这两个领域交叉问题的气候模拟活动应给予高优先级。这并不妨碍关注基础科学问题或"困难问题"(在这些领域进展可能是困难的,如年代际预测),但目的是有策略地分配工作。

建议4.2：在那些可能进步的领域内,气候模拟界应针对大量的气候问题继续深入细致地工作,特别是需要继续或加强支持那些长期存在的挑战,如气候敏感度和影响气候变化(区域水文变化、极端事件、海平面上升等)许多方面的云反馈。当分辨率、物理参数化、观测约束和模拟策略改进后,进展是值得期待的。

建议4.3：更多的工作应联合全球和区域气候模拟活动,改进对陆面水文和陆地植被动力过程的描述,并改进对水文循环和区域水资源、农业和干旱预报的模拟。这需要更好地整合国家的多个气候模拟活动,包括那些关注表面水文模式和植被动力学过程模式的团队。第13章讨论的气候模拟年度论坛有可能为此提供一个很好的方式。

建议4.4：未来十年,至少一个国家模拟工作应着眼于小于5千米的历史和未来气候变化(如1900—2100年)模拟,使海洋动力模式涡分辨更理想地描述积云对流和大气—陆面交换。同时,还应着眼于1~2千米的百年尺度全球大气模拟,使云物理可分辨。气候模式软件平台和第10章讨论的计算能力的改进,将有助于这些国家工作。

建议5.1：该委员会重申此前的报告的观点,呼吁美国继续并加强对地球观测的支持,并填补天基观测系统潜在的严重缺口。应该对已经维持了二十年或更长时间的基本气候观测数据集设定特殊的优先级。

建议 5.2:为了更好地综合多种与气候相关的观测数据,美国需要基于现有成果建立一个国家层面的地球系统数据同化工作,能够同时将天气观测、卫星辐射或反演的降水和各种痕量成分、海洋观测、陆面及其他观测融合到一个完整的地球系统模式中。

建议 5.3:基于现有成果,建立用于地球系统数据的国家IT平台,从而促进和加快数据的展示、可视化和分析。

建议 6.1:不确定性是气候模拟的重要方面,且气候模拟团队需要合适地解决不确定性。为便于此,美国应更加蓬勃地支持关于不确定性的研究,包括:

- 理解和量化未来气候变化预估的不确定性,包括如何最好地使用当前所有时间尺度上的观测记录;
- 在气候模拟过程中包括更加完整的不确定性描述和定量化;
- 给气候模式输出的使用者和决策制定者传达不确定性;
- 加深对不确定性和决策制定之间关系的理解,以便气候模拟的工作和不确定性的描述更好地与决策制定的真正需求保持一致。

建议 7.1:美国应该通过多种方式吸引更多的优秀学生从事气候模式发展事业,例如,提供更多的研究生和博士后位置;提高对气候模式发展的社会认知程度和职业发展机会;提供更丰富的激励方式来吸引那些本来可能选择其他行业的软件工程人员等。

建议 7.2:为了评估未来从事气候模式发展所需要的人力资源,美国应该获取支持气候模式发展所需要的人力资源和专业基础的定量数据。

建议 8.1:为了未来10~20年的发展,美国气候模式工作需要继续支持且在以下几个方面寻求平衡：

- 利用当前模式支持气候研究活动的应用工作和各种国内国际计划,如 CMIP/IPCC;
- 能为模式及其预测产生增加的但是有意义的改进的短期发展活动;
- 投入资源执行、利用长时间周期的研究,此类研究将为气候模拟更为根本和转型的发展提供潜力。

建议 8.2:美国需继续支持美国科学家和研究所参加国际活动,如模式比较计划,包含对模式输出归档系统的支持,因为在稳步地解决用户对气候信息和对美国模式发展的需求方面,这些活动已被证明具有非常有效的作用。

建议 8.3:为了加强他们的可靠性,国家和区域气候变化/适应性的评估工作需要与来自国际领先的气候模式和美国开发的模式的预估的合作。

建议 9.1:为了更好地处理短期气候预测的用户需求,美国和国际模拟委员会应继续推进更强大的季节气候预测、年代际尺度的气候变化和变率的定期试验模拟等方面的业务部分。

建议 10.1:为了促进协作和适应快速发展的计算环境,美国气候模拟界应共同努力,建立一个通用的软件平台,促进美国所有层级上的全球、区域模式和模式类型的分量交互性操作和数据交换。

建议 10.2:为了应对气候决策者和其他用户的数据需求,美国应该投入更多的研究,旨在未来 10～20 年改善气候模式在高度并行计算机架构上的性能,还应保持国家最先进的计算系统可用于气候模式。

建议 10.3:为了使预估的数据变得有用,美国应该支持转型的研究,而不是其他方式。

建议 10.4:支持国际、国内气候模式比较计划和其他模拟关注点(包括向科研用户团队存储和分发模式输出)的数据共享平台对于国家气候模拟领域而言非常重要,应被当做气候研究和服务用户团队的业务基石来支持。

建议11.1:为探索多尺度方法用以模式发展,美国应培育一个统一的天气—气候预测系统能进行天到年代的先进预测、气候质量数据同化和地球系统再分析。

建议11.2:为减少气候模拟的不确定性源,美国应开展联合研究工作,其中使用天气和/或季节/年际回报试验系统地限制不确定参数和改进主要气候模式的参数化。

建议12.1:为了促进气候模式的有效应用,美国需要发展气候释用认证和再教育课程以培训气候释用人员骨干,这些气候释用人员可以将气候模式输出数据转化成对于决策者有用的信息,也可以将用户的需求转达给气候模拟人员。

建议13.1:为了加强气候模拟事业的交流和合作,每年应该召集来自不同研究机构从事全球和区域气候模式发展的科学家、分析模式结果的科学家和模式结果的使用者,召开美国气候模拟年度论坛。

建议13.2:不同模式间的比较对于气候模式的发展非常关键。气候模拟论坛的一个重要议题是,讨论和制定出精心设计的标准试验,用来比较不同气候模式模拟结果之间的差别,及其与观测基准的差别。这项议题对于区域气候模式而言尤其紧迫。如果不同模式都基于通用的软件平台,这些模拟结果的比较将变得非常方便。

建议13.3:为了促进未来10~20年美国气候模拟的发展,国家应该加大投入,通过构建不同模拟中心之间共享的通用软件平台,促使美国气候模拟界探索超大规模计算,从国家层面上推动气候模拟这一计算领域的前沿科学不断向前发展。

(周天军 译,邹立维 校)

参考文献

AchutaRao, K., and K. R. Sperber. 2006. ENSO simulation in coupled ocean-atmosphere models: Are the current modelsbetter? Climate Dynamics 27(1):1-15.

AMS (American Meteorological Society). 2012. Earth Observations, Science, and Services for the 21st Century. American Meteorological Society Policy Workshop Report. Washington, DC: AMS.

Arctic Council. 2009. Arctic Marine Shipping Assessment 2009 Report. Akureyri, Iceland: Arctic Council.

Armour, K. C., I. Eisenman, E. Blanchard-Wrigglesworth, K. E. McCusker, and C. M. Bitz. 2011. The reversibility of sea ice loss in a state-of-the-art climate model. Geophysical Research Letters 38.

Bader, D. C., C. Covey, W. J. Gutowski, I. M. Held, K. E. Kunkel, R. L. Miller, R. T. Tokmakian, and M. H. Zhang. 2008. Climate Models: An Assessment of Strengths and Limitations. Synthesis and Assessment Product 3.1. Washington, DC: U. S. Climate Change Science Program, Department of Energy.

Balaji, V., and A. Langenhorst. 2012. ESM workflow. In Earth System Modelling—Volume 5: Tools for Configuring, Building and Running Models, edited by R. Ford, G. Riley, R. Budich, and R. Redler. Dordrecht: Springer.

Balman, M., E. Pouyoul, Y. Yao, E. W. Bethel, B. Loring, Prabhat, J. Shalf, A. Sim, and B. L. Tierney. 2012. Experiences with 100Gbps Network Applications. New York: Association for Computing Machinery.

Barriuso, R., and A. Knies. 1994. SHMEM User's Guide: SN-2516. Seattle, WA: Cray Research, Inc.

Barthel, F., and E. Neumayer. 2012. A trend analysis of normalized insured damage from natural disaster. Climatic Change 113(2):215-237.

Bennartz, R., A. Lauer, and J. L. Brenguier. 2011. Scale-aware integral constraints on autoconversion and accretion in regional and global climate models. Geophysical Research Letters 38.

Betts, R., M. Sanderson, and S. Woodward. 2008. Effects of large-scale Amazon forest degradation on climate and air quality through fluxes of carbon dioxide, water, energy, mineral dust and isoprene. Philosophical Transactions of the Royal Society B—Biological Sciences 363(1498):1873-1880.

Bony, S., and J. L. Dufresne. 2005. Marine boundary layer clouds at the heart of tropical cloud feedback uncertainties in climate models. Geophysical Research Letters 32(20).

Booij, M. J. 2005. Impact of climate change on river flooding assessed with different spatial model resolutions. Journal of Hydrology 303:176-198.

Boulanger, J. P., G. Brasseur, A. F. Carril, M. de Castro, N. Degallier, C. Ereno, H. Le Treut, J. A. Marengo, C. G. Menendez, M. N. Nunez, O. C. Penalba, A. L. Rolla, M. Rusticucci, and R. Terra. 2010. A Europe-South America network for climate change assessment and impact studies. Climatic Change 98(3-4):307-329.

Box, J. E., J. Cappelen, D. H. Bromwich, L.-S. Bai, T. L. Mote, B. A. Veenhuis, N. Mikkelsen, and A. Weidick. 2008. Greenland. In State of the Climate in 2007, edited by D. H. Levinson, and J. H. Lawrimore. Bulletin of the American Meteorological Society 89(7):S1-S179.

BPA (Bonneville Power Administration). 2010. 2012 FCRPS Hydro Asset Strategy. Available at http://www. bpa. gov/corporate/finance/IBR/IPR/2010-IPR/2012%20Hydro%20Asset%20 Strategy%20(Final). pdf (accessed August 22,2012).

Brekke, L. D., M. D. Dettinger, E. P. Maurer, and M. Anderson. 2008. Significance of model credibility in estimating climate projection distributions for regional hydroclimatological risk assessments. Climatic Change 89(3-4):371-394.

Brunet, G., M. Shapiro, B. Hoskins, M. Moncrieff, R. Dole, G. Kiladis, B. Kirtman, A. Lorenc, R. Morss, S. Polavarapu, D. Rogers, J. Schaake, and J. Shukla. 2009. Toward a seamless process for the prediction of weather and climate: The advancement of sub-seasonal to seasonal prediction. Bulletin of the American Meteorological Society (submitted).

Bryan, F. O., R. Tomas, J. M. Dennis, D. B. Chelton, N. G. Loeb, and J. L. McClean. 2010. Frontal scale air-sea interaction in highresolution coupled climate models. Journal of Climate 23:6277-6291.

Buizza, R., M. Miller, and T. N. Palmer. 1999. Stochastic representation of model uncertainties in the ECMWF ensemble prediction system. Quarterly Journal of the Royal Meteorological Society 125(560):2887-2908.

Buser, C. M., H. R. Kunsch, D. Luthi, M. Wild, and C. Schar. 2009. Bayesian multimodel projection of climate: Bias assumptions and interannual variability. Climate Dynamics 33(6):849-868.

Cadule, P., P. Friedlingstein, L. Bopp, S. Sitch, C. D. Jones, P. Ciais, S. L. Piao, and P. Peylin. 2010. Benchmarking coupled climatecarbon models against long-term atmospheric CO_2 measurements. Global Biogeochemical Cycles 24.

Cane, M. A., S. E. Zebiak, and S. C. Dolan. 1986. Experimental forecasts of El-Nino. Nature 321(6073):827-832.

Carlson, W. W., J. M. Draper, D. E. Culler, K. Yelick, E. Brooks, and K. Warren. 1999. Introduction to UPC and language specification.

Technical Report CCS-TR-99-157. Bowie, MD: Center for Computing Sciences.

CCSP (U.S. Climate Change Science Program). 2003. Strategic Plan for the U.S. Climate Change Science Program. Washington, DC: CCSP.

CCSP. 2008. Impacts of Climate Variability and Change on Transportation Systems and Infrastructure—Gulf Coast Study. Synthesis and Assessment Product 4. 7. Washington, DC: CCSP.

CCSP. 2009. Best Practice Approaches for Characterizing, Communicating, and Incorporating Scientific Uncertainty in Decisionmaking. Synthesis and Assessment Product 5. 2. Washington, DC: CCSP.

Centrec Consulting Group, LLC. 2007. An Investigation of the Economic and Social Value of Selected NOAA Data and Products for Geostationary Operational Environmental Satellites (GOES). Report submitted to NOAA's National Climatic Data Center. Savoy, IL: Centrec Consulting Group, LLC.

Chamberlain, B. L. , D. Callahan, and H. P. Zima. 2007. Parallel programmability and the Chapel language. International Journal of High Performance Computing Applications 21(3):291-312.

Chandra, R. , R. Menon, L. Dagum, D. Kohr, D. Maydan, and J. McDonald. 2001. Parallel Programming in OpenMP. Waltham,MA: Morgan-Kaufmann.

Changnon, S. A. , F. T. Quinlan, and E. M. Rasmusson. 1990. NOAA Climate Services Plan. Silver Spring, MD: National Oceanic and Atmospheric Administration.

Charles, P. , C. Donawa, K. Ebcioglu, C. Grothoff, A. Kielstra, C. von Praun, V. Saraswat, and V. Sarkar. 2005. X10: An objectoriented approach to non-uniform cluster computing. ACM SIGPLAN Notices 40(10):519-538.

Chelton, D. B. , and S. P. Xie. 2010. Coupled ocean-atmosphere interaction at oceanic mesoscales. Oceanography 23(4):52-69.

Chen, C. C. , B. McCarl, and H. Hill. 2002. Agricultural value of ENSO information under alternative phase definition. Climatic Change 54(3):305-325.

Christensen, J. , B. Hewitson, A. Busuioc, A. Chen, X. Gao, R. Held, R. Jones, R. Kolli, W. Kwon, R. Laprise, V. M. Rueda, L. Mearns, C. Menendez, J. Räisänen, A. Rinke, A. Sarr, P. Whetton, R. Arritt, R. Benestad, M. Beniston, D. Bromwich, D. Caya, J. Comiso, R. d. Elia, and K. Dethloff. 2007. Regional climate projections. In Climate Change 2007: The Physical Science Basis. Contribution of Working Group I to the Fourth Assessment Report of the Intergovernmental Panel on Climate Change. Cambridge, U. K. : Cambridge University Press.

Christensen, J. , M. Rummukainen, and G. Lenderink, eds. 2009. Formulation of very-high-resolution regional climate model ensembles for Europe. Exeter, U. K. : Met Office Hadley Centre. Church, J. , and N. Gandal. 1992. Network effects, software provision, and standardization. Journal of Industrial Economics 40(1):85-103.

Church, J. , and N. White. 2011. Sea-level rise from the late 19th to the early 21st century. Surveys in Geophysics 32:585-602.

CISE (Computing in Science and Engineering). 2009. Special Issue on Reproducable Research. Computing in Science and Engineering 11(1):3-80.

Collins, M., B. B. Booth, B. Bhaskaran, G. R. Harris, J. M. Murphy, D. M. H. Sexton, and M. J. Webb. 2011. Climate model errors, feedbacks and forcings: A comparison of perturbed physics and multi-model ensembles. Climate Dynamics 36(9-10): 1737-1766.

Collins, W. J., N. Bellouin, M. Doutriaux-Boucher, N. Gedney, T. Hinton, C. D. Jones, S. Liddicoat, G. Martin, F. O'Connor, J. Rae, C. Senior, I. Totterdell, S. Woodward, T. Reichler, and J. Kim. 2008. Evaluation of the HadGEM2 model. Met Office Hadley Centre Technical Note HCTN 74.

Cox, P. M., R. A. Betts, C. D. Jones, S. A. Spall, and I. J. Totterdell. 2000. Acceleration of global warming due to carbon-cycle feedbacks in a coupled climate model. Nature 408(6809):184-187.

Cronin, M. F., S. Legg, and P. Zuidema. 2009. Best practices for process studies. Bulletin of the American Meteorological Society 90(7):917-918.

Cullen, M. J. P. 1993. The unified forecast climate model. Meteorological Magazine 122: 81-94.

Curry, J. A., and P. J. Webster. 2011. Climate science and the uncertainty monster. Bulletin of the American Meteorological Society 92:1667-1682.

Dai, A. 2006. Precipitation characteristics in eighteen coupled climate models. Journal of Climate 19(18):4605-4630.

Dankers, R., O. B. Christensen, L. F. M. Kalas, and A. d. Roo. 2007. Evaluation of very high-resolution climate model data for simulating flood hazards in the Upper Danube Basin. Journal of Hydrology 347:319-331.

Dasgupta, S., B. Laplante, S. Murray, and D. Wheeler. 2009. Sea-Level Rise and Storm Surges: A Comparative Analysis of Impacts in Developing Countries. The World Bank Development Research Group Environment and Energy Team, Policy Research Working Paper 4901. Washington, DC: World Bank.

DelSole, T., and J. Shukla. 2010. Model fidelity versus skill in seasonal forecasting. Journal of Climate 23(18):4794-4806.

DelSole, T., M. K. Tippett, and J. Shukla. 2011. A significant component of unforced multidecadal variability in the recent acceleration of global warming. Journal of Climate 24(3):909-926.

Delworth, T. L., A. J. Broccoli, A. Rosati, R. J. Stouffer, V. Balaji, J. A. Beesley, W. F. Cooke, K. W. Dixon, J. Dunne, K. A. Dunne, J. W. Durachta, K. L. Findell, P. Ginoux, A. Gnanadesikan, C. T. Gordon, S. M. Griffies, R. Gudgel, M. J. Harrison, I. M. Held, R. S. Hemler, L. W. Horowitz, S. A. Klein, T. R. Knutson, P. J. Kushner, A. R. Langenhorst, H. C. Lee, S. J. Lin, J. Lu, S. L. Malyshev, P. C. D. Milly, V. Ramaswamy, J. Russell, M. D. Schwarzkopf, E. Shevliakova, J. J. Sirutis, M. J. Spelman, W. F. Stern, M. Winton, A. T. Wittenberg, B. Wyman, F. Zeng, and R. Zhang. 2006. GFDL's CM2 global coupled climate models. Part I: Formulation and simulation characteristics. Journal of Climate 19(5):643-674.

Denis, B. , R. Laprise, D. Caya, and J. Cote. 2002. Downscaling ability of one-way nested regional climate models: The Big-Brother Experiment. Climate Dynamics 18(8): 627-646.

Deque, M. , and S. Somot. 2010. Weighted frequency distributions express modelling uncertainties in the ENSEMBLES regional climate experiments. Climate Research 44(2-3):195-209. Deser, C. , A. S. Phillips and M. A. Alexander. 2010. Twentieth century tropical sea surface temperature trends revisited. Geophysical Research Letters 37:L10701.

Deser, C. , R. Knutti, S. Solomon, and A. S. Phillips. 2012. Communication of the role of natural variability in future North American climate. Nature Climate Change, accepted.

Dickinson, R. E. , S. E. Zebiak, J. L. Anderson, M. L. Blackmon, C. De Luca, T. F. Hogan, M. Iredell, M. Ji, R. B. Rood, M. J. Suarez, and K. E. Taylor. 2002. How can we advance our weather and climate models as a community? Bulletin of the American Meteorological Society 83(3):431-434.

Dilling, L. , and M. C. Lemos. 2011. Creating usable science: Opportunities and constraints for climate knowledge use and their implications for science policy. Global Environmental Change-Human and Policy Dimensions 21(2):680-689.

Dirmeyer, P. A. , B. A. Cash, J. L. Kinter III, T. Jung, L. Marx, C. Stan, P. Towers, N. Wedi, J. M. Adams, E. L. Altshuler, B. Huang, E. K. Jin, and J. Manganello. 2012. Evidence for enhanced land-atmosphere feedback in a warming climate. Journal of Hydrometeorology 13:981-995.

Doblas-Reyes, F. J. , G. J. v. Oldenborgh, J. Garcia-Serrano, H. Pohlmann, A. A. Scaife, and D. Smith. 2011. CMIP5 near-term climate prediction. CLIVAR Exchanges 56:8-11.

DOD (U. S. Department of Defense). 2010. Quadrennial Defense Review Report. Washington, DC: DOD.

DOE (U. S. Department of Energy). 2008. Scientific Grand Challenges: Challenges in Climate Change Science and the Role of Computing at the Extreme Scale. Report from the Workshop Held November 6-7, 2008. Washington, DC: DOE.

Doherty, S. J. , S. Bojinski, A. Henderson-Sellers, K. Noone, D. Goodrich, N. L. Bindoff, J. A. Church, K. A. Hibbard, T. R. Karl, L. Kajefez-Bogataj, A. H. Lynch, D. E. Parker, I. C. Prentice, V. Ramaswamy, R. W. Saunders, M. S. Smith, K. Steffen, T. F. Stocker, P. W. Thorne, K. E. Trenberth, M. M. Verstraete, and F. W. Zwiers. 2009. Lessons learned from IPCC AR4: Scientific developments needed to understand, predict, and respond to climate change. Bulletin of the American Meteorological Society 90(4):497-513.

Dominguez, F. , J. Canon, and J. Valdes. 2010. IPCC-AR4 climate simulations for the Southwestern US: The importance of future ENSO projections. Climatic Change 99 (3-4):499-514.

Dongarra, J. , P. Beckman, T. Moore, P. Aerts, G. Aloisio, J. C. Andre, D. Barkai, J. Y. Berthou, T. Boku, B. Braunschweig, F. Cappello,B. Chapman, X. B. Chi, A. Choudhary, S. Dosanjh, T.

Dunning, S. Fiore, A. Geist, B. Gropp, R. Harrison, M. Hereld, M. Heroux, A. Hoisie, K. Hotta, Z. Jin, Y. Ishikawa, F. Johnson, S. Kale, R. Kenway, D. Keyes, B. Kramer, J. Labarta, A. Lichnewsky, T. Lippert, B. Lucas, B. Maccabe, S. Matsuoka, P. Messina, P. Michielse, B. Mohr, M. S. Mueller, W. E. Nagel, H. Nakashima,M. E. Papka, D. Reed, M. Sato, E. Seidel, J. Shalf, D. Skinner, M. Snir, T. Sterling, R. Stevens, F. Streitz, B. Sugar, S. Sumimoto,W. Tang, J. Taylor, R. Thakur, A. Trefethen, M. Valero, A. van der Steen, J. Vetter, P. Williams, R. Wisniewski, and K. Yelick. 2011. The International Exascale Software Project roadmap. International Journal of High Performance Computing Applications 25(1):3-60.

Douglass, D. H. , and R. S. Knox. 2009. Ocean heat content and Earth's radiation imbalance. Physics Letters A 373:3296-3300.

Duffy, P. B. , B. Govindasamy, J. P. Iorio, J. Milovich, K. R. Sperber, K. E. Taylor, M. F. Wehner, and S. L. Thompson. 2003. Highresolution simulations of global climate, part 1: Present climate. Climate Dynamics 21(5-6):371-390.

Edwards, P. N. 2010. A Vast Machine: Computer Models, Climate Data, and the Politics of Global Warming. Cambridge, MA:MIT Press.

Edwards, P. N. , S. J. Jackson, G. C. Bowker, and C. P. Knobel. 2007. Understanding Infrastructure: Dynamics, Tensions, and Design. Report of a Workshop on History and Theory of Infrastructure: Lessons for New Scientific Cyberinfrastructures, January 2007. Available at http://cohesion. rice. edu/Conferences/Hewlett/emplibrary/ UI_Final_ Report. pdf(accessed August 23, 2012).

Fast, J. D. , W. I. Gustafson, E. G. Chapman, R. C. Easter, J. P. Rishel, R. A. Zaveri, G. A. Grell, and M. C. Barth. 2011. The Aerosol Modeling Testbed: A community tool to objectively evaluate aerosol process modules. Bulletin of the American Meteorological Society 92(3):343-360.

Fu, C. B. , S. Y. Wang, Z. Xiong, W. J. Gutowski, D. K. Lee, J. L. McGregor, Y. Sato, H. Kato, J. W. Kim, and M. S. Suh. 2005. Regional climate model intercomparison project for Asia. Bulletin of the American Meteorological Society 86(2): 257-266.

Furrer, R. , S. R. Sain, D. Nychka, and G. A. Meehl. 2007. Multivariate Bayesian analysis of atmosphere-ocean general circulation models. Environmental and Ecological Statistics 14(3):249-266.

GAO (U. S. Government Accountability Office). 2011. Polar Satellites: Agencies Need to Address Potential Gaps in Weather and Climate Data Coverage. Testimony Before the Subcommittees on Investigations and Oversight and Energy and Environment, Committee on Science, Space, and Technology, House of Representatives. Statement of David A. Powner, Director, Information Technology Management Issues. Washington, DC: GAO. Gates, R. M. 2010. Quadrennial Defense Review. Washington, DC: DOD. GCOS (Global Climate Observing System). 2009. Progress Report on the Implementation of the Global Observing System for Climate in Support of the UNFCCC 2004-2008. GCOS-129 (WMO/TD No. 1489; GOOS-173; GTOS-70). Geneva: World Meteorological Organization.

GCOS. 2010. Implementation Plan for the Global Observing System for Climate in Support of the UNFCCC. GCOS-138.

Geneva: World Meteorological Organization.

Geist, A. , A. Beguelin, J. Dongarra, W. Jiang, R. Manchek, and V. Sunderam. 1994. PVM: Parallel Virtual Machine. A Users' Guide and Tutorial for Networked Parallel Computing. Cambridge, MA: MIT Press.

Gent, P. R. , S. G. Yeager, R. B. Neale, S. Levis, and D. A. Bailey. 2010. Improvements in a half degree atmosphere/land version of the CCSM. Climate Dynamics 34 (6):819-833.

Gent, P. R. , G. Danabasoglu, L. J. Donner, M. M. Holland, E. C. Hunke, S. R. Jayne, D. M. Lawrence, R. B. Neale, P. J. Rasch, M. Vertenstein, P. H. Worley, Z. L. Yang, and M. H. Zhang. 2011. The Community Climate System Model Version 4. Journal of Climate 24(19):4973-4991.

GFDL (Geophysical Fluid Dynamics Laboratory). 2011. Climate Modeling. Available at http://www. gfdl. noaa. gov/climatemodeling (accessed November 17, 2011).

Giorgi, F. 2008. A simple equation for regional climate change and associated uncertainty. Journal of Climate 21(7):1589-1604.

Giorgi, F. , and L. O. Mearns. 1999. Introduction to special section: Regional climate modeling revisited. Journal of Geophysical Research-Atmospheres 104 (D6): 6335-6352.

Giorgi, F. , and L. O. Mearns. 2003. Probability of regional climate change based on the Reliability Ensemble Averaging (REA) method. Geophysical Research Letters 30 (12).

Giorgi, F. , C. Jones, and G. R. Asrar. 2009. Addressing climate information needs at the regional level: The CORDEX framework. Bulletin of the World Meteorological Organization 58:175-183.

Gleckler, P. J. , K. E. Taylor, and C. E. Doutriaux. 2008. Performance metrics for climate models. Journal of Geophysical Research 113:D06104.

Greene, A. M. , L. Goddard, and U. Lall. 2006. Probabilistic multimodel regional temperature change projections. Journal of Climate 19(17):4326-4343.

Gropp, W. , E. Lusk, and A. Skjellum. 1999. Using MPI: Portable Parallel Programming with the Message-Passing Interface. Cambridge, MA: MIT Press.

Grosfeld, K. , and H. Sandh? ger. 2004. The evolution of a coupled ice shelf-ocean system under different climate states. Global Planetary Change 42:107-132.

Hannay, C. , D. L. Williamson, J. J. Hack, J. T. Kiehl, J. G. Olson, S. A. Klein, C. S. Bretherton, and M. Kohler. 2009. Evaluation of forecasted Southeast Pacific stratocumulus in the NCAR, GFDL, and ECMWF models. Journal of Climate 22(11): 2871-2889.

Harris, M. 2005. Mapping computational concepts to GPUs. In SIGGRAPH '05, edited by J. Fujii et al. New York: ACM Press.

Hawkins, E. , and R. Sutton. 2009. The potential to narrow uncertainty in regional climate predictions. Bulletin of the American Meteorological Society 90:1095-1107.

Hawkins, E. , and R. Sutton. 2011. The potential to narrow uncertainty in projections of regional precipitation change. Climate Dynamics 37(1-2):407-418.

Hazeleger, W. , C. Severijns, T. Semmler, S. ? tef? nescu, S. Yang, X. Wang, K. Wyser, E. Dutra, J. M. Baldasano, R. Bintanja, P. Bougeault, R. Caballero, A. M. L. Ekman, J. H. Christensen, B. v. d. Hurk, P. Jimenez, C. Jones, P. K? llberg, T. Koenigk, R. McGrath, P. Miranda, T. V. Noije, T. Palmer, J. A. Parodi, T. Schmith, F. Selten, T. Storelvmo, A. Sterl, H. Tapamo, M. Vancoppenolle, P. Viterbo, and U. Willén. 2010. A seamless Earth-system prediction approach in action. Bulletin of the American Meteorological Society 91:1357-1364.

HECRTF (High-End Computing Revitalization Task Force). 2004. Federal Plan for High-End Computing. Report of the High-End Computing Revitalization Task Force (HECRTF). Washington, DC: Executive Office of the President of the United States, Office of Science and Technology Policy.

Hegerl, G. C. , F. W. Zwiers, P. A. Stott, and V. V. Kharin. 2004. Detectability of anthropogenic changes in annual temperature and precipitation extremes. Journal of Climate 17(19):3683-3700.

Held, I. M. 2005. The gap between simulation and understanding in climate modeling. Bulletin of the American Meteorological Society 86(11):1609-1614.

Held, I. M. , and B. J. Soden. 2006. Robust responses of the hydrological cycle to global warming. Journal of Climate 19(21):5686-5699.

Held, I. M. , T. L. Delworth, J. Lu, K. L. Findell, and T. R. Knutson. 2005. Simulation of Sahel drought in the 20th and 21st centuries. Proceedings of the National Academy of Sciences of the United States of America 102(50):17891-17896.

Hill, C. , C. DeLuca, V. Balaji, M. Suarez, A. d. Silva, and the ESMF Joint Speci? cation Team. 2004. The architecture of the Earth system modeling framework. Computing in Science and Engineering 6(1):1-6.

Hoerling, M. , J. Hurrell, J. Eischeid, and A. Phillips. 2006. Detection and attribution of twentieth-century northern and southern African rainfall change. Journal of Climate 19(16):3989-4008.

Holland, D. M. , and A. Jenkins. 1999. Modeling thermodynamic ice-ocean interactions at the base of an ice shelf. Journal of Physical Oceanography 29(8):1787-1800.

Holland, D. M. , R. H. Thomas, B. deYoung, M. H. Riebergaard, and B. Lyberth. 2008. Acceleration of Jakobshavn Isbr? triggered by warm subsurface ocean waters. Nature Geoscience 1:659-664.

Houze, R. A. 2012. Orographic effects on precipitating clouds. Reviews of Geophysics 50.

Hurrell, J. W. , and K. E. Trenberth. 1999. Global sea surface temperature analyses: Multiple problems and their implications for climate analysis, modeling, and reanalysis. Bulletin of the American Meteorological Society 80:2661-2678.

Hurrell, J. W. , G. A. Meehl, D. Bader, T. L. Delworth, B. Kirtman, and B. Wielicki. 2009. A unified modeling approach to climate system prediction. Bulletin of the American Meteorological Society 90:1819-1832.

Huybrechts, P. , H. Goelzer, I. Janssens, E. Driesschaert, T. Fichefet, H. Goosse, and M. F. Loutre. 2011. Response of the Greenland and Antarctic ice sheets to multi-millennial greenhouse warming in the Earth system model of intermediate complexity LOVECLIM. Surveys in Geophysics 32(4-5):397-416.

IPCC (Intergovernmental Panel on Climate Change). 1990. Climate Change: The IPCC Scientif? ic Assessment. Report prepared for the Intergovernmental Panel on Climate Change by Working Group I, edited by J. T. Houghton, G. J. Jenkins, and J. J. Ephraums. Cambridge, UK: Cambridge University Press.

IPCC. 1995. Working Group II: Impacts, Adaptations and Mitigation of Climate Change: Scientific-Technical Analyses: Cambridge University Press.

IPCC. 1998. Principles governing IPCC work, approved at the 14th session of the IPCC (Vienna, October 1-3, 1998), and amended at the 21st session (Vienna, November 3 and 6-7, 2003) and the 25th session (Mauritius, April 26-28, 2006).

IPCC. 2007a. Climate Change 2007: Impacts, Adaptation and Vulnerability. Contribution of Working Group II to the Fourth Assessment Report of the Intergovernmental Panel on Climate Change. Cambridge, UK: Cambridge University Press.

IPCC. 2007b. Climate Change 2007: Mitigation of Climate Change. Contribution of Working Group III to the Fourth Assessment Report of the Intergovernmental Panel on Climate Change. Cambridge, UK. Cambridge University Press.

IPCC. 2007c. Climate Change 2007: The Physical Science Basis. Contribution of Working Group I to the Fourth Assessment Report of the Intergovernmental Panel on Climate Change. Cambridge, UK: Cambridge University Press.

IPCC. 2007d. Summary for policymakers. Contribution of Working Group II to the Fourth

Assessment Report of the Intergovernmental Panel on Climate Change. In Climate Change 2007: Impacts, Adaptation and Vulnerability, edited by M. L. Parry, O. F. Canziani, J. P. Palutikof, P. J. van der Linden, and C. E. Hanson. Cambridge, UK: Cambridge University Press.

Jackson, C. S., M. K. Sen, G. Huerta, Y. Deng, and K. P. Bowman. 2008. Error reduction and convergence in climate prediction. Journal of Climate 21(24):6698-6709.

Jakob, C. 2010. Accelerating progress in global atmospheric model development through improved parameterizations challenges, opportunities, and strategies. Bulletin of the American Meteorological Society 91(7):869-875.

Jin, E. K., J. L. Kinter, B. Wang, C. K. Park, I. S. Kang, B. P. Kirtman, J. S. Kug, A. Kumar, J. J. Luo, J. Schemm, J. Shukla, and T. Yamagata. 2008. Current status of ENSO prediction skill in coupled ocean-atmosphere models. Climate Dynamics 31(6):647-664.

Johnson, L. B. 1965. Special Message to the Congress on Conservation and Restoration of Natural Beauty, February 8, 1965. Available at http://www. presidency. ucsb. edu/ ws/ index. php? pid=27285 (accessed August 23, 2012).

Jung, T., F. Vitart, L. Ferranti, and J. J. Morcrette. 2011. Origin and predictability of the extreme negative NAO winter of 2009/10. Geophysical Research Letters 38.

Karl, T. R., H. J. Diamond, S. Bojinski, J. H. Butler, H. Dolman, W. Haeberli, D. E. Harrison, A. Nyong, S. R? sner, G. Seiz, K. Trenberth, W. Westermeyer, and J. Zillman. 2010. Observation needs for climate information, prediction and application: Capabilities of existing and future observing systems. World Climate Conference—3. Procedia Environmental Sciences1:192-205.

Katz, M. L., and C. Shapiro. 1985. Network externalities, competition, and compatibility. American Economic Review 75(3):424-440.

Katz, R. W. 2010. Statistics of extremes in climate change. Climatic Change 100(1): 71-76.

Kerr, R. A. 2011. Vital details of global warming are eluding forecasters. Science 334: 173-174.

Khairoutdinov, M., D. A. Randall, and C. DeMott. 2005. Simulation of the atmospheric general circulation using a cloudresolving model as a super-parameterization of physical processes. Journal of the Atmospheric Sciences 62:2136-2154.

Kharin, V. V., and F. W. Zwiers. 2005. Estimating extremes in transient climate change simulations. Journal of Climate 18(8):1156-1173.

Kheshgi, H. S., A. K. Jain, and D. J. Wuebbles. 1999. Model-based estimation of the global carbon budget and its uncertainty from carbon dioxide and carbon isotope records. Journal of Geophysical Research-Atmospheres 104(D24):31127-31143.

Kiehl, J. T. 2007. Twentieth century climate model response and climate sensitivity. Geophysical Research Letters 34(22).

Kiehl, J. T. , and D. L. Williamson. 1991. Dependence of cloud amount on horizontal resolution in the National Center for Atmospheric Research Community Climate Model. Journal of Geophysical Research-Atmospheres 96(D6):10955-10980.

Kiehl, J. T. , J. J. Hack, G. B. Bonan, B. A. Boville, D. L. Williamson, and P. J. Rasch. 1998. The National Center for Atmospheric Research Community Climate Model: CCM3. Journal of Climate 11(6):1131-1149.

Kirtman, B. P. , and D. Min. 2009. Multimodel ensemble ENSO prediction with CCSM and CFS. Monthly Weather Review 137(9):2908-2930.

Klein-Tank, A. M. G. , F. W. Zwiers, and X. Zhang. 2009. Guidelines on Analysis of Extremes in a Changing Climate in Support of Informed Decisions for Adaptation. Climate Data and Monitoring WCDMP-No. 72. Geneva: World Meteorological Organization.

Knutti, R. 2008. Should we believe model predictions of future climate change? Philosophical Transactions of the Royal Society A—Mathematical Physical and Engineering Sciences 366(1885):4647-4664.

Knutti, R. 2010. The end of model democracy? Climatic Change 102(3-4):395-404.

Kogge, P. , ed. 2008. ExaScale Computing Study: Technology Challenges in Achieving Exascale Systems. Washington, DC:DARPA Information Processing Techniques Office.

Krishnamurti, T. N. , C. M. Kishtawal, T. E. LaRow, D. R. Bachiochi, Z. Zhang, C. E. Williford, S. Gadgil, and S. Surendran. 1999. Improved weather and seasonal climate forecasts from multimodel superensemble. Science 285(5433):1548-1550.

Kwok, R. , and D. A. Rothrock. 2009. Decline in Arctic sea ice thickness from submarine and ICESat records: 1958-2008. Geophysical Research Letters 36:L15501.

Laprise, R. , M. R. Varma, B. Denis, D. Caya, and I. Zawadzki. 2000. Predictability in a nested limited-area-model. Monthly Weather Review 128(12):4149-4154.

Laprise, R. , R. de Elia, D. Caya, S. Biner, P. Lucas-Picher, E. Diaconescu, M. Leduc, A. Alexandru, L. Separovic, and Canadian Network for Regional Climate Modelling and Diagnostics. 2008. Challenging some tenets of regional climate modelling. Meteorology and Atmospheric Physics 100(1-4):3-22.

Lawford, R. G. , J. Roads, D. P. Lettenmaier, and P. Arkin. 2007. GEWEX contributions to large-scale hydrometeorology. Journal of Hydrometeorology 8(4):629-641.

Lean, J. L. , and D. H. Rind. 2009. How will Earth's surface temperature change in future decades? Geophysical Research Letters 36.

Lemos, M. C. , and B. J. Morehouse. 2005. The co-production of science and policy in integrated climate assessments. Global Environmental Change—Human and Policy Dimensions 15(1):57-68.

Lempert, R. J. , and D. G. Groves. 2010. Identifying and evaluating robust adaptive policy responses to climate change for water management agencies in the American west.

Technological Forecasting and Social Change 77(6):960-974.

Lempert, R. J. , N. Nakicenovic, D. Sarewitz, and M. Schlesinger. 2004. Characterizing climate-change uncertainties for decision-makers. An editorial essay. Climatic Change 65(1-2):1-9.

Leung, L. R. , and S. J. Ghan. 1998. Parameterizing subgrid orographic precipitation and surface cover in climate models. Monthly Weather Review 126(12):3271-3291.

Leung, L. R. , and Y. Qian. 2003. The sensitivity of precipitation and snowpack simulations to model resolution via nesting in regions of complex terrain. Journal of Hydrometeorology 4(6):1025-1043.

Leung, L. R. , Y. Qian, X. D. Bian, W. M. Washington, J. G. Han, and J. O. Roads. 2004. Mid-century ensemble regional climate change scenarios for the western United States. Climatic Change 62(1-3):75-113.

Leung, L. R. , M. Y. Huang, Y. Qian, and X. Liang. 2011. Climate-soil-vegetation control on groundwater table dynamics and its feedbacks in a climate model. Climate Dynamics 36(1-2):57-81.

Levis, S. , G. B. Bonan, E. Kluzek, P. E. Thornton, A. Jones, W. J. Sacks, and C. J. Kucharik. 2012. Interactive crop management in the Community Earth System Model (CESM1): Seasonal influences on land-atmosphere fluxes. Journal of Climate 25: 4839-4859.

Liu, X. , R. C. Easter, S. J. Ghan, R. Zaveri, P. Rasch, X. Shi, J.-F. Lamarque, A. Gettelman, H. Morrison, F. Vitt, A. Conley, S. Park, R. Neale, C. Hannay, A. M. L. Ekman, P. Hess, N. Mahowald, W. Collins, M. J. Iacono, C. S. Bretherton, M. G. Flanner, and D. Mitchell. 2011. Toward a minimal representation of aerosol direct and indirect effects: Model description and evaluation. Geoscientific Model Development Discussions 4(3485-3598).

Lubchenco, J. 2009. Testimony of Dr. Jane Lubchenco before the Senate Commerce Committee, February 12, 2009.

Lusk, E. , and K. Yelick. 2007. Languages for high-productivity computing: The DARPA HPCS language project. Parallel Processing Letters 17(1):89-102.

Lyman, J. M. , S. A. Good, V. V. Gouretski, M. Ishii, G. C. Johnson, D. M. Palmer, D. M. Smith, and J. K. Willis. 2010. Robust warming of the global upper ocean. Nature 465:334-337.

Manabe, S. 1969. Climate and the ocean circulation 1. The atmospheric circulation and the hydrology of the Earth's surface. Monthly Weather Review 97(11):739-774.

Manabe, S. , and K. Bryan. 1969. Climate calculations with a combined ocean-atmosphere model. Journal of the Atmospheric Sciences 26(4):786-789.

Manton, M. J. , A. Belward, D. E. Harrison, A. Kuhn, P. Lefale, S. R? sner, A. Simmons, W. Westermeyer, and J. Zillman. 2010. Observation needs for climate services and research. World Climate Conference—3. Procedia Environmental Sciences 1:184-191.

Martin, G. M. , M. A. Ringer, V. D. Pope, A. Jones, C. Dearden, and T. J. Hinton. 2006. The physical properties of the atmosphere in the new Hadley Centre Global Environmental Model (HadGEM1). Part I: Model description and global climatology. Journal of Climate 19:1274-1301.

Martin, G. M. , S. F. Milton, C. A. Senior, M. E. Brooks, S. I. T. Reichler, and J. Kim. 2010. Analysis and reduction of systematic errors through a seamless approach to modeling weather and climate. Journal of Climate 23:5933-5957.

Maslowski, W. , J. C. Kinney, M. Higgins, and A. Roberts. 2012. The future of Arctic sea ice. Annual Review of Earth and Planetary Sciences 40:625-654.

Masson, D. , and R. Knutti. 2011. Climate model genealogy. Geophysical Research Letters 38(8):L08703.

Mearns, L. O. , W. J. Gutowski, R. Jones, L.-Y. Leung, S. McGinnis, A. M. B. Nunes, and Y. Qian. 2009. A regional climate change assessment program for North America. EOS, Transactions of the American Geophysical Union 90(36):311-312.

Meehl, G. A. , and S. Bony. 2011. Introduction to CMIP5. CLIVAR Exchanges 56:4-5.

Meehl, G. A. , C. Covey, T. Delworth, M. Latif, B. McAvaney, J. F. B. Mitchell, R. J. Stouffer, and K. E. Taylor. 2007. The WCRP CMIP3 multimodel dataset—a new era in climate change research. Bulletin of the American Meteorological Society 88 (9):1383-1394.

Meehl, G. A. , L. Goddard, J. Murphy, R. J. Stouffer, G. Boer, G. Danabasoglu, K. Dixon, M. A. Giorgetta, A. M. Greene, E. Hawkins, G. Hegerl, D. Karoly, N. Keenlyside, M. Kimoto, B. Kirtman, A. Navarra, R. Pulwarty, D. Smith, D. Stammer, and T. Stockdale. 2009. Decadal prediction: Can it be skillful? Bulletin of the American Meteorological Society 90(10):1467.

Menendez, C. G. , M. de Castro, J. P. Boulanger, A. D'Onofrio, E. Sanchez, A. A. Sorensson, J. Blazquez, A. Elizalde, D. Jacob, H. Le Treut, Z. X. Li, M. N. Nunez, N. Pessacg, S. Pfeiffer, M. Rojas, A. Rolla, P. Samuelsson, S. A. Solman, and C. Teichmann. 2010. Downscaling extreme month-long anomalies in southern South America. Climatic Change 98(3-4):379-403.

Michalakes, J. , and M. Vachharajani. 2008. GPU acceleration of numerical weather prediction. Parallel Processing Letters 18(4):531-548.

Millennium Ecosystem Assessment. 2005a. Ecosystems and Human Well-Being. Volume 1: Current State & Trends. Washington, DC: Island Press.

Millennium Ecosystem Assessment. 2005b. Ecosystems and Human Well-Being. Volume 2: Scenarios. Washington, DC:Island Press.

Millennium Ecosystem Assessment. 2005c. Ecosystems and Human Well-Being. Volume 3: Policy Responses. Washington,DC: Island Press.

Mills, E. 2005. Insurance in a climate of change. Science 309(5737):1040-1044.

Mills, E. , and E. Lecomte. 2006. From Risk to Opportunity: How Insurers Can Proactively and Profitably Manage Climate Change. Boston: Ceres Press.

Minobe, S. , A. Kuwano-Yoshida, N. Komori, S. P. Xie, and R. J. Small. 2008. Influence of the Gulf Stream on the troposphere. Nature 452(7184):206-209.

Morgan, G. , H. Dowlatabadi, M. Henrion, D. Keith, R. Lempert, S. McBrid, M. Small, and T. Wilbanks. 2009. Best Practice Approaches for Characterizing, Communicating, and Incorporating Scientific Uncertainty in Decision Making. U. S. Climate Change Science Program Synthesis and Assesment Product 5. 2. Washington, DC: CCSP.

Moss, R. H. , J. A. Edmonds, K. A. Hibbard, M. R. Manning, S. K. Rose, D. P. van Vuuren, T. R. Carter, S. Emori, M. Kainuma, T. Kram, G. A. Meehl, J. F. B. Mitchell, N. Nakicenovic, K. Riahi, S. J. Smith, R. J. Stouffer, A. M. Thomson, J. P. Weyant, and T. J. Wilbanks. 2010. The next generation of scenarios for climate change research and assessment. Nature 463(7282):747-756.

Munshi, A. 2008. OpenCL: Parallel Computing on the GPU and CPU. Available at http://s08. idav. ucdavis. edu/munshiopencl. pdf (accessed October 11, 2012).

Murphy, J. , B. B. Booth, M. Collins, G. R. Harris, D. M. H. Sexton, and M. J. Webb. 2007. A methodology for probabilistic predictions of regional climate change from perturbed physics ensembles. Philosophical Transactions of the Royal Society A—Mathematical Physical and Engineering Sciences 365(1857):1993-2028.

Murphy, J. , V. Kattsov, N. Keenlyside, M. Kimoto, G. Meehl, V. Mehta, H. Pohlmann, A. Scaife, and D. Smith. 2008. Towards prediction of decadal climate variability and change. In Proceedings of the World Climate Conference-3 (WCC-3), August 31 to September 4, 2009. Geneva: World Meteorological Organization.

National Assessment Synthesis Team. 2000. Climate Change Impacts on the United States: The Potential Consequences of Climate Variability and Change. Overview Report. Cambridge, UK: Cambridge University Press.

National Assessment Synthesis Team. 2001. Climate Change Impacts on the United States: The Potential Consequences of Climate Variability and Change. Foundation Report. Cambridge, UK: Cambridge University Press.

Navarra, A. , S. Gualdi, S. Masina, S. Behera, J. J. Luo, S. Masson, E. Guilyardi, P. Delecluse, and T. Yamagata. 2008. Atmospheric horizontal resolution affects tropical climate variability in coupled models. Journal of Climate 21(4):730-750.

NCDC (National Climatic Data Center). 2010. Billion Dollar U. S. Weather Disasters. Available at http://www. ncdc. noaa. gov/billions/ (accessed November 18, 2010).

Neale, R. , J. R. Richter, and M. Jochum. 2008. The impact of convection on ENSO: From a delayed oscillator to a series of events. Journal of Climate 21:5904-5924.

Nesbitt, S. W. , and A. M. Anders. 2009. Very high resolution precipitation climatologies from the Tropical Rainfall Measuring Mission precipitation radar. Geophysical

Research Letters 36:L15815.

Nick, F. M. , A. Vieli, I. M. Howat, and I. Joughin. 2009. Large-scale changes in Greenland outlet glacier dynamics triggered at the terminus. Nature Geoscience 2: 110-114.

Niu, G. Y. , Z. L. Yang, R. E. Dickinson, L. E. Gulden, and H. Su. 2007. Development of a simple groundwater model for use in climate models and evaluation with Gravity Recovery and Climate Experiment data. Journal of Geophysical Research—Atmospheres 112(D7).

NOAA (National Oceanic and Atmospheric Administration). 2011. Toward a National Multi-Model Ensemble (NMME) System for Operational Intra-Seasonal to Interannual (ISI) Climate Forecasts. White Paper. Silver Spring, MD: NOAA. Available at http://www. cpc. ncep. noaa. gov/products/ctb/MMEWhitePaperCPO_ revised. pdf (accessed August 23, 2012).

NOAA Science Advisory Board. 2008. A Review of the NOAA Climate Services Strategic Plan. Silver Spring, MD: NOAA.

NOAA Science Advisory Board. 2011. Towards Open Weather and Climate Services. Silver Spring, MD: NOAA.

Norton, C. D. , A. Eldering, M. Turmon, and J. Parker. 2009. Extending OSSE beyond numerical weather prediction to new areas in Earth observing science. Presented at the 2009 IEEE Aerospace Conference, March 7-14, 2009, Big Sky, MT, doi:10. 1109/AERO. 2009. 4839627.

NPCC (New York City Panel on Climate Change). 2010. Climate Change Adaptation in New York City: Building a Risk Management Response. New York: New York Academy of Science.

NRC (National Research Council). 1979. Carbon Dioxide and Climate: A Scientific Assessment. Washington, DC: National Academy Press.

NRC. 1982. Meeting the Challenge of Climate. Washington, DC: National Academy Press.

NRC. 1985. The National Climate Program: Early Achievements and Future Directions. Washington, DC: National Academy Press.

NRC. 1986. Atmospheric Climate Data, Problems and Promises. Washington, DC: National Academy Press.

NRC. 1998. Capacity of U. S. Climate Modeling to Support Climate Change Assessment Activities. Washington, DC: National Academy Press.

NRC. 2001a. A Climate Services Vision: First Steps Toward the Future. Washington, DC: National Academy Press.

NRC. 2001b. Improving the Effectiveness of U. S. Climate Modeling. Washington, DC: National Academy Press.

NRC. 2003. Fair Weather: Effective Partnerships in Weather and Climate Services. Washington, DC: The National Academies Press.

NRC. 2004. Climate Data Records from Environmental Satellites. Washington, DC: The National Academies Press.

NRC. 2007. Earth Science and Applications from Space: National Imperatives for the Next Decade and Beyond. Washington, DC: The National Academies Press.

NRC. 2009. Restructuring Federal Climate Research to Meet the Challenges of Climate Change. Washington, DC: The National Academies Press.

NRC. 2010a. Adapting to the Impacts of Climate Change. Washington, DC: The National Academies Press.

NRC. 2010b. Advancing the Science of Climate Change. Washington, DC: The National Academies Press.

NRC. 2010c. Assessment of Intraseasonal to Interannual Climate Prediction and Predictability. Washington, DC: The National Academies Press.

NRC. 2010d. Informing an Effective Response to Climate Change. Washington, DC: The National Academies Press.

NRC. 2010e. Limiting the Magnitude of Climate Change. Washington, DC: The National Academies Press.

NRC. 2011a. America's Climate Choices. Washington, DC: The National Academies Press.

NRC. 2011b. Climate Stabilization Targets: Emissions, Concentrations, and Impacts over Decades to Millennia. Washington, DC: The National Academies Press.

NRC. 2011c. National Security Implications of Climate Change for U. S. Naval Forces. Washington, DC: The National Academies Press.

NRC. 2012a. Assessing the Reliability of Complex Models: Mathematical and Statistical Foundations of Verification, Validation, and Uncertainty Quantification. Washington, DC: The National Academies Press.

NRC. 2012b. A Review of the U. S. Global Change Research Program's Strategic Plan. Washington, DC: The National Academies Press.

Numrich, R. W., and J. K. Reid. 1998. Co-array Fortran for parallel programming. ACM Fortran Forum 17(2):1-31.

Overpeck, J. T., G. A. Meehl, S. Bony, and D. R. Easterling. 2011. Climate data challenges in the 21st century. Science 331(6018):700-702.

Palmer, M. D., D. J. McNeall, and N. J. Dunstone. 2011. Importance of the deep ocean for estimating decadal changes in Earth's radiation balance. Geophysical Research Letters 38.

Palmer, T. N., A. Alessandri, U. Andersen, P. Cantelaube, M. Davey, P. Delecluse, M. Deque, E. Diez, F. J. Doblas-Reyes, H. Feddersen, R. Graham, S. Gualdi, J. F. Gueremy, R. Hagedorn, M. Hoshen, N. Keenlyside, M. Latif, A. Lazar, E. Maisonnave, V. Marletto, A. P. Morse, B. Orfila, P. Rogel, J. M. Terres, and

M. C. Thomson. 2004. Development of a European multimodel ensemble system for seasonal-to-interannual prediction (DEMETER). Bulletin of the American Meteorological Society 85(6):853-872.

Palmer, T. N., F. J. Doblas-Reyes, R. Hagedorn, and A. Weisheimer. 2005. Probabilistic prediction of climate using multi-model ensembles: From basics to applications. Philosophical Transactions of the Royal Society B—Biological Sciences 360(1463): 1991-1998.

Palmer, T. N., F. J. Doblas-Reyes, A. Weisheimer, and M. J. Rodwell. 2008. Toward seamless prediction: Calibration of climate change projections using seasonal forecasts. Bulletin of the American Meteorological Society 89(4):459-470.

Palmer, T. N., R. Buizza, F. Doblas-Reyes, T. Jung, M. Leutbecher, G. J. Shutts, M. Steinheimer, and A. Weisheimer. 2009. Stochastic parameterization and model uncertainty. Reading, UK: European Centre for Medium-Range Weather Forecasts.

PCAST (President's Council of Advisors on Science and Technology). 2010. Designing a Digital Future: Federally Funded Research and Development in Networking and Information Technology. Washington, DC: Executive Office of the President.

Peng, R. D. 2011. Reproducible research in computational science. Science 334(6060): 1226-1227.

Pennell, C., and T. Reichler. 2011. On the effective number of climate models. Journal of Climate 24(9):2358-2367.

Phillips, N. A. 1956. The general circulation of the atmosphere—a numerical experiment. Quarterly Journal of the Royal Meteorological Society 82(352):123-164.

Phillips, T. J., G. L. Potter, D. L. Williamson, R. T. Cederwall, J. S. Boyle, M. Fiorino, J. J. Hnilo, J. G. Olson, S. C. Xie, and J. J. Yio. 2004.

Evaluating parameterizations in general circulation models—climate simulation meets weather prediction. Bulletin of the American Meteorological Society 85 (12): 1903-1915.

Pidgeon, N., and B. Fischhoff. 2011. The role of social and decision sciences in communicating uncertain climate risks. Nature Climate Change 1(1):35-41.

Pierce, D. W., T. P. Barnett, B. D. Santer, and P. J. Gleckler. 2009. Selecting global climate models for regional climate change studies. Proceedings of the National Academy of Sciences of the United States of America 106(21):8441-8446.

Pincus, R., C. P. Batstone, R. J. P. Hofmann, K. E. Taylor, and P. J. Glecker. 2008. Evaluating the present-day simulation of clouds, precipitation, and radiation in climate models. Journal of Geophysical Research—Atmospheres 113(D14).

Pincus, R., D. Klocke, and J. Quaas. 2010. Interpreting Relationships Between Present-Day Fidelity and Climate Change Projections. Presented at the American Geophyscial Union Annual Meeting, San Francisco, CA, December 13-17, 2010.

Pitman, A. J. 2003. The evolution of, and revolution in, land surface schemes designed for climate models. International Journal of Climatology 23(5):479-510.

Pitman, A. J. , and S. E. Perkins. 2009. Global and regional comparison of daily 2-m and 1000-hPa maximum and minimum temperatures in three global reanalyses. Journal of Climate 22(17):4667-4681.

Proelss, A. 2009. Governing the Arctic Ocean. Nature Geoscience 2(5):310-313.

Rajagopalan, B. , U. Lall, and S. E. Zebiak. 2002. Categorical climate forecasts through regularization and optimal combination of multiple GCM ensembles. Monthly Weather Review 130(7):1792-1811.

Randall, D. 2011. The evolution of complexity in general circulation models. In The Development of Atmospheric General Circulation Models: Complexity, Synthesis and Computation, edited by L. Donner et al. Cambridge, UK: Cambridge University Press.

Rayner, N. A. , A. Kaplan, E. C. Kent, R. W. Reynolds, P. Brohan, K. Casey, J. J. Kennedy, S. D. Woodruff, T. M. Smith, C. Donlon, L. A.

Breivik, S. Eastwood, M. Ishii, and T. Brando. 2009. Evaluating climate variability and change from modern and historical SST observations. ESA Publication WPP-306.

Reichler, T. , and J. Kim. 2008. How well do coupled models simulate today's climate? Bulletin of the American Meteorological Society 89(3):303-311.

Reilly, J. M. , J. A. Edmonds, R. H. Gardner, and A. L. Brenkert. 1987. Uncertainty analysis of the IEA/ORAU CO2 emissions model. The Energy Journal 8(3):1-29.

Reilly, J. M. , P. H. Stone, C. E. Forest, M. D. Webster, H. D. Jacoby, and R. G. Prinn. 2001. Uncertainty in climate change assessments. Science 293 (5529): 430-433.

Reynolds, R. W. , and D. B. Chelton. 2010. Comparisons of daily sea surface temperature analyses for 2007-08. Journal of Climate 23:3545-3562.

Rice, J. S. , R. H. Moss, P. J. Runci, K. L. Anderson, and E. L. Malone. 2012. Incorporating stakeholder decision support needs into an integrated regional Earth system model. Mitigation and Adaptation Strategies for Global Change 17(7):805-819.

Richter, I. , and C. R. Mechoso. 2006. Orographic influences on subtropical stratocumulus. Journal of the Atmospheric Sciences 63(10):2585-2601.

Ridley, J. K. , P. Huybrechts, J. M. Gregory, and J. A. Lowe. 2005. Elimination of the Greenland ice sheet in a high CO_2 climate. Journal of Climate 18:3409-3427.

Ridley, J. K. , J. M. Gregory, P. Huybrechts, and J. Lowe. 2010. Thresholds for irreversible decline of the Greenland ice sheet. Climate Dynamics 35(6):1065-1073.

Rind, D. 2008. The consequences of not knowing low- and high-latitude climate sensitivity. Bulletin of the American Meteorological Society 89(6):855-864.

Ringler, T. D. , J. Thuburn, J. B. Klemp, and W. C. Skamarock. 2010. A unified approach to energy conservation and potential vorticity dynamics for arbitrarily-structured C-grids. Journal of Computational Physics 229(9):3065-3090.

Roads, J., R. Lawford, E. Bainto, E. Berbery, S. Chen, B. Fekete, K. Gallo, A. Grundstein, W. Higgins, M. Kanamitsu, W. Krajewski, V. Lakshmi, D. Leathers, D. Lettenmaier, L. Luo, E. Maurer, T. Meyers, D. Miller, K. Mitchell, T. Mote, R. Pinker, T. Reichler, D.

Robinson, A. Robock, J. Smith, G. Srinivasan, K. Verdin, K. Vinnikov, T. V. Haar, C. Vorosmarty, S. Williams, and E. Yarosh. 2003. GCIP water and energy budget synthesis (WEBS). Journal of Geophysical Research—Atmospheres 108(D16).

Roberts, A., L. Hinzman, J. E. Walsh, M. Holland, J. Cassano, R. D? scher, H. Mitsudera, and A. Sumi. 2010. A Science Plan for Regional Arctic System Modeling: A Report by the Arctic Research Community for the National Science Foundation Office of Polar Programs. Fairbanks, AK: International Arctic Research Center, University of Alaska Fairbanks.

Robertson, A. W., U. Lall, S. E. Zebiak, and L. Goddard. 2004. Improved combination of multiple atmospheric GCM ensembles for seasonal prediction. Monthly Weather Review 132(12):2732-2744.

Rodwell, M. J., and T. N. Palmer. 2007. Using numerical weather prediction to assess climate models. Quarterly Journal of the Royal Meteorological Society 133(622):129-146.

Romm, J. 2011. Desertification: The next dust bowl. Nature 478:450-451.

Ruosteenoja, K., H. Tuomenvirta, and K. Jylh?. 2007. GCM-based regional temperature and precipitation change estimates for Europe under four SRES scenarios applying a super-ensemble pattern-scaling method. Climatic Change 81:193-208.

Ruttimann, J. 2006. 2020 computing: Milestones in scientific computing. Nature 440(7083):399-405.

Saha, S., S. Nadiga, C. Thiaw, J. Wang, W. Wang, Q. Zhang, H. M. Van den Dool, H. L. Pan, S. Moorthi, D. Behringer, D. Stokes, M. Pena, S. Lord, G. White, W. Ebisuzaki, P. Peng, and P. Xie. 2006. The NCEP climate forecast system. Journal of Climate 19(15):3483-3517.

Saha, S., S. Moorthi, H. L. Pan, X. R. Wu, J. D. Wang, S. Nadiga, P. Tripp, R. Kistler, J. Woollen, D. Behringer, H. X. Liu, D. Stokes, R. Grumbine, G. Gayno, J. Wang, Y. T. Hou, H. Y. Chuang, H. M. H. Juang, J. Sela, M. Iredell, R. Treadon, D. Kleist, P. Van Delst, D. Keyser, J. Derber, M. Ek, J. Meng, H. L. Wei, R. Q. Yang, S. Lord, H. Van den Dool, A. Kumar, W. Q. Wang, C. Long, M. Chelliah, Y. Xue, B. Y. Huang, J. K. Schemm, W. Ebisuzaki, R. Lin, P. P. Xie, M. Y. Chen, S. T. Zhou, W. Higgins, C. Z. Zou, Q. H. Liu, Y. Chen, Y. Han, L. Cucurull, R. W. Reynolds, G. Rutledge, and M. Goldberg. 2010. The NCEP Climate Forecast System Reanalysis. Bulletin of the American Meteorological Society 91(8):1015-1057.

Sain, S. R., D. Nychka, and L. Mearns. 2011. Functional ANOVA and regional climate experiments: A statistical analysis of dynamic downscaling. Environmetrics 22(6): 700-711.

Santer, B. D. , K. E. Taylor, P. J. Gleckler, C. Bonfils, T. P. Barnett, D. W. Pierce, T. M. L. Wigley, C. Mears, F. J. Wentz, W. Bruggemann, N. P. Gillett, S. A. Klein, S. Solomon, P. A. Stott, and M. F. Wehner. 2009. Incorporating model quality information in climate change detection and attribution studies. Proceedings of the National Academy of Sciences of the United States of America 106 (35): 14778-14783.

Schaefer, M. , D. J. Baker, J. H. Gibbons, C. G. Groat, D. Kennedy, C. F. Kennel, and D. Rejeski. 2008. An Earth Systems Science Agency. Science 321(5885):44-45.

Schmith, T. 2008. Stationarity of regression relationships: Application to empirical downscaling. Journal of Climate 21:4529-4537.

Schroeder, B. , and G. A. Gibson. 2007. Understanding failures in petascale computers. Journal of Physics 78:012022.

Schuur, E. A. G. , J. Bockheim, J. G. Canadell, E. Euskirchen, C. B. Field, S. V. Goryachkin, S. Hagemann, P. Kuhry, P. M. Lafleur, H. Lee, G. Mazhitova, F. E. Nelson, A. Rinke, V. E. Romanovsky, N. Shiklomanov, C. Tarnocai, S. Venevsky, J. G. Vogel, and S. A. Zimov. 2008. Vulnerability of permafrost carbon to climate change: Implications for the global carbon cycle. BioScience 58(8):701-714.

Schwartz, P. , and D. Randall. 2003. An Abrupt Climate Change Scenario and Its Implications for United States National Security. Emeryville, CA: Global Business Network.

Scott, M. J. , R. D. Sands, J. Edmonds, A. M. Liebetrau, and D. W. Engel. 1999. Uncertainty in integrated assessment models: Modeling with MiniCAM 1. 0. Energy Policy 27(14):855-879.

Senior, C. A. 1995. The dependence of climate sensitivity on the horizontal resolution of a GCM. Journal of Climate 8(11):2860-2880.

Senior, C. A. , A. Arribas, A. R. Brown, M. J. P. Cullen, T. C. Johns, G. M. Martin, S. F. Milton, S. Webster, and K. D. Williams. 2010.

Synergies between numerical weather prediction and general circulation climate models. In The Development of Atmospheric General Circulation Models, edited by L. Donner, W. Schubert, and R. Somerville. Cambridge, UK: Cambridge University Press.

Shapiro, M. , J. Shukla, G. Brunet, C. Nobre, M. Béland, R. Dole, K. Trenberth, R. Anthes, G. Asrar, L. Barrie, P. Bougeault, G. Brasseur, D. Burridge, A. Busalacchi, J. Caughey, D. Chen, J. Church, T. Enomoto, B. Hoskins, φ. Hov, A. Laing, H. L. Treut, J. Marotzke, G. McBean, G. Meehl, M. Miller, B. Mills, J. Mitchell, M. Moncrieff, T. Nakazawa, H. Olafsson, T. Palmer, D. Parsons, D. Rogers, A. Simmons, A. Troccoli, Z. Toth, L. Uccellini, C. Velden, and J. M. Wallace. 2010. An Earth-system prediction initiative for the twenty-first century. Bulletin of the American Meteorological Society 91(10):1377-1388.

Shukla, J. , T. N. Palmer, R. Hagedorn, B. Hoskins, J. Kinter, J. Marotzke, M. Miller, and J. Slingo. 2010. Toward a new generation of world climate research and computing facilities. Bulletin of the American Meteorological Society 91(10):1407-1412.

Shutts, G. J. , and T. N. Palmer. 2007. A kinetic energy backscatter algorithm for use in ensemble prediction systems. Quarterly Journal of the Royal Meteorological Society 131:3079-3102.

Skamarock, W. C. , J. B. Klemp, M. G. Duda, L. Fowler, S. Park, and T. Ringler. 2012. A multiscale nonhydrostatic atmospheric model using centroidal Voronoi tesselations and C-grid staggering. Monthly Weather Review 140:3090-3105.

Smith, I. , and E. Chandler. 2010. Refining rainfall projections for the Murray Darling Basin of south-east Australia—the effect of sampling model results based on performance. Climatic Change 102(3-4):377-393.

Smith, R. L. , C. Tebaldi, D. Nychka, and L. O. Mearns. 2009. Bayesian modeling of uncertainty in ensembles of climate models. Journal of the American Statistical Association 104(485):97-116.

Smith, S. J. , and J. A. Edmonds. 2006. The economic implications of carbon cycle uncertainty. Tellus Series B—Chemical and Physical Meteorology 58(5):586-590.

Soden, B. J. , and I. M. Held. 2006. An assessment of climate feedbacks in coupled ocean-atmosphere models. Journal of Climate 19:3354-3360.

Soden, B. J. , and G. A. Vecchi. 2011. The vertical distribution of cloud feedback in coupled ocean-atmosphere models. Geophysical Research Letters 38.

Somerville, R. C. J. , and S. J. Hassol. 2011. Communicating the science of climate change. Physics Today 64(10).

Stainforth, D. A. , T. Aina, C. Christensen, M. Collins, N. Faull, D. J. Frame, J. A. Kettleborough, S. Knight, A. Martin, J. M. Murphy, C. Piani, D. Sexton, L. A. Smith, R. A. Spicer, A. J. Thorpe, and M. R. Allen. 2005. Uncertainty in predictions of the climate response to rising levels of greenhouse gases. Nature 433(7024): 403-406.

Stouffer, R. , K. Taylor, and G. Meehl. 2011. CMIP5 Long-Term Experimental Design. CLIVAR Exchanges 56:5-7.

Stroeve, J. , M. M. Holland, W. Meier, T. Scambos, and M. Serreze. 2007. Arctic sea ice decline: Faster than forecast. Geophysical Research Letters 34(9).

Sullivan, K. D. 2011. From NPOESS to JPSS: An Update on the Nation's Restructured Polar Weather Satellite Program. Written statement by Dr. Kathryn D. Sullivan, Assistant Secretary of Commerce for Environmental Observation and Prediction and Deputy Administrator, National Oceanic and Atmospheric Administration, U. S. Department of Commerce.

Subcommittee on Investigations and Oversight and Subcommittee on Energy and Environment Committee on Science and Technology, U. S. House of Representatives. September 23, 2011.

Suppiah, R., K. Hennessy, P. H. Whetton, K. McInnes, I. Macadam, J. Bathols, J. Ricketts, and C. M. Page. 2007. Australian climate change projections derived from simulations performed for the IPCC 4th Assessment Report. Australian Meteorological Magazine 56(3):131-152.

Takahara, H., and D. Parks. 2008. NEC High Performance Computing. Presented at World Modelling Summit for Climate Prediction, May 6-9, 2008. Available at http://www. ecmwf. int/newsevents/meetings/workshops/2008/Modelling-Summit/presentations/Parks. pdf (accessed October 11, 2012).

Taylor, K. E., R. J. Stouffer, and G. A. Meehl. 2012. An overview of CMIP5 and the experiment design. Bulletin of the American Meteorological Society 93(4):485-498.

Tebaldi, C., and R. Knutti. 2007. The use of the multimodel ensemble in probabilistic climate projections. Philosophical Transactions of the Royal Society A 365:2053-2075.

Tebaldi, C., and D. B. Lobell. 2008. Towards probabilistic projections of climate change impacts on global crop yields. Geophysical Research Letters 35(8).

Tebaldi, C., and B. Sanso. 2009. Joint projections of temperature and precipitation change from multiple climate models: A hierarchical Bayesian approach. Journal of the Royal Statistical Society Series A—Statistics in Society 172:83-106.

Tebaldi, C., R. L. Smith, D. Nychka, and L. O. Mearns. 2005. Quantifying uncertainty in projections of regional climate change: A Bayesian approach to the analysis of multimodel ensembles. Journal of Climate 18(10):1524-1540.

Thornton, P. E., J. F. Lamarque, N. A. Rosenbloom, and N. M. Mahowald. 2007. Influence of carbon-nitrogen cycle coupling on land model response to CO(2) fertilization and climate variability. Global Biogeochemical Cycles 21(4).

Tippett, M. K., and A. G. Barnston. 2008. Skill of multimodel ENSO probability forecasts. Monthly Weather Review 136(10):3933-3946.

Trenberth, K. 2010. Atmospheric reanalyses: A major resource for climate services. GEO News 8.

Trenberth, K. E., B. Moore, T. R. Karl, and C. Nobre. 2006. Monitoring and prediction of the Earth's climate: A future perspective. Journal of Climate 19:5001-5008.

Trenberth, K. E., A. Belward, O. Brown, E. Haberman, T. R. Karl, S. Running, B. Ryan, M. Tanner, and B. Wielicki. 2011. Challenges of a Sustained Climate Observing System. Plenary paper for the WCRP Open Science Conference, Denver, CO, October 2011.

Troccoli, A., and T. N. Palmer. 2007. Ensemble decadal predictions from analysed initial conditions. Philosophical Transactions of the Royal Society A—Mathematical, Physical, and Engineering Sciences 365(1857):2179-2191.

U. S. -Canada Power System Outage Task Force. 2004. Final Report on the August 14, 2003 Blackout in the United States and Canada: Causes and Recommendations. Ottawa: Natural Resources Canada.

U. S. CLIVAR Office. 2008. Review of U. S. CLIVAR Pilot Climate Process Teams and Recommendations for Future Climate Process Teams. U. S. CLIVAR Report No. 2008-3. Washington, DC: U. S. CLIVAR Office.

USGCRP (U. S. Global Change Research Program). 2001. High-End Climate Science: Development of Modeling and Related Computing Capabilities. Washington, DC: USGCRP.

USGCRP. 2009. Global Climate Change Impacts in the United States. New York: Cambridge University Press.

USGCRP. 2011. What We Do: The National Climate Assessment. Washington, DC: USGCRP.

USGCRP. 2012. National Global Change Research Plan 2012-2021: A Strategic Plan for the U. S. Global Change Research Program. Washington, DC: USGCRP.

Valcke, S., R. Redler, and R. Budich. 2012. Earth System Modelling-Volume 3: Coupling Software and Strategies. SpringerBriefs in Earth System Sciences. Dordrecht: Springer-Verlag.

Vavrus, S. J., M. M. Holland, A. Jahn, D. A. Bailey, and B. A. Blazey. 2012. Twenty-first-century Arctic climate change in CCSM4. Journal of Climate 25:2696-2710.

Vecchi, G. A., A. Clement, and B. J. Soden. 2008. Pacific signature of global warming: El Ni? o or La Ni? a? EOS, Transactions of the American Geophysical Union 89(9).

Vizcaino, M., U. Mikolajewicz, J. Jungclaus, and G. Schurgers. 2010. Climate modification by future ice sheet changes and consequences for ice sheet mass balance. Climate Dynamics 34(2-3):301-324.

Voisin, N., A. F. Hamlet, L. P. Graham, D. W. Pierce, T. P. Barnett, and D. P. Lettenmaier. 2006. The role of climate forecasts in Western US power planning. Journal of Applied Meteorology and Climatology 45(5):653-673.

Wake, L., G. Milne, and E. Leuliette. 2006. 20th century sea-level change along the eastern US: Unravelling the contributions from steric changes, Greenland ice sheet mass balance and Late Pleistocene glacial loading. Earth and Planetary Science Letters 250(3-4):572-580.

Walter, K. 2002. The outlook is for warming, with measurable local effects. Science and Technology Review July/August 2002.

Ward, B. 2008. Communicating on Climate Change: An Essential Resource for Journalists, Scientists, and Educators. Narragansett:Metcalf Institute for Marine and Environmental Reporting, University of Rhode Island Graduate School of Oceanography.

Watterson, I. G. 2008. Calculation of probability density functions for temperature and precipitation change under global warming. Journal of Geophysical Research—Atmospheres 113(D12).

Watterson, I. G. 2012. Understanding and partitioning future climates for Australian regions from CMIP3 using ocean warming indices. Climatic Change 111(3-4):903-922.

Watterson, I. G., and P. H. Whetton. 2011. Distributions of decadal means of temperature and precipitation change under global warming. Journal of Geophysical Research—Atmospheres 116.

WCRP (World Climate Research Programme). 2005. The World Climate Research Programme Strategic Framework 2005-2015: Coordinated Observation and Prediction of the Earth System (COPES). WCRP-123, WMO/TD-No. 1291. Geneva:World Meteorological Organization.

Weisheimer, A., T. N. Palmer, and F. J. Doblas-Reyes. 2011. Assessment of representations of model uncertainty in monthly and seasonal forecast ensembles. Geophysical Research Letters 38:L16703.

Werz, M., and L. Conley. 2012. Climate Change, Migration, and Conflict. Addressing Complex Crisis Scenarios in the 21st Century. Washington, DC: Center for American Progress, p. 52.

Wilby, R. L., T. M. L. Widley, D. Conway, P. D. Jones, B. C. Hewitson, J. Main, and D. S. Wilks. 1998. Statistical downscaling of general circulation model output: A comparison of methods. Water Resources Research 34:2995-3008.

WMO (World Meteorological Organization). 1988. Resolution 4 [EC-XL] of the WMO Executive Council. Geneva: WMO.

WMO. 2012. Position Paper on Global Framework for Climate Services. Submitted by the World Meteorological Organization to the High-Level Taskforce for the Global Framework for Climate Services. Geneva: WMO.

Wu, W., A. H. Lynch, and A. Rivers. 2005. Estimating the uncertainty in a regional climate model related to initial and lateral boundary conditions. Journal of Climate 18: 917-933.

Wyant, M. C., R. Wood, C. S. Bretherton, C. R. Mechoso, J. Bacmeister, M. A. Balmaseda, B. Barrett, F. Codron, P. Earnshaw, J. Fast,C. Hannay, J. W. Kaiser, H. Kitagawa, S. A. Klein, M. Kohler, J. Manganello, H. L. Pan, F. Sun, S. Wang, and Y. Wang. 2010. The PreVOCA experiment: Modeling the lower troposphere in the Southeast Pacific. Atmospheric Chemistry and Physics 10 (10): 4757-4774.

Yelick, K., D. Bonachea, W. Chen, P. Colella, K. Datta, J. Duell, S. L. Graham, P. Hargrove, P. Hilfinger, P. Husbands, C. Iancu, A. Kamil, R. Nishtala, J. Su, M. Welcome, and T. Wen. 2007. Productivity and performance using partitioned global addressspace languages. In Proceedings of the 2007 International Workshop on Parallel Symbolic Computation, Waterloo,Ontario, Canada, July 27-28, 2007. New York: Association for Computing Machinery.

Zinser, T. J. 2011. Weathering Change: Need for Continued Innovation in Forecasting and Prediction. Testimony of the Honorable Todd J. Zinser, Inspector General, U. S.

Department of Commerce, before a hearing of the Subcommittee on Oceans, Atmosphere, Fisheries, and Coast Guard Committee on Commerce, Science, and Transportation, U. S. Senate, November 16, 2011.

Zwieflhofer, W. 2008. Trends in High-Performance Computing. Presented at World Modelling Summit for Climate Prediction, May 6-9, 2008. Available at http://www. ecmwf. int/newsevents/meetings/workshops/2008/ModellingSummit/presentations/Zwieflhofer. pdf (accessed August 23, 2012).

附录 A　声明

气候模式是理解和预测气候和气候相关变化的基础,因此它也是支撑气候相关决策的重要工具。这项研究将会为提高国家在年代际和百年尺度上准确模拟气候和地球系统演变的能力而制定战略。委员会的报告有望成为一个高层次的分析,为指引未来10～20年美国气候模拟事业的发展提供战略框架。特别的,委员会将会:

1. 在未来十年或更长的时间里,使核心的利益相关者参与讨论美国模式的现状和未来,讨论重点关注年代际到百年时间尺度和局地到全球的分辨率。讨论包括广义的模式开发和用户团体,并针对当前模拟方法的优势和所面临的挑战,这其中包括模拟在决策制定中的效用、支撑模式发展和评估所需的观测和研究活动,以及所有这些领域中的潜在新方向。

2. 描述国内和国际气候模拟工作的现有格局,包括用于研究和业务的方法、正在计划和讨论中的新方法,以及各种方法的相对优势和面临的挑战,其中重点关注年代际到百年时间尺度和局地到全球的分辨率。

3. 广义上讨论观测、基础和应用研究、计算平台和当前和未来可能气候模拟的其他需求,并制定划分观测优先级、研究和支撑决策活动的战略方针,这将最大程度地改进我们在年代际到百年时间尺度、局地到全球尺度下,对气候变化的监测、模拟和响应的理解和掌控能力。

4. 在未来十年(2011—2020 年)甚至更长时间里,为气候模拟制定综合和全面的国家战略提供结论和/或建议。建议包括不同的模拟方法(包括年代际至百年尺度与其他时间尺度模拟间的关系);

为支持模式发展,优先开展的观测、研究活动和计算平台;这些工作如何为这十年及以后的决策制定提供最大效用。

"拟解决的战略问题"包括,例如,随着计算性能提升,提高模式分辨率和增加模式复杂性应如何平衡?不同方法对预估区域气候变化(如区域模式嵌套、统计降尺度等)的优劣是什么?多模式和统一模拟框架有什么好处和折中?可能存在何种契机,能发展地球系统模式和人类系统模式之间的更好的接口和集成?为了初始化全球/区域模式预测、加深我们对物理过程和机制的理解和验证模拟结果,需要展开何种观测研究?哪些关键计算平台制约目前限制模式开发和使用(包括高性能计算和个人原因)?可以采取什么措施来提高气候模式结果的传播(如展示其不确定性),并确保气候模拟事业依然与决策制定息息相关?何种模拟方法和活动可为所需的投资方提供最大的价值?

(郭准 译,邹立维 校)

附录 B　信息收集

除了回顾相关文献和利用专家的评判意见撰写此份报告外,委员会在完整的范围内尽可能地为相关的利益者提供机会阐述意见和建议。通过五个在不同城市(华盛顿特区、华盛顿州西雅图、加利福尼亚州欧文市和科罗拉多州博尔德)召开的公开会议、一系列的采访、气候模拟问卷调查来推进实施。公开的会议包括 2011 年 4 月在美国科罗拉多州博尔德市举办的专题讨论会,广泛的利益相关者主要来自实验室、政府机构、学术机构、国际组织及广泛的用户群体。所有与会者还要求回答一份三个问题的问卷,就目前的气候模式格局和未来的战略思想表达自己的想法。以下人士至少参加了一次委员会的公开会议,并提供了宝贵的意见:

D. James Baker,William J. Clinton 基金会

Anjuli Bamzai,美国国家科学基金会

Pete Beckman,阿尔贡国家实验室

David Behar,旧金山公共事业委员会

Cecilia Bitz,华盛顿大学

Andy Brown,英国气象局

Frank Bryan,美国大气研究中心

Bill Collins,美国加州大学伯克利分校

David Considine,美国航空和航天局

Ted Cope,国家地理空间情报局

David Dewitt,哥伦比亚大学

Scott Doney,伍兹霍尔海洋研究所

Steve Easterbrook,加拿大多伦多大学

Dave Easterling，美国国家海洋大气局

Paul Edwards，密歇根大学

Jack Fellows，美国大气研究中心

Baruch Fischhoff，卡内基－梅隆大学

Joe Friday，俄克拉何马大学（名誉教授）

Gregg Garfin，美国亚利桑那大学

Gary Geernaert，美国能源部

Peter Gent，美国大气研究中心

Jin Huang，美国国家海洋大气局

Kathy Jacobs，美国科学技术政策局

Laurna Kaatz，丹佛水务局

Jill Karsten，美国国家科学基金会

Jeremy Kepner，麻省理工大学

Jeff Kiehl，美国大气研究中心

Tim Killeen，美国国家科学基金会

Ben Kirtman，迈阿密大学

Chet Koblinsky，美国国家海洋大气局

Arun Kumar，美国国家海洋大气局

Bryan Lawrence，英国大气数据中心

Stu Levenbach，白宫行政管理和预算局

S. J. Lin，美国国家海洋大气局

Rich Loft，美国大气研究中心

Steve Lord，美国国家海洋大气局

Johannes Loschnigg，美国科学技术政策局

Jim McWilliams，洛杉矶凯利福尼亚大学

Jerry Meehl，美国大气研究中心

Phil Mote，美国俄勒冈州立大学

Tim Palmer，欧洲中期天气预报中心

Bill Putman，美国航空航天局

Erik Pytlak，博纳维尔电力管理局

V. Ramaswamy，地球流体动力学实验室

David Randall，科罗拉多州立大学

Michele Rienecker，美国航空和航天局

Todd Ringler，Los Alamos 国家实验室

Rick Rosen，美国国家海洋大气局

Jagadish Shukla，乔治梅森大学

Graeme Stephens，科罗拉多州立大学

Karl Taylor，劳伦斯·利弗莫尔国家实验室

Claudia Tebaldi，气候中心

Rear Admiral David Titley，海军

Kevin Trenberth，美国大气研究中心

Louis Uccellini，国家环境预测中心

Andrew Weaver，维多利亚大学

Mike Wehner，Lawrence Berkeley 国家实验室

　　如第 2 章中所述，此前国家理事会和其他组织的报告已给出了改进美国气候模拟的建议。为了让委员会知晓影响这些报告的效果的原因，对以下 11 人进行了采访（如下文所列），他们或可利用报告中的建议开展决策，或可直接受到因报告结论所采取行动的影响。这些采访由三名拥有气候相关研究和采访经验、但不是这次或以往报告成员的研究人员主持。受访者被问及他们的从业经验和对以往 NRC 报告的意见，他们对推动气候模拟国家战略的重要方面的观点，以及对此前涉及软件平台工作的看法。受访者的个人意见并不列出，但这些访谈信息将被用于撰写通用的经验指南，这些已经在第 2 章中阐述了。

受访者：

David Bader,劳伦斯·利弗莫尔国家实验室

D. James Baker,威廉克尔顿基金会

Rosina Bierbaum,密歇根大学

Guy Brasseur,气候服务中心(德国)

Paul Edwards,密歇根大学

David Evans,Noblis 中心

Robert Ferraro,美国国家航空和航天局

James Fischer,美国国家航空和航天局

Timothy Killeen,美国国家基金委

David Randall,科罗拉多州立大学

Mariana Vertenstein,美国国家大气研究中心

采访者：

Steve Easterbrook 博士,多伦多大学

Christine Kirchhoff 博士,密歇根大学

Jessica O'Reilly 博士,圣约翰大学

（郭准 译,邹立维 校）

附录 C　委员会成员介绍(自传)

Dr. Chris Bretherton(主席),华盛顿大学

Chris Bretherton,华盛顿大学大气科学与应用数学系教授,联合国政府间气候变化专门委员会第五次报告主要撰写者,CGILS 国际云反馈模式比较计划负责人,曾担任华盛顿大学应对气候变化方案负责人。主要从事大气湍流对流相互作用,云与气候等方面的研究工作,其中包括观测资料的再分析、云尺度模式及气候模式的发展。主要承担天气学、大气湍流、积云对流、热带气象学、地球流体力学、数值模拟、偏微分方程数值解等课程的教学。他所带领的课题组发展的浅对流参数化方案已被美国两个最先进的气候模式所采用(美国国家大气研究中心 NCAR 的 CAM5 和地球流体动力学实验室 GFDL 的大气模式 AM3),湍流参数化方案被 CAM5 所采用,目前正在与美国国家环境预报中心 NCEP 合作改进天气季节气候预报模式中对边界层云的描述方案。

Dr. Venkatramani Balaji,普林斯顿大学

V. Balaji 模式系统团队的负责人,该团队为 GFDL 和普林斯顿大学的地球系统模式开发者服务。他有物理学与气候学的知识背景,已成为并行运算、科学基础架构的专家,为并行运算的交换接口提供高水平的算法。

他率先提出了框架的应用(如灵活模拟系统 [FMS],以及地球

系统模拟框架和 PRISM 的标准），其工作可以使气候模式框架脱离
独立发展的模式分量。他在地球系统策展人计划（美国）和 Metafor
计划中充当了重要角色，发展了一个通用的信息模型，在这个模型
上可以对模式数据库进行复杂的科学查询。他还在美国国家科学
基金会、美国海洋大气局、美国能源部，包括最近一系列的关于 ex-
ascale 的专题讨论中充当顾问。他是一个受欢迎的演讲者和讲师，
培训了大量发展中国家模式使用者，通过主持专题讨论会指导了不
少来自印度和非洲的学生和研究人员。

Dr. Thomas L. Delworth，地球流体动力学实验室

Thomas L. Delworth 在 NOAA 的 GFDL 从事科研工作，是气
候变化、变率、预测组的负责人，同时担任普林斯顿大学大气与海洋
科学专业的讲师。Dr. Delworth 在 GFDL 一系列气候模式的发展
中都起到了重要的作用。他的主要研究领域是，结合气候模式与观
测数据，关注十年到百年尺度的气候变率与气候变化。在这一时间
尺度上气候系统的变化，包含了自然变率及气候系统对温室气体和
气溶胶变化所致的辐射强迫变化的响应。理解气候系统在年代际
尺度上的自然变率，对我们检测气候变化、理解全球尺度和区域尺
度气候变化的原因至关重要。

Dr. Robert E. Dickinson，美国德州大学奥斯汀分校

Robert E. Dickinson 于 2008 年 8 月加入地质科学系。在之前
的九年里，他是佐治亚理工学院大气科学教授，并担任乔治亚研究
联盟主席。在此之前，曾在亚利桑那大学担任大气科学终身教授，
并在美国国家大气研究中心从事科学研究，1988 年 Dr. Robert E.

Dickinson 当选为美国国家科学院院士，2002 年当选为美国国家工程院院士，2006 年当选中国科学院外籍院士。他的主要研究领域包括气候模拟、气候变率和变化、气溶胶、水文循环和干旱、陆面过程、陆地生态系统碳循环、遥感数据在陆面过程模拟中的应用。

Dr. James A. Edmonds，全球变化联合研究所

Jae Edmonds 是美国太平洋西北国家实验室全球变化联合研究所研究员，首席科学家。Jae Edmonds 的主要研究领域包括可持续发展、全球、能源、科技、经济和气候变化，在过去三十年中，出版论著数本，撰写发表大量科学论文，发表演讲不计其数，是气候变化综合评估模式领域的先驱，其主要的研究重点是能源技术在应对气候变化中的作用。作为美国能源部科学办公室综合评估研究计划的首席科学家，Dr. James A. Edmonds 一直积极参与所有政府间气候变化专门委员会的主要评估工作。

Dr. James S. Famiglietti，加州大学欧文分校

James S. Famiglietti 在加州大学欧文分校地球系统科学、土木与环境工程专业获得联合教职，并且是加州大学水文模拟中心首位负责人。塔夫茨大学的地质学理学学士学位，亚利桑那州大学水文学硕士，普林斯顿大学文学硕士，普林斯顿大学土木工程与运筹学博士。先后在普林斯顿大学、美国国家大气研究中心从事水文与气候系统模式的博士后工作。随后就职于德州大学奥斯汀分校，先后聘为地球科学系助理教授、副教授、德州大学环境科学学院副主任。曾担任大学联盟委员会水文科学进展部主席，地球物理研究快报（GRL）主编。其主要研究领域为水文在耦合地球系统中的作用，包

括坚持发展气候模式的水文分量、海－陆－气－人类活动相互作用的气候系统模拟、陆地和全球水循环（包括地下水枯竭与淡水的可用量）的遥感研究。Dr. Famiglietti目前带领通用水文模拟平台（CHyMP）工作，加速水文模式的发展以解决美国和国际社会涉及水、食物、经济、气候和国家安全等方面的问题。

Dr. Inez Y. Fung，美国加州大学伯克利分校

Inez Fung是美国加州大学伯克利分校地球与行星科学系、环境科学系、政策与管理系教授。麻省理工应用数学学士学位、气象学博士学位。1998年被加州大学伯克利分校物理系聘为first Richard and Rhoda Goldman特聘教授，首位大气科学研究中心主任。在过去二十年，她一直从事气候变化的研究工作，是大尺度数学模式方法和描述CO_2、沙尘和全球其他痕量物质源汇时空分布变化数值模式的主要构建者。Fung博士关于碳—气候模拟的工作指出，陆地和海洋储碳能力的减弱加快了全球变暖。她已经开始了一个新的项目，将原始气象资料、卫星观测CO_2资料同化到气候模式中，从而最优估计大气中CO_2的四维分布。

Dr. James J. Hack，美国橡树岭国家实验室

James J. Hack是美国国家计算科学中心负责人，负责橡树岭国家实验室计算设备转型。他提出高性能的计算需要从科学的、硬件的角度出发，并提出设想以满足需求，从而达到每秒千万亿次计算。作为一名大气科学家，Dr. Hack领导了ORNL的气候变化启动项目。Dr. Hack曾是IBM Thomas J. Watson研究的科研人员，主要从事高性能计算构架的设计与评估工作。1984年进入国家大

气科学研究中心(美国国家科学基金会赞助),先后聘为高级科学家、气候模式组主任、气候与全球动力部门副主任。他是气候模式(运行与 NCCS 超级计算机)的主要开发者,此气候模式为美国的政府间气候变化评估提供超过三分之一的模拟数据,其科研组共同获得 2007 年诺贝尔和平奖。

Dr. James W. Hurrell, 美国国家大气研究中心

James (Jim) W. Hurrell,美国国家大气研究中心(由美国联邦政府资助的研究和发展中心,通过与大学或其他研究人员的合作,探索和理解大气及其与太阳、海洋、生物、人类社会的相互作用)地球系统实验室主任。Dr. Hurrell 在普渡大学大气科学专业获得博士学位,其主要研究方向是通过实证研究、模式研究、诊断分析等方法研究气候、气候变率、气候变化,曾参加 IPCC 评估,美国全球气候研究计划。Dr. Hurrell 积极参与世界气候研究计划-气候变率与预测(CLIVAR),担任美国、国际 CLIVAR 科学指导组(SSG)的联席主席,同时也是其他几个 CLIVAR 组的成员。曾担任 NCAR 气候和全球动力学部门主任、地球系统模式(CESM)首席科学家。他向美国国会的小组委员会提交有关气候变化问题的报告,在大气科学领域已经获得了无数的荣誉和奖励。

Dr. Daniel J. Jacob, 哈佛大学

Daniel J. Jacob,哈佛大学大气化学与环境工程教授。主要研究大气化学成分、人类活动对大气成分的影响及其对气候变化和地球生命的影响。其主要使用的研究手段包括全球大气化学与气候模式、机载探测、卫星数据反演、大气观测资料的分析。

Dr. James L. Kinter III，海洋一陆地一大气研究中心

James（Jim）L. Kinter，海洋一陆地一大气研究中心（COLA）主任，管理中心的基础气候研究和应用气候研究。Dr. Kinter 主要研究方向为季节及较长时间尺度的气候可预测性，其中尤为感兴趣的是利用高分辨率海一陆一气耦合地球系统模式预测 El Niño 和热带外对热带海面温度异常的响应。Dr. Kinter 是乔治·梅森大学大气、海洋和地球科学系及气候动力学 Ph. D. 计划的副教授，主要负责课程的发展建设，给本科、研究生教授气候变化方面的课程，并指导 Ph. D. 学生从事科学研究。1984 年 Dr. Kinter 获得普林斯顿大学地球物理流体动力学博士学位，Kinter 曾就职于美国航空航天局国家研究委员会协会、马里兰大学，曾多次担任科学研究计划、气候模式超级计算计划评审小组成员。

Dr. L. Ruby Leung，西北太平洋国家实验室

L. Ruby Leung，西北太平洋国家实验室固定成员。其主要研究方向是区域气候模拟，包括陆气相互作用、地形过程、气溶胶对水循环变率和极端事件的影响。她在确定区域气候模拟的优先研究方向和需求、协调发展用于模拟区域气候的通用中尺度模式的工作中，做出了重要的工作。目前，她领导的团队正在应用一个分层级的评估框架，评估模拟区域尺度气候的不同方法。

Dr. Shawn Marshall，卡尔加里大学

Shawn Marshall，哥伦比亚大学（UBC）博士、博士后，2000 年

1 月加入 Calgary 大学地球科学系,冰川学家、气候学家,主要研究冰川和冰盖动力学、冰－气候相互作用及古气候。Shawn Marshall 致力于发展冰盖模式、耦合海冰－气候模式,同时利用气候模式的输出结果驱动不同情景得到冰冻圈对气候变化的响应。他曾担任北美北极研究所主任、美国地球物理学会冰冻圈科学组主席、曾就职于加拿大北极研究机构(极地大陆架计划)和 NCAR 通用地球系统模式计划的科学指导委员会成员。

Dr. Wieslaw Maslowski,美国海军研究生院

Wieslaw Maslowski,加利福尼亚州蒙特雷美国海军研究生院研究员,研究兴趣包括极地海洋学和海冰、区域海洋,海冰,气候模拟和预测;海洋、海冰相互作用及其对海洋环流、气候变化、气候变率的中尺度过程;海洋－冰盖、冰盖－海洋－大气相互作用和反馈。目前,他正在领导一个 DOE 支持的研究项目,开发北极区域系统模式(RASM)。Dr. Maslowski 于 1994 年在阿拉斯加大学获得博士学位。

Dr. Linda O. Mearns,美国国家大气研究中心

Linda O. Mearns,天气、气候影响评估科学计划(WCIASP)负责人,地质应用数学学院(IMAGe)区域综合科学共同体(RISC)主任,美国国家大气研究中心高级科学家,2008 年 4 月之前曾在社会与环境研究学院担任三年主任,拥有加州大学洛杉矶分校地学/气候学博士学位,国家研究理事会气候研究委员会(CRC)会员,美国国家科学院科学委员会美国适应气候选择计划成员,气候变化的人类影响委员会成员。其主要研究方向包括气候变化情景的构造、量

化的不确定性及气候变化对农业－生态系统的影响，尤其对区域气候模式有广泛的研究。Linda O. Mearns 是 IPCC 气候变化 1995年，2001 年，2007 年评估报告中涉及气候变率、气候变化对农业的影响、气候变化区域项目、气候情景及未来气候变化预估不确定方面的主要撰写者，是第五次评估报告（截止于 2013 年）WG2 第 21章的主要撰写者。她领导的北美区域气候变化评估的计划（NAR-CCAP）为北美影响研究界提供多种高分辨气候变化情景。2006 年1 月成为美国气象学会成员。

Dr. Richard B. Rood，密歇根大学

Richard B. Rood，密歇根大学海洋与空间科学系、自然资源与环境学院教授，主要教授动力气象与气候物理。2006 年发起一个气候变化方面的跨学科研究生课程，主要包括如何分析关键问题和如何解决复杂问题。同时作为一名美国国家航空航天局［NASA］的高级行政人员，Dr. Rood 负责科学和高性能计算机构，目前致力于地球气候科学知识在社会应用和政策中的应用，为"地下气象"网站（wunderground. com）撰写气候变化博客。

Dr. Larry L. Smarr，美国加州大学圣地亚哥分校

Larry Smarr，加州理工学院的电信信息技术研究所学院（加州大学圣地亚哥分校（UCSD）/加州大学欧文分校的合作伙伴）创始人，加州大学圣地亚哥分校（UCSD）/加州大学欧文分校的合作伙伴，在加州大学圣地亚哥分校雅各布学校计算机科学与工程学院（CSE）获得 Harry E. Gruber 教授席位，在加州理工学院的电信信息技术学院研究所，Dr. Smarr 一直致力于推动信息计算平台的发

展,包括互联网、网络、科学可视化、虚拟现实、全球远程监控,此方向的研究已持续 15 年(15 年前是超级计算机应用程序国家中心〔NCSA〕的创始人)。Dr. Smarr 曾担任 NSF 的 OptIPuter 项目的首席科学家,目前是摩尔基金会的 CAMERA 项目的首席科学家,美国国家科学基金会的 Green Light 项目的联席首席科学家。

(郭准 译,邹立维 校)

译者后记

收到邹立维博士转来出版社关于《后记》起草事宜的电子邮件的时候,我正在德国南部小镇 Garmisch-Partenkirchen 参加"世界气候研究计划"(WCRP)模式调试研讨会(World Climate Research Program the model tuning workshop)和 WCRP 耦合模拟工作组(WGCM)第 18 届年会。本来由于在《译者前言》中赘述颇多,原想以略掉《后记》为好,但是会议期间发生的一件小事,还是促使我来多写几句。10 月 7 日中午,会议主办方特意利用午餐后一个半小时的空闲时间,组织与会学者一起绕会议所在旅馆旁边的 Eibsee 小湖徒步一圈,边交谈、边放松身心。Garmisch-Partenkirchen 小镇位于阿尔卑斯山中,Eibsee 湖是高山融雪积水而成。是日阳光明媚、水清天蓝。徒步途中,我顺手拍了幅 Eibsee 湖风景照片,通过手机微信与朋友共享,不料有国内的朋友在其微信上贴出那几日北京严重的灰霾照片作为对比,并配标题"欧洲风景独好,北京灰霾何时了"。出于安慰,我不假思索地在微信上回复了一条"别担心,灰霾加重的原因部分地是由于季风变弱,我们利用气候模式的研究证明,季风减弱源自海洋年代际变化的强迫,而近期海洋的变化正朝着有利于季风增强的方向发展"。微信发出后,片刻引来一大串点"赞",反响出奇地大,更有好事的朋友要细问我个究竟:你们的模式预测的未来中国气候到底如何变化? 灰霾真的会减轻吗?

这件小事,促使我更深刻地体会到气候模拟工作的重要性。我们朝着"有用的科学"目标上的任何点滴进步,都会获得普通公众的慷慨赞赏和鼓励。不过应该承认,东亚的复杂地形分布,使得当前的气候模式对东亚诸多气候现象的模拟能力都亟待提高。而模式性能的改善,则远非一朝一夕所能实现的。持之以恒、坚持不懈地长期努力,是通往成功的唯一途径。而这中间不可或缺的环节,是不同模式研发团队间的分工与协作。中国气候模式研发进程中亟待解决的难题很多,即使穷现在所有研究队伍之力,力量依然不足。以这次"WCRP模式调试研讨会"的五个科学主题为例,它们分别是:利用过去气候变化调试模式、模式发展中的调试和评估问题、高分辨率气候模拟面临的挑战、利用短时间尺度现象调试气候模式、用基于数学方法的自动技术调试模式,这五个主题基本代表着本领域的国际前沿方向,但是我国目前在上述五个领域鲜有引起国际同行关注的原创性成果。试想,我国现有的近10家气候模式研发机构,若能够针对上述五方面难题,分成五组,每组投入20人持续努力10年,这样,经过100人坚持不懈的10年努力,我们在上述科学难题上想不取得突破都难。中国科学院在"率先行动"计划中明确指出我国当前的科研组织工作存在"低水平重复、同质化竞争、碎片化扩展"的问题,其结果是资源上的浪费和创新性成果的匮乏。气候模拟学界或许可以成为破解当前困境的先行者。

气候模式的研发是一项高度复杂的系统工程,组织协调尤为关键,如同《推动气候模拟的美国国家战略》所指出的那样,"气候模拟是一项更为广泛的事业的组成部分,气候模式研发工作需要加强与气候观测、高性能计算,以及支撑资料分析、资料获取和气候信息释用的有关学科的信息系统的协调"。要实现上述目标,既需要管理和决策上的智慧,又需要组织和实施上的经验,希望《推动气候模拟的美国国家战略》中文版的出版,能够在这方面提供有益的参考。

周天军
2014年10月8日于德国 Garmisch-Partenkirchen 小镇

图 S.1　气候模式能够对一些现象提前一个月到几个季节进行有效的
预报,例如 NOAA 国家气象局提供的 2011 年春季洪涝风险预报。细
节见正文。资料来源:http://www.noaa.gov/extreme2011/missis-
sippi_flood.html(查阅于 2012 年 10 月 11 日)

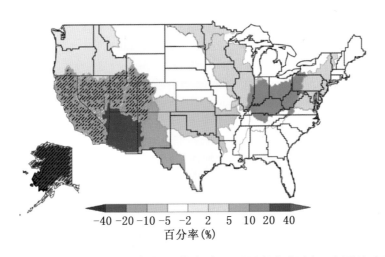

百分率(%)

图 S.2　更长时间尺度的气候预估有助于开展长期规划。本图给出了
预估的 21 世纪中期年平均径流的变化。细节见第 1 章。资料来源:
USGCRP,2009

1990年分布图

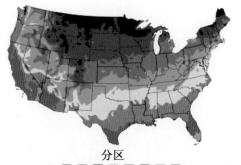

分区

2 3 4 5 6 7 8 9 10

© 2006 by The National Arbor Day Foundation®

基于1974—1986年数据(13年)

2012年分布图

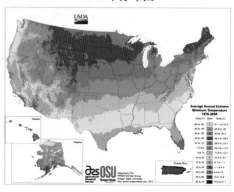

基于1976—2005年数据(30年)

图 1.1 美国农业部提供的作物种植困难程度的分区图。农民和园艺师广泛使用这张图,用以决定某个地区最适合种植哪一种作物。这种分区是基于多年平均的年最低冬季温度,以 10°F 为一区。左图是基于 1974—1986 年的数据,而右图则是基于 1976—2005 年的数据。总的来说,最近的分区图(右图)比以前的分区图(左图)暖一个半分区。引自:http://arborday. org/media/map_change. cfm; http://planthardiness. ars. usda. gov/PHZMWeb/AboutWhats New. aspx (查阅于 2012 年 10 月 11 日)

两次事件发生间隔年数

1 2 3 4 5 6 7 8 9 10 >10

图1.2 预估结果表明,未来热浪发生的频率将增高。本图给出了预估的21
世纪末(2080—2099年平均)极端炎热天气发生频率的分布。极端炎热是指
某一天的炎热程度为过去20年一遇,预估结果表明到21世纪末,美国大部
分地区极端炎热每1~3年就会发生一次

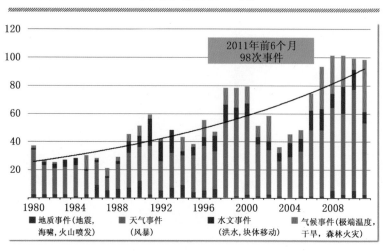

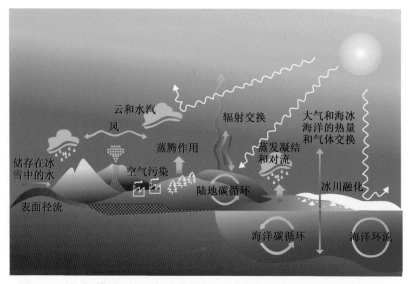

图 1.9 气候模式是地球系统物理、化学和生态过程的数学表达。

来源:Marian Koshland 科学博物馆

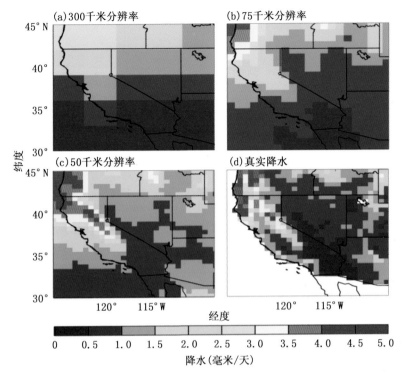

图 1.10　三个不同分辨率气候模式（300 千米、75 千米和 50 千米）模拟的美国西部年平均降水，及其与 50 千米分辨率的观测数据的比较。较高分辨率模式（c）与观测结果（d）更一致。来源：Walter，2002，基于 Duffy 等（2003）图 13 修改

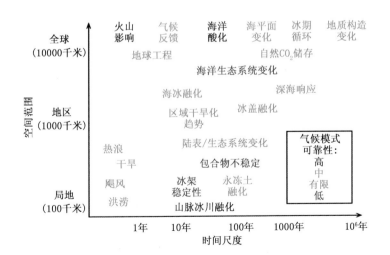

图 1.14　关键气候现象的时空谱。颜色代表气候模式对这些现象模拟的相对可靠性（或者气候变率和极端事件在当前气候下的统计特征）

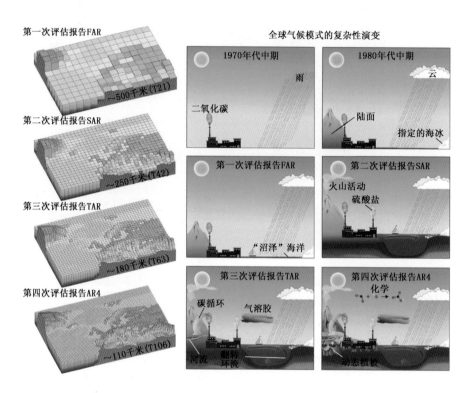

图 3.1　过去几十年历次政府间气候变化专门委员会(IPCC)使用的模式的复杂性和所考虑过程多样性增加的示意图。这些模式为历次 IPCC 报告提供信息。左列为模式分辨率的演变,右列为模式物理过程复杂性的演变。左列示意图为用于短期气候模拟的代表性水平分辨率演变。来源:图 1.2 和图 1.4 来自 IPCC(2007c)。FAR,第一次评估报告,1990;SAR,第二次评估报告,1995;TAR,第三次评估报告,2001;AR4,第四次评估报告,2007

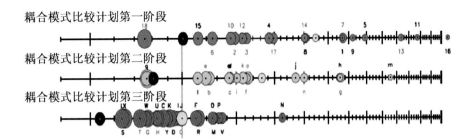

图 3.3　从最早的耦合模式比较计划第一阶段(CMIP1)到最近的耦合模式比较计划第三阶段(CMIP3)的比较发现,气候模式更新换代后的模拟性能是改进的。X 轴给出每个模式(圆圈)的性能指数(l^2)以及第几代模式。性能指数刻画的是模式模拟一系列变量(表面温度、降水、海平面气压等)年循环的准确度。模式性能越好,l^2 越小,越接近 X 轴的左侧。圆圈的大小代表 95％信度的长度。字母和数字代表不同的模式(见补充材料 doi:10.1175/BAMS-89-3-Reichler);红色代表通量订正的模式;灰色的圆圈代表所有模式 l^2 的平均;黑色的圆圈代表多模式平均的 l^2。来源:修改自 Reichler 和 Kim,2008

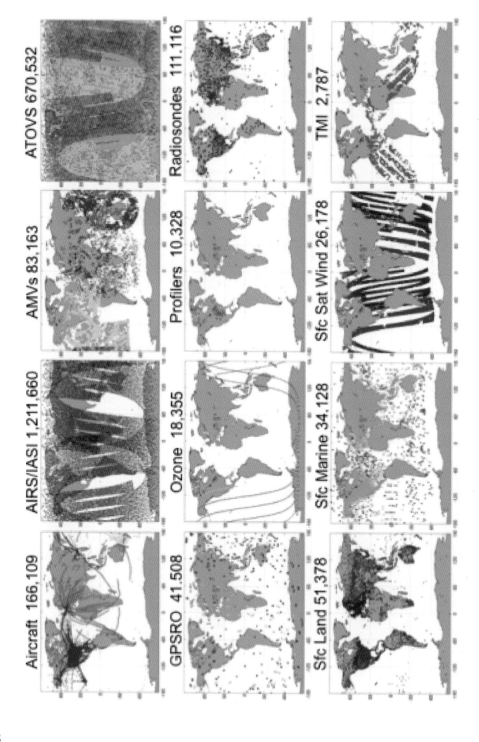

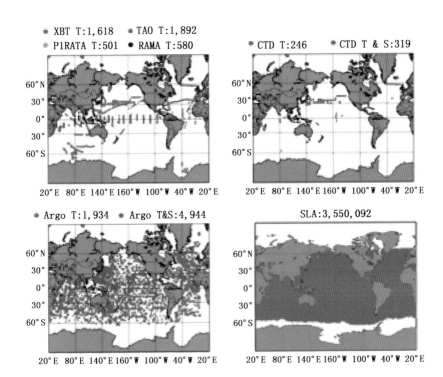

图 5.2　气候观测来自不同的观测仪器,并在时间和/或空间分布上是不完整的。将气候观测与全球气候模式进行结合,对给定时间的气候状态给出最佳估计,可以提高多种不同气候观测的价值。上图显示了同化进 GEOS-5 的大气观测,采用了典型的 6 小时同化窗口。下图显示了 1 个月内(2011年 9 月)每天的海洋观测的分布。AIRS/IASI:大气红外探测器/红外大气探测干涉仪;AMV:大气运动矢量;ATOVS:高级 TIROS(电视红外观测卫星)业务垂直探测器;GPSRO:全球定位系统无线电掩星;TMI:TRMM(热带降雨测量任务)微波成像仪;XBT:投弃式海水温深计;TAO:热带大气—海洋;PIRATA:大西洋预测和研究锚定阵列;RAMA:非洲—亚洲—澳洲季风分析研究和预测锚定阵列;CTD:温深电导测量仪;SLA:海平面异常。
来源:美国国家航空和航天局 Michele Rienecker 提供

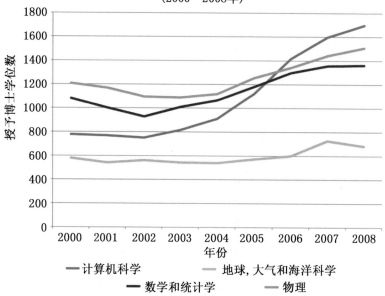

计算机科学, 地学, 数学和物理学授予的博士学位数
（2000—2008年）

授予博士学位数

年份

—— 计算机科学   —— 地球, 大气和海洋科学
—— 数学和统计学   —— 物理

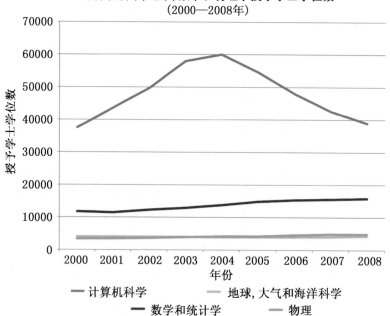

计算机科学, 地学, 数学和物理学授予学士学位数
（2000—2008年）

授予学士学位数

年份

—— 计算机科学   —— 地球, 大气和海洋科学
—— 数学和统计学   —— 物理

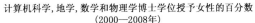

计算机科学,地学,数学和物理学博士学位授予女性的百分数
(2000—2008年)

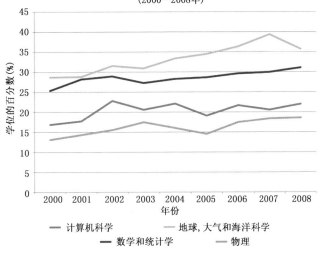

—— 计算机科学　　　　—— 地球,大气和海洋科学
—— 数学和统计学　　　　—— 物理

授予不同族群博士学位的百分数
(2000—2008年)

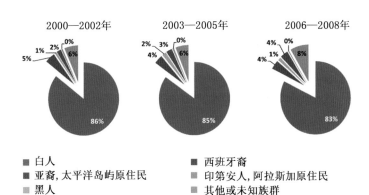

■ 白人　　　　　　　　　　■ 西班牙裔
■ 亚裔,太平洋岛屿原住民　　■ 印第安人,阿拉斯加原住民
■ 黑人　　　　　　　　　　■ 其他或未知族群

图 7.1　与气候模式发展相关学科的数据表明,培养气候模式研发人员的通道并没有变宽。最上面两幅图表明,过去十年,地球、大气和海洋科学这一学科门类中获得博士(第一幅图)和学士学位(第二幅图)的人数没有增加。第三幅图表明,过去十年,对于几个与气候模拟有关的学科,获得博士学位的女性所占的比例较低(低于 50%)。第四幅图给出了获得地学学士学位的各个族裔的比例,表明种族多样性缺乏,这与整个高等教育的情况是类似的。这些图虽然都来自于同一组数据,但是给出的博士、硕士和学士学位的变化是一致的,因此具有一定的可信度。资料来源:国家科学基金会、科学资源统计部门、教育部特别小组、国家教育统计中心、高等教育综合数据系统,调查时段:2000—2008 年

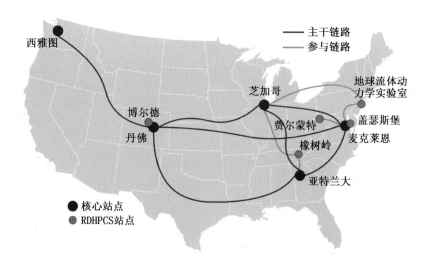

图 10.1　N-Wave，NOAA 研究网络。专门用于环境研究的高性能网络，链接 NOAA 和网络群的其他研究机构。N-Wave 网站，http://noc.nwave.noaa.gov/

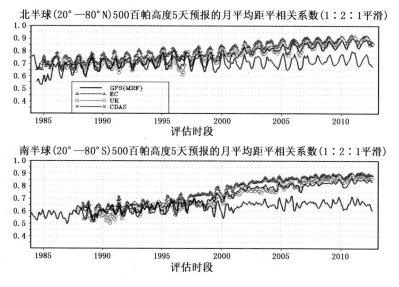

图 11.1　GFS/中期预报，ECMWF，UKMO 和 CDAS（NCEP 零版模式）自 1984 年北半球（上图）和南半球（下图）500 百帕高度 5 天预报的月平均距平相关系数时间序列。ECMWF 保持了所有业务模拟中心的最高预报技巧。来源：http://www.emc.ncep.noaa.gov/gmb/STATS/html/aczhist.html（查阅于 2012 年 10 月 11 日）